Gerstbach

Die Kunst der Online-Moderation

Ingrid Gerstbach

Die Kunst der Online-Moderation

Tools, Ideen und Tipps für die erfolgreiche Umsetzung

HANSER

Die Autorin:

Ingrid Gerstbach, Gerstbach Business Analyse GmbH, Klosterneuburg,
office@gerstbach.at

Bibliografische Information der Deutschen Nationalbibliothek:

Die Deutsche Nationalbibliothek verzeichnet diese Publikation in der Deutschen Nationalbibliografie; detaillierte bibliografische Daten sind im Internet über http://dnb.d-nb.de abrufbar.

Lektorat: Brigitte Bauer-Schiewek
Copy editing: Petra Kienle, Fürstenfeldbruck
Illustrationen und Fotos (soweit im Text keine andere Quelle genannt ist): Peter Gerstbach
Umschlagdesign: Marc Müller-Bremer, www.rebranding.de, München
Umschlagrealisation: Max Kostopoulos
Titelmotiv: Max Kostopoulos, unter Verwendung von Grafiken von © shutterstock.com/Guliveris und vladwel
Layout: Kösel Media GmbH, Krugzell
Druck und Bindung: CPI books GmbH, Leck
Printed in Germany

Print-ISBN: 978-3-446-46684-5
E-Book-ISBN: 978-3-446-46685-2
E-Pub-ISBN: 978-3-446-46687-6

Inhalt

Einleitung .... **XI**

Die Autorin .... **XV**

1 Digital denken **1**

1.1 Die Herausforderungen in der Online-Welt 1

1.2 Die Vorteile virtueller Teams 5

1.3 Sechs interessante Statistiken rund um Remote-Arbeit 6

1.4 Neue Aufgaben für eine neue Welt 7

1.5 Aller Neuanfang ist schwer 9

1.6 Vertrauen ist der Schlüssel 11

1.7 Erfolgreich kommunizieren 14

1.7.1 Verhalten sichtbar machen 14

1.7.2 Stellen Sie sich Ihrer Kamera-Phobie 15

1.8 Begriffs-Wirrwarr: Meetings, Workshop oder Webinar? 17

1.8.1 Meetings versus Workshops 18

1.8.2 Wann sollten Sie ein Meeting abhalten? 19

1.8.3 Wann sollten Sie einen Online-Workshop abhalten? 22

1.8.4 Struktur und Format 25

1.8.5 Planung und Vorbereitung 26

1.8.6 Webinare 26

2 Basiswissen **29**

2.1 Faktor Mensch 29

2.1.1 Klären Sie Ihre Zusammenarbeit 31

2.1.2 Spezielle Herausforderungen für virtuelle Teams 32

2.1.3 Big Five: Welche Eigenschaften beeinflussen virtuelle Teams? 36

2.1.3.1 Finden Sie heraus, welche Eigenschaften Sie in Ihrem Team brauchen ... 38
2.1.3.2 Das Big-Five-Modell für Moderatoren ... 39
2.1.4 Empathie ... 40
2.1.5 Was ist Empathie und warum ist es so wichtig? ... 42
2.1.6 Meeting-Persönlichkeiten ... 44
2.1.7 So steigern Sie die Effizienz Ihres virtuellen Treffens ... 47

2.2 Die Technik ... 50
2.2.1 Bild oder Tonqualität: Was ist wichtiger? ... 50
2.2.2 Der gute Ton ... 52
2.2.2.1 Die Qualität und Bauart des Wandlers ... 53
2.2.2.2 Der Abstand des Mikrofons ... 56
2.2.2.3 Akustik des Raums ... 57
2.2.2.4 Das Problem mit der Rückkopplung ... 59
2.2.2.5 So sorgen Sie für perfekten Ton ... 60
2.2.3 Tipps für die Wahl des richtigen Mikrofons ... 60
2.2.3.1 Mikrofonanschlüsse ... 61
2.2.3.2 Empfohlene Ausführungen ... 64
2.2.3.3 Unsere Empfehlungen ... 65
2.2.3.4 Welche Mikrofone Sie nicht nutzen sollten ... 72
2.2.4 Video und Licht ... 73
2.2.4.1 Das Wichtigste über Kameras ... 75
2.2.4.2 Ohne Licht geht es nicht ... 76
2.2.4.3 Der Bildausschnitt ... 78
2.2.4.4 Externe Kameras ... 79
2.2.5 Die optimale Umgebung und Infrastruktur ... 80
2.2.5.1 Computer und Internetverbindung ... 80
2.2.5.2 Ihr Raum für Videokonferenzen ... 82

2.3 Die Tools ... 83
2.3.1 Der Software-Stack für erfolgreiche Online-Workshops ... 85
2.3.2 Videokonferenzen ... 87
2.3.3 Zoom als Beispiel für ein Videokonferenz-Tool ... 92
2.3.4 Online-Whiteboards ... 99
2.3.5 Kollaborations- und Dokumentations-Tools ... 102
2.3.5.1 Nachrichtenaustausch ... 103
2.3.5.2 Dokumenten-Management ... 104
2.3.5.3 Dokumentenerstellung ... 105
2.3.5.4 Aufgaben- und Projektmanagement ... 106
2.3.6 Microsoft Teams im Praxiseinsatz ... 107
2.3.7 Prototyping- und Feedback-Tools ... 109

2.4 Auswahl der Tools ... 113
2.4.1 Testen Sie Ihre Tools ... 116
2.4.2 Tools kommunizieren ... 118

3 So moderieren Sie wie ein Profi ... 121

3.1 Die Rolle des Moderators ... 122

3.2 Die Planung ... 132
3.2.1 Das Team ... 133
3.2.2 Das Ziel definieren ... 137
3.2.3 Die Tools auswählen ... 140

3.3 Die Vorbereitung ... 144
3.3.1 Agenda ... 144
3.3.2 Der Detaillierungsgrad einer Agenda ... 145
3.3.3 So erstellen Sie eine gute Agenda ... 146
3.3.4 Wählen Sie geeignete Aktivitäten ... 148
3.3.5 Beispiel-Agenda ... 149
3.3.6 Die Meeting-Etikette ... 152
3.3.7 Vorschläge für Ihre persönliche Meeting-Etikette ... 153

3.4 Auf die Plätze, fertig, ... 157

3.5 ... los! Das Online-Treffen kann beginnen! ... 159
3.5.1 Die ersten Minuten zählen ... 159
3.5.2 Es kann weitergehen ... 162
3.5.3 Der Abschluss ... 165

3.6 Icebreaker und Energizer ... 169

3.7 Kommunikation in der Online-Welt ... 172

4 Methoden ... 177

4.1 Icebreaker und Energizer ... 178
4.1.1 Alle an Bord? ... 179
4.1.2 Die Aliens sind gelandet ... 180
4.1.3 Berührung ... 180
4.1.4 Ein Wort ... 181
4.1.5 Emoji-Check-In ... 181
4.1.6 Emoji-Scharade ... 182
4.1.7 In Form gebracht ... 182
4.1.8 Jeder kann zeichnen ... 183
4.1.9 Zeigt her eure Schuhe ... 184
4.1.10 Die Landkarte ... 184
4.1.11 Kollegen zeichnen ... 185

4.1.12 Der Lügenbaron ... 185
4.1.13 Meme-Tournament ... 186
4.1.14 Reiseleiter ... 186
4.1.15 Wenn X ein Tier wäre ... 187
4.1.16 Was uns verbindet ... 187
4.1.17 Einzigartig ... 188
4.1.18 Es war einmal ... 188
4.1.19 Firmen-Quiz ... 189
4.1.20 Ich sehe was, was du nicht siehst ... 189
4.1.21 Stille Post ... 190
4.1.22 Sechs-Wörter-Memoiren ... 190
4.1.23 Die soziale Frage ... 191
4.1.24 Die Zeitmaschine ... 191

4.2 Phase 1 – Einfühlen und Verstehen des Problems ... 192
4.2.1 Das empathische Gespräch ... 192
4.2.2 Persona ... 194
4.2.3 Empathy Map ... 197
4.2.4 Systemkarte ... 199
4.2.5 Online-Ethnographie ... 201

4.3 Phase 2 – Definieren der Fragestellung ... 202
4.3.1 Insight-Karten ... 202
4.3.2 Die kreative Matrix ... 204
4.3.3 Affinitätsdiagramm ... 206
4.3.4 Ishikawa- oder Fischgräten-Diagramm ... 207
4.3.5 Gestaltung der Design Challenge ... 209

4.4 Phase 3 – Ideen generieren ... 211
4.4.1 Brainstorming allgemein ... 211
4.4.2 Kopfstand- und Umkehrtechnik ... 215
4.4.3 Die 5-Warum-Fragen ... 217
4.4.4 SCAMPER ... 219
4.4.5 Mindmapping ... 221
4.4.6 Hills oder wer? Was? Wow! ... 222
4.4.7 Wort-Assoziations-Technik ... 223
4.4.8 Methoden zum Ideen auswählen ... 224
4.4.8.1 Punkteabfrage ... 225
4.4.8.2 Schwierigkeitsmatrix ... 225
4.4.8.3 Vier Kategorien ... 227

4.5 Phase 4 – Experimentieren und Feedback sammeln ... 227
4.5.1 Scribbeln ... 227
4.5.2 Speedboat ... 228

4.5.3 Schlagzeile der Zukunft ... 230
4.5.4 Wireframes ... 231
4.5.5 Interaktive Klickmodellierung ... 232
4.5.6 Feedback-Gespräch ... 233
4.5.7 Weitere Feedback-Methoden ... 234
4.5.7.1 One-Minute-Paper ... 234
4.5.7.2 Rezension ... 235
4.5.7.3 Blitzlicht ... 236
4.5.7.4 Design Studio ... 236
4.5.7.5 Von Rosen, Stacheln und Knospen ... 237

5 Anhang ... 239
5.1 Unterschiede der verschiedenen Online-Formate ... 239
5.2 Checkliste Vorbereitung ... 240
5.3 Beispiel für Aussendung einer Teilnehmeretikette ... 241
5.4 Checkliste Troubleshooting ... 242
5.5 Checkliste Wahl der Tools ... 243

Glossar ... 245

Index ... 259

Einleitung

Mein Mann und ich arbeiten seit vielen Jahren mit unterschiedlichsten Teams in unterschiedlichen Settings an unterschiedlichen Fragestellungen. Mit einigen dieser Teams erledigen wir die Projekte ganz pflichtbewusst und erreichen so möglichst schnell die angepeilten Ziele. Es gibt aber auch Teams, mit denen wir gemeinsam an einem Projekt arbeiten, wobei unsere Vorstellungen und Erwartungen von den Ergebnissen weit übertroffen werden. Aber nicht nur das: Wir genießen diese Zusammenarbeit auch sehr. Es macht Spaß mit den Menschen zu arbeiten, die Zeit verfliegt, jeder bringt sich ein und versucht sein oder ihr Bestes zu geben. Es ist, als würde jeder einzelne persönlich davon profitieren.

Es gibt also einen großen Unterschied zwischen einem bloßen Abarbeiten einer Aufgabe und einer guten Zusammenarbeit. Ich bin davon überzeugt, dass Kommunikation die „geheime Zutat" ist, die den Unterschied macht und dank der Teams innovative, kreative, aber auch neue Wege und Lösungen entwickeln. Dabei ist es letztlich egal, ob diese Arbeit virtuell stattfindet oder nicht.

Eine echte Zusammenarbeit zu erreichen, bei der das Ganze mehr ist als die bloße Summe der einzelnen Teile, ist in jeder Umgebung herausfordernd. Die Menschen müssen dafür ihr Ego zurückstellen, sich einlassen, gegenseitig vertrauen und ihr Fachwissen bereitwillig teilen. Aber an einem virtuellen Arbeitsplatz kann die Zusammenarbeit schwieriger sein, vor allem dann, wenn Teammitglieder an unterschiedlichen Orten auf der ganzen Welt leben und sich womöglich noch niemals gesehen und kennengelernt haben.

Damit diese Zusammenarbeit auch virtuell gelingt, braucht es mutige Menschen, die die Kommunikation zwischen Teams, die aus den verschiedensten Regionen der Welt zur gleichen Zeit am selben Projekt arbeiten wollen, fördern und begleiten.

Die eigentliche Herausforderung für diese Personen liegt darin, dass sie Bedingungen ermöglichen, unter denen wichtige Diskussionen erst möglich gemacht und Dialoge sich entwickeln können. Es braucht Menschen, die andere gut unterstützen, damit diese sich verbunden fühlen, produktiv sind und dadurch zum Erfolg des Unternehmens beitragen.

Dafür stehen mein Mann und ich mit unserem Unternehmen. Wir wollen eine neue Art der Arbeit ins Leben rufen. Wir wollen die Art und Weise ändern, wie Menschen zusammenarbeiten. Wir wollen, dass die Personen voller Freude, Mut und Begeisterung die Dinge anpacken und neugierig andere Wege gehen. Denn zurzeit herrscht in den meisten Unternehmen eher eine Atmosphäre der Angst vor Fehlern, des Versagens und der Unsicherheit. Das trägt nicht dazu bei, dass Unternehmen erfolgreich werden, sondern es führt dazu, dass noch mehr Fehler, noch mehr Ängste und noch mehr Probleme entstehen. Dies wollen wir ändern.

Wir glauben fest daran, dass wir alle bereits über eine große Auswahl an Werkzeugen und Fähigkeiten verfügen, um das Potenzial in uns selbst und auch in anderen freizusetzen. Wenn sich nun unsere Arbeitsumstände ändern, wie es zum Beispiel durch die Pandemie 2020 der Fall ist, dann müssen wir auch diese Fertigkeiten anpassen.

Mit diesem Buch möchte ich Sie dabei unterstützen, diese Freude und den Mut, den Sie vielleicht selbst schon in einem Workshop oder Meeting spüren konnten, in die Online-Welt zu übertragen. In diesem Buch möchte ich mit Ihnen meine gesammelten Erfahrungen darüber teilen, was virtuelles Arbeiten erfolgreich macht, was ihm im Weg steht und wie Sie das ändern können.

Denn ich bin davon überzeugt, dass sich gerade alles ändert, was wir bis dato über die Art unserer Zusammenarbeit zu wissen glaubten. Es ändert sich, wann wo wer wie zusammenarbeitet. Die Zeit der Online-Arbeit ist nicht die Zukunft, es passiert gerade.

In den letzten Jahren haben sich bereits Millionen von Menschen weltweit daran gewöhnt, virtuell zu arbeiten. In den letzten Monaten haben sich weitere Millionen ihnen angeschlossen – und noch mehr werden ihnen in der kommenden Zeit folgen.

Wir sollten nun das, was wir bereits in der Vergangenheit erfahren haben, als Basis nehmen, um daraus zu lernen. Das bedeutet, dass wir bestehende Rollen, Tools und Techniken, die herrschenden sozialen Bedürfnissen und Arbeitsrhythmen neu definieren und ausbalancieren müssen.

Denn diese Faktoren sind jetzt von entscheidender Bedeutung. Sie sind die Katalysatoren für längerfristige Veränderungen. Ihre Einstellung entscheidet, in welche Richtung die Veränderung geht.

Vergangene Wellen des virtuellen Arbeitens

Ich lade Sie ein, einen kurzen Blick in die Vergangenheit zu wagen, um die Entwicklung der Arbeit in der virtuellen Welt besser zu verstehen.

Es gab verschiedene Wellen, die uns zu diesem Punkt, an dem wir jetzt stehen, gebracht haben. Jede dieser Wellen hatte seine eigenen Höhen und Tiefen. Jede hat sich mit den jeweils vorhandenen Techniken, der Art der Zusammenarbeit und den speziellen Bedürfnissen der Menschen auseinandergesetzt und entsprechend darauf reagiert. Virtuelles Arbeiten ist also nichts Neues.

Die erste Welle fand bereits in den Anfängen der 1980er-Jahren statt. Getrieben wurde diese Entwicklung durch die neuen, technologischen Errungenschaften, die Arbeiten auch von anderen Orten aus möglich gemacht hat. Zu dieser Zeit formierte sich eine neue Form von Arbeitern, die getrieben wurden von einem starken Bedürfnis nach Autonomie und Flexibilität. Diese Personen waren die Pioniere des virtuellen Arbeitens. Die Zeit der Freelancer war gekommen. Sie begannen von überall aus zu arbeiten und Unternehmen als selbstständige Personen zu begleiten.

In der zweiten Welle, die dann in den frühen 2000er-Jahren stattfand, führten neue Unternehmen das Mantra „jederzeit und überall“ ein. Auf der gesamten Welt ermöglichten es diese Unternehmen ihren Mitarbeitern, von Zuhause aus zu arbeiten. Es war ein neues

Vorgehen und die Menschen waren zunächst wie bei jeder Veränderung skeptisch. Zwar konnten die Mitarbeiter außerhalb des physischen Unternehmens arbeiten, aber das hatte seinen Preis: Im Gegenzug erwarteten die Manager von ihnen, dass sie dafür auch zu jeder Tageszeit verfügbar waren. Irgendwie hatte man doch Sorge, dass die Leistung der Mitarbeiter nicht mehr kontrolliert werden könnte und die Menschen diese Freiheit ausnutzen würden. Aber nicht nur das: Wie würden die Menschen mit der zunehmenden Isolation zurechtkommen? Wenn jeder mehr selbstständig von Zuhause aus arbeitet, wie sieht es dann mit der Fähigkeit zur Zusammenarbeit und Innovation aus?

Diese Ängste läuteten wieder eine neue Welle ein: Besorgt über die Nachteile, aber auch aus dem Wunsch, nicht mehr isoliert von anderen Menschen zu arbeiten, fanden sich die Menschen in sogenannten Coworking Spaces zusammen. An diesen besonderen Orten teilen sich die Menschen die Infrastruktur - ohne in irgendeiner Form voneinander abhängig zu sein. Dadurch fanden sie die gewünschte Nähe zu Menschen, konnten aber trotzdem die Freiheit und Flexibilität des virtuellen Arbeitens leben. Gleichzeitig entwickelten sich neue Tools und Technologien, die einerseits diese Infrastruktur unterstützten und andererseits neue Möglichkeiten eröffneten.

In der nun aktuellen Welle werden diese fortschrittlichen Technologien und Plattformen für die Zusammenarbeit erstmals wirklich eingesetzt und angepasst. Entwicklung passiert gerade und es entsteht so ein neues Verständnis für die Bedeutung des eigenen, emotionalen Wohlbefindens. Die Herausforderungen, vor denen wir jetzt stehen, sind beispiellos.

In den letzten Monaten wurde uns durch eine Pandemie die Möglichkeit entzogen, in einem gemeinsamen physischen Raum - egal ob ein Büro oder ein Coworking Space - zusammenzuarbeiten. Hinzu kommt, dass wirklich jeder betroffen ist. Nie waren unsere Fähigkeiten zum Einfallsreichtum, aber auch zur Anpassung, so sehr gefragt wie heute. Und trotzdem sind die Herausforderungen, mit denen wir uns befassen und auf die wir reagieren müssen, nicht neu. Zwar betrifft es so viele Menschen wie noch nie zuvor, aber wir befinden uns trotzdem nicht auf völlig unbekanntem Terrain.

Damit virtuelles Arbeiten gut funktioniert und wir online genauso effizient wie auch offline zusammenarbeiten, braucht es Wege, die diese neue Form der Arbeit vor allem menschlich macht. Kommunikationssysteme, die mit Videos arbeiten, sind ebenso wichtig wie die Einführung von „Raunzerzonen"[1], informellen Zusammenkünften und virtuellen Kaffeepausen. Grenzen und Verpflichtungen müssen neu definiert und ausgehandelt werden. Aufgaben und Prozesse müssen geklärt werden und die Ergebnisse sollten nicht nur sichtbar, sondern auch messbar sein. In Zeiten, in denen Mitarbeiter und Kollegen außer Sichtweite sind, ist es wichtig, sich auf die gemeinsamen Werte zu besinnen. Vertrauen ist dazu der Schlüssel.

Es gibt keinen Weg zurück in die alte Arbeitswelt. Besprechungen vor Ort, die für viele vor allem Zeit fürs Pendeln und wenig Zeit für die Familie zur Folge hatten, werden teilweise wegfallen. Fixe Arbeitszeiten, die uns an unsere Schreibtische fesseln, werden neu verhandelt werden können.

Es ist allerdings sehr schwer, Gewohnheiten, die so tief verwurzelt sind, zu ändern. Wir müssen die Möglichkeiten, die sich uns gerade präsentieren, nutzen und unsere Arbeitsweise überdenken. Das bedeutet, dass es Zeit ist, die Chancen zu nutzen und sich nicht von den Herausforderungen abschrecken zu lassen.

---

[1] Raunzerzone ist ein typischer Ausdruck in Österreich. Dort ist Herumgemotze ausdrücklich erlaubt.

Die Autorin

Ingrid Gerstbach lebt und arbeitet mit ihrem Mann als Unternehmensberaterin in Klosterneuburg bei Wien. Sie hat Betriebswirtschaft, Wirtschaftspsychologie und Erwachsenenbildung studiert, berät internationale Unternehmen, schreibt Bücher und Kolumnen, hält in ganz Europa Vorträge und unterstützt Universitäten als Innovationsexpertin. Ihre Herzensthemen: Wie Unternehmen ungenutzte Potenziale in „Soft Skills" wie Mut, Offenheit und Zuversicht freilegen, schlummernde Kreativität in ihren Mitarbeitern wecken, deren Individualität stärken und dadurch wirtschaftlichen Erfolg erreichen.

Ingrid Gerstbach gilt darüber hinaus als die deutschsprachige Koryphäe der aus den USA stammenden Innovationsmethode Design Thinking.

- Kontakt: *office@gerstbach.at*
- Im World Wide Web:

  https://www.ingridgerstbach.com und *https://gerstbach.at*
- Trainingsvideos passend zu den Inhalten dieses Buchs gibt es hier:

  https://academy.gerstbach.at

1 Digital denken

Die Zahl der Menschen, die mindestens einmal pro Woche remote arbeiten, ist seit 2010 um 400 % gestiegen.[1] Angesichts eines solchen Anstiegs der Remote-Arbeit ist es an der Zeit, die Dinge neu zu betrachten und unsere generellen Annahmen und Vorstellungen über das virtuelle Arbeiten zu überdenken.

In diesem Kapitel geht es darum, die zurzeit noch existierenden Hypothesen und Meinungen über das digitale Arbeitsleben bewusst zu hinterfragen und es durch eines zu ersetzen, das den Weg zur erfolgreichen Zusammenarbeit abseits eines physischen Büros erst ebnet. Denn es nutzt die teuerste Technik und die beste Software nichts, wenn Sie diese nicht richtig einzusetzen wissen. Die Technik und die Tools, die uns in diesen Zeiten zur Verfügung stehen, bieten bereits jetzt ein sehr großes Potenzial zur erfolgreichen Remote-Arbeit. Noch bevor wir dieses überhaupt annähernd ausschöpfen können, sind in der Zwischenzeit unglaubliche Weiterentwicklungen passiert.

Der Spruch *„A fool with a tool is still a fool“* gilt nicht mehr. Denn die Software ist bereits jetzt schon so weit entwickelt, dass sie über reine Werkzeuge hinausgeht. Die zunehmende Verbreitung und Weiterführung von Tools und Technik führen dazu, dass wir generell produktiver werden, bessere Entscheidungen treffen und effizienter arbeiten. Allerdings ist Technik oder Software bei weitem nicht alles. Es sind die Menschen, die diese bedienen und die über Grenzen hinweg miteinander interagieren, die das wirklich Wertvolle sind.

1.1 Die Herausforderungen in der Online-Welt

Ein produktives Treffen online stattfinden zu lassen, ist keine leichte Aufgabe: Sie beginnen mit einem wichtigen Thema und plötzlich ertönt das Signal einer ankommenden Mail, weil sich jemand nicht die Mühe gemacht hat, das Mailpostfach zu schließen. Oder die Vorstellungsrunde, in der sich jeder kurz zu Wort meldet, Sie aber für den Rest des Treffens nichts mehr von dieser Person hören. Oder diese unangenehmen, langen Pausen, weil sich nie-

[1] *https://www.businesswire.com/news/home/20200122005406/en/*, abgerufen am 30.05.2020

mand traut zu sprechen, aus Angst, er oder sie könnte jemand anderem das Wort abschneiden. Die Videoverbindung, die ständig abbricht, das Internet, das zu langsam ist, die Software, die nicht funktioniert oder das Mikrofon, das einen unangenehmen Widerhall wiedergibt. Es gibt so vieles, das bei einem Online-Meeting schieflaufen kann.

Bei all diesen Problemen stellt sich die Frage, warum sich Menschen nicht nach wie vor lieber von Angesicht zu Angesicht treffen sollten. Denn unabhängig vom Grund des Treffens, wird die Dynamik im Wesentlichen von dem Medium bestimmt, das alle gemeinsam nutzen. Video-, Telefonkonferenz- und Chat-Apps: Die Auswahl ist schier unendlich und täglich werden es mehr. Das ist auch gut so, denn viele Teams sind weltweit verstreut. Remote arbeiten ist nicht die Zukunft, es passiert gerade.

Selbst wenn Sie zusammen mit einem Kollegen in einem traditionellen Büro sitzen, ist es nicht ungewöhnlich, dass Sie dennoch die meiste Zeit virtuell mit anderen Teammitgliedern arbeiten. Sie diskutieren den Fortschritt eines gemeinsamen Projekts mit Teamkollegen, die in einer ganz anderen Zeitzone sitzen. Vielleicht sprechen Sie auch mit einem Kunden über Konditionen. Oder Sie haben einen Kollegen, der von Zuhause aus arbeitet oder gar nur ein Stockwerk unter Ihnen sitzt und von dem Sie sich dringende Informationen erhoffen.

Obwohl die virtuellen Treffen bereits einen sehr großen Teil unseres normalen Arbeitstags einnehmen, sind sie nicht immer von so großem Erfolg und Produktivität gekrönt, wie es sein könnte. Es gibt eine Menge, das schiefgehen könnte und das schiefgeht. Das haben Sie ziemlich sicher bereits selbst erlebt. Wenn eine Online-Besprechung nicht gut verläuft, fühlt sich das nicht nur frustrierend an. Sie sind schnell gelangweilt und fühlen sich Ihrer Zeit beraubt.

Der erste Schritt zu erfolgreicher Online-Moderation ist, dass Sie zuerst einmal Ihre Denkweise ändern. Sie müssen digital denken, um digital zu arbeiten. Die Zusammenarbeit von Menschen, die teilweise über den gesamten Globus verstreut sind oder auch einfach nur in unterschiedlichen Räumen im selben Unternehmen gemeinsam an einem Projekt arbeiten, sollte der Ausgangspunkt all Ihrer Überlegungen werden. Das erfordert Übung und Geduld, denn Veränderung findet nie über Nacht statt.

> **!** Um andere dazu zu bringen, aktiv am Gespräch teilzunehmen, müssen Sie selbst begeistert und überzeugt sein. Sie müssen die Grenzen des eigenen Raums verlassen und neu denken, unabhängig von dem Ort, wo Sie sich tatsächlich befinden.

Experten schätzen, dass bis 2025 75 % der weltweiten Belegschaft Millennials sein werden, die neuartige Anforderungen an den Arbeitsplatz stellen. Millennials sind eine weitgehend native digitale Generation, die sich mit Mobiltechnologie und sozialen Medien auskennt und davon lebt, online zu agieren. Diese Gruppe von Lernenden legt Wert auf Flexibilität in ihrem Leben und erwartet, dass die Unternehmen, für die sie arbeiten, diese Flexibilität auch bieten. Die Vermittlung einer Lernkultur über eine solide digitale Strategie konzentriert sich auf den Aufbau der Fähigkeiten der Mitarbeiter und motiviert diese von Anfang an, ihre Karriere selbst in die Hand zu nehmen.

Remote zu arbeiten, ist allerdings mit einigen Herausforderungen verbunden. Generell sind Präsenztreffen von Natur aus sehr kooperativ und erfordern den Einsatz verschiedener Methoden und Prozesse, damit sie erfolgreich sind. Aber wie ist das in der Online-Welt?

Technische Probleme

Die Realität beim Remote-Arbeiten und Ausführen eines Online-Workshops oder eines virtuellen Meetings besteht darin, dass fast immer Probleme mit der Technik oder mit der Bedienung der Technik auftreten. Schlechte Audio- oder Videoausstattungen, eine miese Internetqualität oder laute Arbeitsbereiche tragen schnell dazu bei, dass das Niveau der digitalen Werkstatt auf ein Minimum sinkt.

Dies ist eine Herausforderung, die niemals ganz gelöst werden wird. Es wird immer jemanden geben, bei dem die Technik im wichtigen Moment versagt oder dessen Internetverbindung spinnt. Sie können jedoch Maßnahmen ergreifen, um die Auswirkungen technischer Probleme auf Ihre virtuelle Wirkstätte zu begrenzen. Dazu müssen Sie den Menschen von vornherein eindeutige Anweisungen und Hilfestellungen mitgeben, was sie für die Online-Begegnung brauchen.

Vor allem wenn Sie regelmäßige Online-Besprechungen mit Ihren Kollegen planen, setzen Sie sich in Ihrem Unternehmen für die Bereitstellung einer leistungsfähigen Ausrüstung für alle Remote-Kollegen ein. Die Verbesserung der Videoqualität und die Begrenzung externer Geräusche stellen sicher, dass das Meeting viel angenehmer abläuft.

Engagement

Engagement ist das, was innerhalb eines virtuellen Treffens passiert und das dem persönlichen Kontakt Inhalt verleiht. Ohne persönlichen Einsatz werden die Mitarbeiter schnell abgelenkt sein oder schalten gleich weg. Es muss Ihnen also von Anfang an gelingen, die Personen im Raum zu motivieren und zu involvieren. Wenn Sie das nicht schaffen, dann herrscht nicht nur eine Atmosphäre der Unsicherheit, sondern die gesamte Gruppendynamik verschlechtert sich, weil sich einige Teilnehmer ausgeschlossen fühlen oder einfach nur still sind.

Einer der Hauptzwecke eines Workshops besteht darin, die Teilnehmer auf ein gemeinsames Ziel oder einen gemeinsamen Zweck auszurichten. Erfolgreiche Online-Workshops unterstützen das Team beim Sammeln der Gedanken und Ideen. Allerdings ist die offene Kommunikation im Online-Bereich viel schwieriger, da häufig Angst, in einer Remote-Besprechung zu sprechen, auftritt.

Um diese Herausforderung zu lösen, sollten Sie auf Aktivitäten und Methoden setzen, die Ihr Ziel wirklich unterstützen

Mangel an visuellen Gemeinsamkeiten

In Präsenz-Workshops ist die Verwendung von Whiteboards und Flipcharts zur Veranschaulichung der wichtigsten Ergebnisse oder auch das Verwenden von Tonnen von Haftnotizen und das gesamte Prototyping mittels Papier und Stift ein wichtiges Werkzeug. Dabei sind die einzigen Einschränkungen in einer Präsenz-Umgebung die Wandflächen.

In einer Online-Umgebung müssen Remote-Moderatoren viel bewusster mit dem verfügbaren Platz umgehen. Es gibt viele Online-Tools, mit denen Sie gemeinsame visuelle Dokumente erstellen können.

Stockende Kommunikation bzw. fehlende Interaktion

Selbst in den am besten vorbereiteten Online-Workshops kann der Gesprächsfluss eine Herausforderung sein. So kann auch die beste Webcam nicht alle nonverbalen Hinweise transportieren, die wir sonst im wirklichen Leben geben und erhalten. Darüber hinaus können technische Probleme, große Gruppen oder die Klangqualität den Kommunikationsprozess innerhalb eines Workshops verlangsamen.

Die Größe der Gruppe, das Format des Workshops und die technische Stabilität bestimmen tatsächlich, wie Sie dieses Problem lösen. Beziehen Sie unbedingt Methoden ein, die weniger Live-Chat und mehr individuelles Brainstorming und Kleingruppenarbeit erfordern, oder verwenden Sie Aktivitäten wie Punktabstimmung.

Fehlende Unterstützung durch Co-Moderation

Co-Moderation ist eine großartige Möglichkeit, die Arbeitsbelastung aufzuteilen. Aber die Co-Moderation ist in einer Online-Umgebung viel schwieriger zu realisieren als bei Präsenz-Workshops. Sie können sich nicht einfach nonverbale Hinweise geben oder schnell die Gruppen aufteilen und spontan reagieren.

Planen Sie so früh wie möglich die gesamte Moderation mit Ihrem Co-Moderator. Außerdem achten Sie auf die Möglichkeit eines privaten Chats.

Die Lösung: die drei Elemente

Wir selbst haben viele Online-Meetings und Workshops mit verteilten Teams gebraucht, um herauszufinden, was für uns am besten funktioniert. Dabei konnten wir drei wichtige Voraussetzungen identifizieren, die unserer Meinung nach die Basis für erfolgreiche Remote-Arbeit bilden:

- **Team:** Es geht immer um die Menschen, mit denen Sie Zusammenarbeit und für die Sie eine Lösung entwickeln wollen.
- **Tools:** Tools sind wichtig, aber sie sollen nicht Mittelpunkt Ihrer Überlegungen sein. Sie sollen Sie lediglich bei Ihrem Workshop unterstützen. Ich persönlich würde sofort schlechte Tools einsetzen, wenn ich dafür mit einem großartigen Team zusammenarbeiten dürfte, aber nicht umgekehrt.
- **Technik:** Die Technik in Form von Webcams, Audio, Licht und Raum ist notwendiger Unterstützer in der Online-Welt, ohne die es nicht geht. Aber dazu muss sie gekonnt eingesetzt werden, sodass sie die Menschen tatsächlich ins rechte Licht rückt. Sonst nützt die teuerste Technik nichts.

1.2 Die Vorteile virtueller Teams

Eine Studie,[2] an der 500 Mitarbeiter über zwei Jahre teilgenommen haben, zeigt, dass die Remote-Arbeit die Gesamtproduktivität um 20 bis 30% steigert. Zurückzuführen ist das einerseits auf die höhere Leistung und andererseits auf niedrigere Gesamtkosten. Eine andere Untersuchung[3] zeigt, dass durch virtuelles Arbeiten ein Unternehmen in Amerika durchschnittlich 11 000 US-Dollar pro Mitarbeiter einspart und die Mitarbeiter insgesamt glücklicher sind.

Gut konzipierte und professionell moderierte virtuelle Treffen sind also eines Ihrer besten organisatorischen Instrumente, um komplexe Probleme zu lösen, Innovationen zu ermöglichen oder Wachstum voranzutreiben.

Es gibt noch andere Vorteile:

- **Einfacher Zugang und Inklusivität**
  Die Möglichkeit, von überall aus zu arbeiten, hat den Arbeitsplatz für viele Menschen in den unterschiedlichsten Branchen weltweit revolutioniert. Unabhängig, wo sich eine Person befindet, ermöglichen Online-Treffen den Zugang zu Inhalten, Menschen und Informationen, von denen diese Person andernfalls ausgeschlossen wäre.

  Da in Online-Workshops so viele verschiedene Personen teilnehmen können, ist auch eine ganz andere Vielfalt an Erfahrungen möglich, was wiederum dem Inhalt und dem gesamten Workshop sehr zugute kommt.
- **Kosteneffizienz**
  Ein virtuelles Treffen ist durch den Wegfall möglicher Reisekosten, aber auch der Verpflegungs-, der Raumkosten und der verwendeten Materialien viel kostengünstiger als ein Präsenz-Treffen. Gerade wenn ein Unternehmen global agiert, können die Kosten enorm sein und schnell explodieren.

  Persönliche Zusammentreffen sind notwendig, um die Unternehmenskultur aufzubauen und das Team einzuschwören. Wenn Sie aber regelmäßig mit einem breit verstreuten Team in einem Projekt arbeiten wollen, dann ist die Online-Durchführung eine wirklich gute und vor allem kostengünstige Alternative.

  Auch wenn Sie kurzfristig jemanden einsetzen, der nicht vor Ort lebt, können Sie auf steigende Nachfrage beispielsweise schnell reagieren. Virtuelle Teams helfen Ihnen dabei, denn Sie können so entweder direkt mit den Herstellern zusammenarbeiten oder auch Budget und Zeit schonen, weil Sie Ressourcen effizienter einsetzen.
- **Aufbau von Teamkultur trotz Entfernung**
  Nichts ist so wichtig für den Erfolg eines Unternehmens oder einer Organisation wie eine produktive Teamkultur. Das Gespräch mit Kollegen über Videokonferenzsoftware und die Möglichkeit, miteinander in Echtzeit zu sprechen, tragen zum Aufbau von Beziehungen bei.

  Durch die Integration von Kommunikationstechnologien kann jeder im Team so interagieren, wie es für ihn oder sie am sinnvollsten ist und wie er/sie die eigenen Stärken am

---

[2] *https://nbloom.people.stanford.edu/sites/g/files/sbiybj4746/f/wfh.pdf*

[3] *https://globalworkplaceanalytics.com/work-from-home-survey(opens%20in%20a%20new%20tab*

besten einsetzen kann. Denn wenn sich das Team nicht am selben Ort befindet und eine Besprechung eben nicht einfach so möglich ist, müssen Sie überlegen, wie Sie am besten gemeinsam zum Ziel gelangen. Videoanrufe oder E-Mails können als Ergebnis Ideen liefern, für die es verschiedene Köpfe mit unterschiedlichster Erfahrung braucht. Sie erhalten durch die Zusammenarbeit von Menschen aus verschiedenen Ländern und Regionen einen Zugang zu einem Fachwissen, das anders nicht annähernd möglich oder gar denkbar gewesen wäre. Denn virtuell finden Sie mit größerer Wahrscheinlichkeit zum Beispiel einen Entwickler mit ganz speziellen Programmierkenntnissen oder einen Nischenexperten, der aus verschiedenen Gründen einfach nicht vor Ort sein kann, Sie aber dennoch mit seinem Wissen unterstützt.

1.3 Sechs interessante Statistiken rund um Remote-Arbeit

Die Zahlen sprechen für sich. Remote-Arbeit hat viele positive Auswirkungen und wird in Zukunft an Bedeutung gewinnen.

Zwei Drittel aller Mitarbeiter weltweit arbeiten bereits einmal pro Woche remote

Remote zu arbeiten ist auf dem Vormarsch. Für eine Studie[4] wurden Unternehmen aus 96 verschiedenen Ländern befragt. Zwar schwanken die Zahlen je nach Land und Branche, aber generell zeigt sich, dass Remote-Arbeit mehr als nur ein Trend ist. Bereits 50 % der Mitarbeiter weltweit arbeiten die halbe Arbeitswoche von Zuhause aus, 70 % der Mitarbeiter arbeiten mindestens einmal pro Woche virtuell.

Mitarbeiter, die remote arbeiten, empfinden weniger Stress

Stress ist ein wichtiger Faktor für Produktivität und Motivation und kostet Unternehmen jährlich ca. 300 Milliarden US-Dollar. Durch Remote-Arbeit sind die Mitarbeiter weniger gestresst und produktiver. Einer Studie zufolge erleben 82 % der Mitarbeiter, die vermehrt virtuell arbeiten, weniger Stress. Sie fühlen sich auch um 80 % motivierter und loyaler dem Unternehmen gegenüber.

Zwei Drittel der Arbeitgeber berichten von einer höheren Produktivität

Aber auch die Unternehmen selbst spüren diese Produktivität. Mitarbeiter, die von Zuhause oder von einem anderen Ort aus arbeiten, arbeiten fokussierter, sind weniger abgelenkt von anderen Kollegen oder Besprechungen, die nicht relevant für sie sind, und sind motivierter. Das schlägt sich laut Studien direkt in den Zahlen der Unternehmen nieder. Unternehmen sparen so pro Jahr ca. 1,8 Billionen US-Dollar, die ansonsten bei Produktivitätsproblemen verloren gehen.

---

[4] *http://assets.regus.com/pdfs/iwg-workplace-survey/iwg-workplace-survey-2019.pdf*

Ein Drittel der Arbeitnehmer würden den Job für Remote-Arbeitsmöglichkeiten wechseln

Eine Gallup-Umfrage[5] ergab, dass ein Drittel der Arbeitnehmer ihren Arbeitsplatz wechseln würden, um flexibler arbeiten zu können. Besonders jüngere Mitarbeiter sehen diesen Vorteil und fordern offen die Möglichkeit des Remote-Arbeitens ein.

Unternehmen mit einer virtuell arbeitenden Belegschaft sind attraktiver

Laut McKinsey sind globalverteilte Teams für neue Arbeitnehmer attraktiver. Das Arbeiten mit Menschen aus unterschiedlichen Ländern wird immer interessanter. Bis zu 35 % aller Mitarbeiter ziehen Teams vor, die aus Menschen zusammengesetzt werden, die in verschiedenen Kulturen leben.

Die IT-Branche arbeitet am meisten remote

Softwareentwicklung[6] gehört zu den fünf häufigsten Remote-Jobs weltweit. Darüber hinaus wird erwartet, dass die Zahl der Softwareentwicklerjobs bis 2026 um 24 % steigen wird. Für Anwendungsentwickler wird ein noch höheres Wachstum von 31 % prognostiziert. Die IT-Branche hat mit 61 % einen der höchsten Prozentsätze an Remote-Arbeit. Danach folgt mit 57 % die Transportbranche.

1.4 Neue Aufgaben für eine neue Welt

Um den Herausforderungen der neuen Arbeitswelt erfolgreich zu begegnen, müssen die Menschen nicht nur anders denken, sie müssen vor allem anders handeln.

Nun sind die Menschen seit dem 19. Jahrhundert ein hierarchisches Modell gewohnt: Die Aufgaben, Vorgaben und Entscheidungen werden von oben nach unten ausgegeben. Die Hauptaufgabe des Managements besteht darin, die Strategien festzulegen, zu überlegen, zu planen und dann die Umsetzung zu überwachen. Dieses Denken, das Frederick Winslow Taylor als Begründer der Arbeitswissenschaft geprägt hat, ist in den meisten Unternehmen nach wie vor aktuell und vorherrschend.

Heute funktioniert diese Formel aber nicht mehr, dafür verändert sich die Welt viel zu schnell und wir müssen uns viel schneller an neue Begebenheiten und Herausforderungen anpassen. Strategien werden nicht mehr geplant, sie werden viel mehr entdeckt. Die neue Formel für Erfolg lautet deswegen „Verstehen, Ideen entwickeln und direkt ausprobieren". Vor allem das Ausprobieren und Lernen aus Fehlern ist einer der wichtigsten Faktoren, wenn Sie in Ihrem Umfeld bestehen wollen - egal, ob als Unternehmen selbst oder als Mitarbeiter.

[5] *https://www.gallup.com/workplace/238085/state-american-workplace-report-2017.aspx*

[6] *https://blog.hyperiondev.com/index.php/2019/03/22/how-does-your-job-stack-up-against-being-a-software-developer/*, abgerufen am 20.06.2020

Wenn Entdeckung die Basis für die Entwicklung von Strategien ist, wird Innovation, also die Schaffung von etwas, das es vorher in dieser Weise noch nicht gegeben hat, zu einer der wichtigsten Kompetenzen für Unternehmen. Das bedeutet, dass die linearen Prozesse, die auf Analyse der Zahlen, Daten und Fakten basiert, ganzheitlichen Prozessen weichen muss. Es braucht das kollektive Wissen und die unterschiedliche Erfahrung der Menschen, um Probleme zu lösen, die vielleicht bis dahin als unüberwindbar angesehen wurden. Das ist es, was neue Technologien ermöglichen - zum Beispiel als das Flugzeug das unüberwindliche Problem löste, wie Menschen fliegen können.

Wir leben inmitten einer Technologieexplosion und wir stehen zu diesem Zeitpunkt erst am Anfang davon. Die virtuelle Kommunikation ist derzeit eines der wichtigsten Themen in der Unternehmenswelt. Viele übersehen aber, dass es bei der virtuellen Kommunikation nicht um den Einsatz der richtigen Tools oder der dahintersteckenden Technik geht. Es geht nicht darum, eine Nachricht sicher an eine bestimmte Zielgruppe zu übertragen. Es geht darum, wie Menschen sich mit den neuen Techniken und Tools auseinandersetzen und vor allem wie sie diese in den Unternehmensabläufen einsetzen. Es geht um das Verhalten innerhalb einer neuen Welt.

Das bedeutet, dass jedes einzelne Element - Teams, Tools und Technik - einen starken Einfluss auf das gesamte Bild hat. Ein erfolgreiches Umsetzen der Strategie zu einer digitalen Transformation erfordert eben auch einen ganzheitlichen Ansatz. Tools oder Technik alleine können die Art und Weise, wie wir im digitalen Zeitalter kommunizieren, nicht transformieren. Tools und Technik sind immer nur Wegbereiter, sie dienen und unterstützen aber der Verwirklichung des Ziels. Es bedarf aller drei Elemente zusammen, um erfolgreich digital zu kommunizieren.

Die Technik und die Tools, die von Tag zu Tag mehr Features bieten, schneller und besser werden, sind die stärksten Treiber für Veränderungen. Es bedarf aber auch der Menschen, die das erkennen und die die Auswirkungen der Technik auf jeder Ebene im Unternehmen richtig einschätzen. Sie müssen wissen, wann welche Technologie sinnvoll für das eigene Unternehmen ist und wie diese Sie unterstützen kann. Bei erfolgreicher digitaler Kommunikation geht es in letzter Konsequenz immer um Menschen. Digitalisierung ist eine Reise, kein Ziel.

Sie müssen die eingesetzten Initiativen zur digitalen Kommunikation ständig überprüfen und neu bewerten. Die Akzeptanz neuer Technik, neuer Tools und neuer Know-how-Skills durch das Unternehmen ist ein Schlüsselbereich, der eine kontinuierliche Überwachung und (falls erforderlich) eine schnelle Anpassung erfordert. Und natürlich ist Change Management wie bei jedem anderen Unternehmenstransformationsprogramm für die Erreichung der Ziele von entscheidender Bedeutung. Bei der digitalen Transformation geht es aber trotzdem vor allem um den Menschen - viel mehr als um alles andere.

Aus diesem Grund ist eine echte Offenheit (und ein echtes Interesse) für Technik und Innovation innerhalb einer Organisation wichtig für den Erfolg der Kommunikation. Selbst wenn Sie das technische Wissen und Know-how besitzen, brauchen Sie ein Verständnis über die Auswirkungen (und die Vorteile) der eingesetzten Tools und Technik auf den Menschen.

Wenn Sie neue Techniken zur Kommunikation einsetzen wollen, müssen Sie immer die Chancen, Auswirkungen sowie potenzielle Gefahren bewerten. Es ist die Ausführung, die der Schlüssel für die Unternehmenstransformation ist, und nicht der Einkauf neuer Technik oder die Einführung neuer Tools.

1.5 Aller Neuanfang ist schwer

Viele Mitarbeiter sind für ihren Job nach wie vor die meiste Zeit vor Ort im Büro. Nun hat eine Pandemie dazu geführt, dass viele von uns unerwartet vor massive Veränderungen gestellt wurden und ihren Alltag ändern mussten. Das führte dazu, dass viele Menschen negative Emotionen wie Angst oder Frustration in Bezug auf das virtuelle Arbeiten erlebten. Gedanken wie „Ich kann das nicht" gehen uns durch den Kopf. Warum ist Veränderung so schwer? Und wie können wir uns besser darauf vorbereiten?

Unser Gehirn hat sich so entwickelt, dass wir aufgrund unseres Überlebensdrangs Sicherheit und Kontrolle mehr als alles andere schätzen. Wenn wir Veränderungen erleben, interpretiert unser Gehirn diese automatisch als Bedrohung. Das führt wiederum dazu, dass wir Bedrängnis fühlen, da wir die Anforderungen unserer Umwelt als anstrengend empfinden und uns gezwungen sehen, über unsere Grenzen oder unsere Fähigkeit zur Bewältigung hinauszugehen. Das Herz beginnt dann schneller zu schlagen und das Blut wird schneller durch das Kreislaufsystem geführt. Mit anderen Worten, unsere physiologischen Ressourcen werden nicht effizient mobilisiert.

Wir können aber Veränderung auch als spannende Herausforderung erleben. Dieser positive Stress, der sogenannte Eustress, führt zwar auch zu einem schnelleren Herzschlag, allerdings fließt dabei das Blut leichter durch unser Kreislaufsystem. Wir fühlen uns aufgeladen und haben keine so große Angst vor den Veränderungen, die wir erleben.

Nun können wir die Art und Weise, wie wir schwierige Veränderungsmomente erleben, durch unsere Denkweise beeinflussen. Unser Denken spiegelt wider, wie wir die Dinge betrachten. Das wiederum hat Auswirkungen auf unser Verhalten. Auf diese Weise funktionieren Denkweisen fast wie ein Muskel, der trainiert werden kann.

Tipp

Wenn Sie einer Person bei einer Veränderung helfen wollen, stellen Sie ihr folgende Frage:

> *„Glauben Sie, dass sich Ihre und die Eigenschaften und Fähigkeiten anderer Menschen ständig weiterentwickeln und ändern können?"*

Wenn die Person mit „Ja" antwortet, bedeutet das, dass diese Person eine Wachstumsphilosophie hat. Diese wiederum hilft uns weiter, Fähigkeiten als verbesserungsfähig anzusehen. Es ermöglicht uns, Wissenslücken als Gelegenheit zu sehen, etwas Neues zu lernen. Und wenn wir eine Wachstumsphilosophie haben, sind wir eher bereit, den Moment des Wandels als Herausforderung und nicht als Bedrohung zu erleben.

Wenn diese Person mit „Nein" antwortet, dann wahrscheinlich deswegen, weil die Bedrohung als zu groß und zu schwer zu meistern gesehen wird. Dann müssen Sie sie dabei unterstützen, zunächst die Ängste abzubauen, um überhaupt Chancen erkennen zu können.

Wenn wir uns mit Veränderungen schwertun, dann ist die Basis oft der Glaube, dass Menschen in gewissen Dingen von Natur aus begabt sind und in anderen eben nicht. Veränderungen werden dann als Bedrohung empfunden, weil wir uns nicht der Veränderung gewachsen fühlen. Um die Veränderung besser annehmen zu können, können Sie folgende Punkte einbauen:

- Versuchen Sie, Ihr Denken neu zu formulieren, um Veränderungen als Herausforderung und nicht als Bedrohung zu betrachten.
- Feiern Sie Momente des Fortschritts während der Veränderung. Achten Sie dabei vor allem auf die kleinen Erfolge.
- Geben Sie sich selbst die Erlaubnis, viel auszuprobieren und zu experimentieren.
- Suchen Sie nach Möglichkeiten, mit gutem Beispiel voranzugehen, auch wenn Sie nicht immer zuversichtlich sind.

Virtuelle Denkfehler und was Sie dagegen tun können

Eine Reihe von verschiedenen unbewussten Denkmustern kann uns davon abhalten, uns in das neue Arbeiten einzulassen. Das führt dazu, dass wir abgeschreckt sind und nicht gerne virtuell arbeiten. Irgendwie „fühlt es sich nicht richtig an“, es fehlt der menschliche Kontakt und Informationen gehen über den Äther viel schneller verloren.

- Viele von uns starten den Morgen mit einer Videokonferenz. Dann, wenn wir noch frisch sind, setzen wir uns gleich hin und starten die Videosoftware, um uns gegenseitig mit Updates zu versorgen. Untersuchungen[7] zeigen jedoch, dass die meisten gerade morgens am produktivsten sind und die besten Ideen haben. Der Vormittag ist die beste Zeit, um sich zu konzentrieren und sollte daher für die individuelle Arbeit freigehalten werden. Wenn Sie die Leistung Ihrer Kollegen maximieren möchten, lassen Sie sie morgens deswegen lieber in Ruhe und für sich arbeiten. Starten Sie lieber später am Tag mit Ihren virtuellen Treffen, damit die Mitarbeiter ihre Projekte abschließen können. Die Chancen stehen gut, dass Sie dadurch schon automatisch die Produktivität steigern.
- Es ist verlockend, gleich mehrere Themen online zu besprechen oder einfach gleich mehrere virtuelle Treffen einzuplanen. Die Menschen wirken online viel schneller greifbar, alleine weil wir sehen, wann jemand online ist. Aber viele Meetings oder Workshops sind selten eine gute Idee. Gewöhnen Sie sich an, 25- und 50-minütige Besprechungen abzuhalten, statt 30 und 60. Die verbleibenden Minuten geben den Menschen die Zeit, dass sie sich auf ein neues Thema einlassen, sich um dringende Probleme kümmern und die mentalen Gänge bewusst wechseln können.
- Virtuell ist es leider viel einfacher, Menschen unbeabsichtigt auszuschließen. Durch die virtuelle Arbeit wird eine Tendenz eingeführt, die als „Distanz-Tendenz“ bezeichnet wird. Dabei schätzen wir das mehr, das zeitlich oder räumlich näher ist, als das, was weiter entfernt ist. Dies zeigt sich darin, dass wir den Dingen, die uns physisch nahestehen einen höheren Wert verleihen. Die physische Konstruktion unserer Arbeitsbereiche ist häufig so angelegt, dass wir zufällige Interaktionen provozieren. Die Menschen, die wir auf dem Weg zur Kaffeeküche oder auf dem Rückweg vom Mittagessen scheinbar zufällig treffen, können genau die Personen sein, mit denen Sie noch etwas besprechen wollten,

---

[7] *https://www.sciencedaily.com/releases/2010/06/100602121214.htm*, abgerufen am 30.05.2020

was Sie aber vielleicht vergessen hätten, wenn Sie sie nicht zufällig getroffen hätten. Diese Möglichkeit fällt online weg. Umso wichtiger ist es, sich bewusst zu werden, wer alles bei einem Online-Treffen dabei ist.

- Um das virtuelle Arbeiten produktiver zu gestalten, müssen Sie es „sozialer" gestalten. Wir neigen dazu, dass wir Geräusche, die aus dem Lautsprecher kommen, schnell als technisch abstempeln. Tatsächlich kommen Sie aber - in den allermeisten Fällen - von einer Person. Gerade wenn das Bild fehlt, erinnern Sie sich daran, dass das Geräusch kein Lärm ist, sondern von einem anderen Menschen kommt.

Tipp

Denken Sie an die Regel: „Wen Sie nicht aktiv einbeziehen, schließen Sie wahrscheinlich versehentlich aus." Das passiert vor allem dann, wenn Menschen „aus den Augen - aus dem Sinn" sind.

Wenn Sie ein Team leiten oder mehrere Workshops geplant haben, nutzen Sie zum Beispiel Kalendererinnerungen, die Sie daran erinnern, sich regelmäßig auch zwischendurch mit den einzelnen Teammitgliedern auszutauschen.

Verlustangst: Der häufigste Denkfehler in Bezug auf virtuelles Arbeiten bei Managern

Bei der Verlustangst klammern sich Manager an ihr Sicherheitsdenken. Indem sie sich auf potenzielle Verluste konzentrieren, die über den erwarteten Gewinnen liegen, wächst ihre Sorge über das, was sie nicht sehen. Die Folge ist, dass sie sich fragen, ob Mitarbeiter genauso produktiv sind, wenn sie von zu Hause aus arbeiten und nicht beobachtet werden können.

Untersuchungen widerlegen aber diese Angst eindeutig. Sie zeigen, dass Menschen in den meisten Situationen härter, länger und effektiver arbeiten, wenn sie zu Hause arbeiten können.

1.6 Vertrauen ist der Schlüssel

Damit die Zusammenarbeit in einem Team gut funktioniert, braucht es vor allem eines: Vertrauen. Dabei ist es egal, ob das Team global verteilt ist oder im selben Zimmer sitzt.

In der virtuellen Umgebung ist Vertrauen sogar noch wichtiger, aber auch schwieriger herzustellen und vor allem aufrechtzuerhalten. Viele Organisationen sind zudem sehr skeptisch, ob echtes Vertrauen in einer virtuellen Umgebung überhaupt aufgebaut werden kann. Einige Wissenschaftler sind sogar davon überzeugt, dass wir von Natur aus allen Menschen außer unseren eigenen Familienmitgliedern misstrauen. Wie können Mitarbeiter wirklich

Vertrauen gegenüber anderen entwickeln, die sie womöglich noch nie persönlich getroffen haben? Reicht es, einfach viele virtuelle Meetings aufzusetzen und auf das Beste zu hoffen? Oder ist Vertrauen doch nicht so wichtig für den Erfolg in einem Unternehmen?

Teams ohne Vertrauen arbeiten weder produktiv noch effizient. Eine Meta-Studie[8] hat nachgewiesen, dass die Menschen nicht nur unmotiviert sind, sondern dass vor allem auch die Produktivität deutlich nachlässt, wenn das Vertrauen fehlt. Dazu kommt, dass ein Mangel an persönlichen Interaktionen automatisch zu Misstrauen führt. Unternehmen sind also gefordert, proaktiv die Mechanismen zu implementieren, die sicherstellen, dass Vertrauen auch in der virtuellen Umgebung stattfinden kann. Es reicht aber nicht, nur Vertrauen aufzubauen, Sie müssen auch dafür sorgen, dass dieses aufrechterhalten bleibt.

Bei der erwähnten Metastudie wurden 52 Studien analysiert, in denen die Rolle des Vertrauens in virtuellen Teams untersucht wurde. Die Ergebnisse aus den Befragungen von 1850 Teams basieren auf diesen drei Fragen:

1. Gibt es eine Korrelation zwischen dem Vertrauen in virtuelle Teams und der Teameffektivität?
2. Steigt die Bedeutung von Vertrauen, wenn das Team virtuell arbeitet?
3. Ist Vertrauen weniger wichtig, wenn die Teams genaue Aufzeichnungen über die Kommunikation führen?

Die Metastudie weist eine eindeutige positive Korrelation zwischen Vertrauen und virtueller Teameffektivität auf. Wenn Menschen sich vertrauen, dann sind sie auch viel eher bereit, ihr wertvolles Wissen und ihre Informationen zu teilen. Zeigen sich in virtuellen Teams Probleme, liegt die Ursache oft im fehlenden Vertrauen.

Nun bietet gerade die virtuelle Arbeit die Möglichkeit, alle möglichen Informationen rund um Teamwork und Workflow gleich verfügbar zu haben. Die Dokumentation von Interaktionen in Form von E-Mails, Chatverläufen und anderen Aufzeichnungen der Online-Kommunikation passiert fast von alleine.

Während Sie virtuell arbeiten, wird automatisch jede Aktion und jedes Kommunikationselement gespeichert. Dadurch wird der Beitrag der einzelnen Personen viel schneller sichtbar und nachvollziehbar.

Haben die Mitglieder nun ständig Zugriff auf die Aufzeichnungen, ist Vertrauen auch weniger wichtiger. Wenn ein Unternehmen nun die Verfolgung und Aufzeichnung von Kommunikationen nicht ermöglicht, kann das die Leistung beeinträchtigen.

[8] *https://pubmed.ncbi.nlm.nih.gov/27228105/*

Exkurs „Schnelles Vertrauen“

Wenn Menschen das Gefühl haben, dass sie „im selben Boot sitzen“, führt das dazu, dass sie sich gegenseitig vertrauen. Umgangssprachlich wird das als „Flitterwochenperiode“ einer Beziehung bezeichnet. Das gilt vor allem dann, wenn die Gruppe unter Leistungsdruck steht und die Menschen keine andere Wahl haben, als sich gegenseitig zu vertrauen, um voranzukommen. Aber Achtung: Schnelles Vertrauen ist zeitlich begrenzt. Sie müssen echtes Vertrauen aufbauen, das dann auch dauerhaft ist.

In Teams müssen Sie proaktiv Vertrauen aufbauen. Damit Ihnen das gelingt, achten Sie auf folgende Punkte:

- Geben Sie dem Team Zeit, dass es sich kennenlernt: Ermutigen Sie soziale Aktivitäten, die emotionale Bindungen zwischen den Menschen herstellen. Fördern Sie, dass sich die Menschen ab und zu auch persönlich treffen, um Beziehungen aufzubauen. Eine weitere Möglichkeit ist, dass die ersten zwei Minuten eines Online-Meetings immer für Gespräche über persönliche Dinge reserviert sind. Menschen interessieren sich für die persönlichen Dinge anderer, wie z. B. Hobbys. Dadurch bekommen sie ein besseres Gefühl für die andere Person und können erkennen, ob sie etwas gemeinsam haben. Menschen neigen dazu, anderen zu vertrauen, die ihnen ähnlicher sind.

Icebreaker: Take 5

Eine persönliche Verbindung können Sie mit diesem ganz einfachen Icebreaker „Take 5“ fördern. Jedes Teammitglied zählt fünf Dinge aus dem persönlichen Leben auf, die es gerade beschäftigt.

Weitere Icebreaker finden Sie in Kapitel 4.

- Menschen vertrauen einander basierend auf diesen drei Faktoren: Glaubwürdigkeit, Zuverlässigkeit und Vertrauenswürdigkeit. Sie können diese Faktoren fördern, indem Sie die Fähigkeiten und das Fachwissen jedes Mitglieds gezielt ansprechen und sichtbar machen.
  - Lassen Sie jede Person das Ergebnis ihrer Arbeit selbst erzählen und zeigen, wie sie eine Aufgabe ausgeführt hat (= Glaubwürdigkeit)
  - Halten Sie Versprechen und Fristen ein, auf die Sie sich im Team geeinigt haben. Durch die Dokumentation von Interaktionen erinnern sich die Teammitglieder auch viel schneller daran, was wann und von wem getan werden sollte (= Zuverlässigkeit).
  - Zeigen Sie mehr Anstrengungen, als vielleicht formal von Ihnen gefordert wird. Engagement hilft dabei, dass andere erkennen, dass Sie ihnen helfen wollen (= Vertrauenswürdigkeit).
- Der Schlüssel zu guter Kommunikation ist nicht Quantität, sondern Qualität. Versuchen Sie, das Team vor einer Informationsüberflutung mit unzähligen E-Mails und häufigen Besprechungen zu schützen.

1.7 Erfolgreich kommunizieren

Wenn wir in unserem Alltag mit Freunden zusammentreffen, verspüren wir selten einen Druck, uns perfekt zu zeigen und keine Fehler zu machen. Wir sind dann wie wir sind, das Aussehen und die Umgebung sind dann nicht wichtig. Anders ist es, wenn wir eine Einladung zu einem Video-Chat bekommen. Bei den meisten tauchen sofort unzählige Ausreden auf, warum wir nicht die Kamera einschalten können. Die Angst, sozial nicht gut aufzutreten, ist bei Videokonferenz-Tools wie beispielsweise Zoom oder Microsoft Teams besonders groß. Wenn wir aber mit einem guten Freund zusammen sind, sind wir einfach entspannter und mehr „wir selbst". Das Zusammentreffen in einem physischen Raum führt bereits dazu, dass wir etwas gemeinsam haben und uns zugehörig fühlen. Es gibt einen Grund, der uns zu dieser Zeit an diesem Ort zusammenführt. Das alleine verbindet uns schon.

Wenn wir aber eine App nutzen, um an einer Videokonferenz teilzunehmen, fühlt sich auch das Treffen mit demselben Freund für denselben Grund seltsam an. Es entsteht ein Druck. Wir werden das Gefühl nicht los, dass wir witzig, unterhaltsam, mitfühlend oder engagiert sein müssen, wenn alles, was uns repräsentiert, unser Profilbild ist.

Im beruflichen Umfeld kommt noch ein anderes Phänomen hinzu: Die Einladung zu einem Online-Treffen – sei es ein Meeting, ein Webinar oder ein Workshop (den Unterschied können Sie im Abschnitt 1.8 nachlesen) – gleicht einer Einladung zu einer passiven Berieselung. Die Kommunikation in einer virtuellen Welt erfordert ein hohes Maß an mentalem und emotionalem Engagement, was stresst. Bei so vielen anderen verfügbaren Optionen wie E-Mails, Chats, Wikis etc. ist das Telefon oft das letzte Mittel. E-Mails und andere schriftliche Kommunikationsformen können jedoch nicht mit der emotionalen Verbindung einer Echtzeit-Interaktion mithalten. Bequemlichkeit darf daher nie die persönliche Kommunikation bestimmen und ersetzen. In traditionellen Büros besteht die Tendenz, dass die Leistungsbeurteilung auf der körperlichen Anwesenheit des Mitarbeiters im physischen Büro basiert: Kommen die Mitarbeiter rechtzeitig oder gehen sie zu früh? Sehen sie an ihrem Schreibtisch beschäftigt aus? All diese Hinweise gibt es in einem virtuellen Team nicht. Anstatt zu beobachten, wie die anderen arbeiten, sehen Sie lediglich das Endergebnis und das, was sie produzieren. Aber diese Informationen können auch irreführend sein. Sind Sie sicher, dass der Kollege wirklich weiter an dem Projekt arbeitet, wenn er oder Sie das Video abschaltet? Was denkt oder sagt die Person wirklich über Ihre Präsentation? Wie sehr glauben die anderen an das Projekt?

Die größte Herausforderung in der Online-Welt besteht also darin, Wege zu finden, um Verhalten zu beobachten, das Sie nicht sehen können.

1.7.1 Verhalten sichtbar machen

Online-Meetings fühlen sich für viele Menschen so an, als ob sie an einen Bildschirm gekettet wären und sie eine Maske mit einem Dauergrinsen aufsetzen, auch wenn sie genau das Gegenteil fühlen. In der traditionellen Arbeitswelt finden wir oft Momente, in denen wir unsere Maske fallen lassen können, was uns entspannt. Aber während gefühlt endloser Online-Meetings haben wir das Gefühl, dass wir diese Maske behalten müssen, solange unser Bild zu den Bildschirmen unserer Kollegen übertragen wird.

Die Lösung könnte nun einfach lauten, die Kamera auszumachen und häufiger das Telefon zu nutzen. Es ist aber unglaublich wichtig, dass Sie visuell anwesend sind. Nur so werden Sie als aktiv und präsent wahrgenommen. Selbst wenn Sie Ihr Profilbild oder Ihren Avatar bei ausgeschalteter Kamera sichtbar lassen, wirken Sie „abwesend". Es reicht einfach nicht, nur das Mikrofon eingeschaltet zu haben und ab und an Wortmeldungen abzugeben.

Ist nonverbale Kommunikation wirklich wichtiger als gesprochene Worte?

Es gibt die weitverbreitete Ansicht, dass 15 % unserer Kommunikation mündlich erfolgen und die anderen 85 % unserer Nachricht über die Körpersprache gesendet werden.

Die Geschichte hinter dem oft zitierten und ebenso oft missverstandenen magischen Verhältnis von gesprochenen Worten versus Körpersprache basiert auf den missinterpretierten Ergebnissen der Forschung von Albert Mehrabian. Er untersuchte den Vergleich der Wichtigkeit zwischen Gesichts- (60 %) und Stimmkomponenten (40 %) in Bezug auf die Einstellung einer Person. Dabei wurde diese Formel in einem besonderen Kontext untersucht, nämlich wenn die nonverbale Aussage nicht mit der verbalen Aussage übereinstimmt.

Es gilt also immer den Kontext (die Umgebung) einer Situation, die Beziehungen zwischen den Personen und weitere Faktoren wie die Rolle der beteiligten Menschen miteinzubeziehen, bevor Sie Schlussfolgerungen und Interpretationen aus der nonverbalen Sprache ziehen. So kann das Verschränken der Arme vor der Brust ein Zeichen dafür sein, dass jemand verschlossen ist. Wenn jedoch die Schultern dieser Person angehoben sind und die Zähne klappern, ist ihr möglicherweise im Moment einfach nur kalt.

Sie sollten immer nach dem Warum fragen, bevor Sie einen nonverbalen Hinweis interpretieren. Warum verhält sich diese Person in diesem Augenblick so? Was könnte es für verschiedene Gründe dafür geben. Trauen Sie dabei ruhig Ihrem ersten Impuls, dieser ist meistens der richtige.

Nonverbale Sprache ist zweifelsohne sehr wichtig, aber sie muss richtig verstanden werden, um daraus einen echten Nutzen für die weitere Kommunikation zu ziehen.

1.7.2 Stellen Sie sich Ihrer Kamera-Phobie

Wenn wir Teenager sind, verbringen wir viel Zeit damit, uns Gedanken darüber zu machen, was die Leute über uns denken. Mit der Zeit stellen wir ernüchtert fest, dass niemand sich derart Gedanken über uns macht, wie wir es uns immer vorgestellt haben. Das Gleiche gilt im Bereich des Online-Treffens: Zunächst machen wir uns vielleicht Sorgen darüber, was andere Leute über uns sagen könnten. Aber wenn unsere Gesprächspartner überhaupt an

Kameraaufnahmen denken, ist die Wahrscheinlichkeit viel größer, dass sie nur über ihre eigene Erscheinung nachdenken und ihre Energie nicht an das Aussehen der anderen Personen verschwenden.

Auch wenn es verlockend ist und Sie einen stressigen Tag vor oder hinter sich haben – nutzen Sie Videoanrufe. Schalten Sie Ihre Kamera ein, wenn Sie an einem Meeting teilnehmen, damit andere Sie sehen und wissen, dass Sie da sind.

Der beste (und mir einzig bekannte wirklich funktionierende) Weg, die Angst vor dem eigenen Bild zu überwinden, ist sich dieser Angst zu stellen und einfach die Kamera einzuschalten.

Seien Sie offen und teilen Sie gleich zu Beginn mit den anderen, wie Sie sich mit der Kamera fühlen. Das hilft dabei, eine Beziehung aufzubauen. Die anderen werden ziemlich sicher Ihrem Beispiel folgen und ihre eigenen Bedenken teilen.

Sie werden auch sehr wahrscheinlich versichern, dass es für sie wichtig ist, dass Sie visuell präsent sind und dass das Aussehen überhaupt keine Rolle spielt. Die Mimik vervollständigt einfach die Worte und hilft dabei, diese zu interpretieren.

Exkurs: Kreative Ausreden

Es gibt Tage, an denen man einfach nicht aufstehen mag. Wenn sich dann noch die Chance bietet, von Zuhause aus zu arbeiten, dann wird es noch schwieriger, den inneren Schweinehund zu zähmen. Eine Studie[9] hat nun die skurrilsten Ausreden aufgelistet, die MitarbeiterInnen hatten, die zu spät zu Meetings erschienen:

- Die Katze blieb in der Toilette stecken oder hatte Schluckauf.
- Ein Albtraum machte Angst, pünktlich zu erscheinen.
- Es ist zu kalt, um zu arbeiten.
- Morgendliche Übelkeit (es war ein Mann)
- Ein Astrologe warnte vor einem Autounfall auf einer großen Autobahn, also wurden lieber die Nebenstraßen benutzt, was wiederum zu einer Verspätung führte.
- Die falschen Wimpern klebten zusammen.
- Obwohl es fünf Jahre her ist, hatte der Mitarbeiter vergessen, dass er nicht mehr bei dem früheren Arbeitgeber arbeitet, und ist versehentlich dorthin gefahren.

Einige Mitarbeiter der Umfragen fühlten sich tatsächlich zu Verspätungen berechtigt und gaben deswegen die wahren Gründe an:

- Sie mussten eine TV-Show zu Ende sehen.
- Sie dachten, dass Halloween ein unternehmensweiter Feiertag wäre.
- Sie hatten ein Job-Interview bei einem anderen Unternehmen.
- Sie dachten, dass der Pendelverkehr zur Arbeitszeit zählen würde.

---

9 *http://press.careerbuilder.com/2018-03-22-This-Years-Most-Bizarre-Excuses-for-Being-Late-to-Work-According-to-New-CareerBuilder-Survey*

Der moderne Mitarbeiter ist nicht verlegen, wenn es um Ausreden geht, die Verspätungen entschuldigen sollen. Angesichts der Tendenz zur Integration von Beruf und Privatleben argumentieren einige Experten, dass das Konzept der Verspätung vom Aussterben bedroht ist. Die Mitarbeiter sind viel flexibler, da sie bereits beim Frühstück ihre E-Mails abrufen oder Projekte nach der Arbeitszeit abschließen können. ■

Warum Ausreden bei virtuellen Besprechungen nicht funktionieren

Bei Besprechungen wird die Pünktlichkeit jedoch nie aus der Mode kommen. Dies liegt daran, dass verspätete Starts echte, messbare Kosten verursachen.

Per definitionem erfordern Besprechungen eine sofortige, gleichzeitige Gruppenzusammenarbeit, um Produktivität und Problemlösung zu erzielen. Selbst wenn Sie die Zusammenfassung in Ihrem Posteingang lesen, würden Sie trotzdem diesen wichtigen Punkt bei virtuellen Besprechungen immer noch verpassen.

Chronisch Vergessliche brauchen jedoch keine bizarre Entschuldigung mehr, da sie mit virtuellen Besprechungslösungen von jedem Gerät aus überall auf ihre Besprechung zugreifen können. Mit den besten technischen Werkzeugen können auch sie den Gefahren trotzen, die von Schlüssel stehlenden Füchsen oder plötzlich die Straße überquerenden Bären ausgehen.

1.8 Begriffs-Wirrwarr: Meetings, Workshop oder Webinar?

Der große Vorteil, online im Team zu arbeiten, liegt für Unternehmen in der Reduzierung der Kosten. Jede Art von web- oder videobasiertem Treffen ist eine großartige Lösung, mit der Sie Verbindung zu anderen Personen herstellen und mit Personen an verschiedenen Standorten zusammenarbeiten können, auch wenn Sie sich nicht im selben Raum befinden.

Aber was ist für Sie die beste Methode, um online mit Ihren Kunden oder Kollegen zu kommunizieren? Die Auswahl ist groß: Sie können Online-Meetings, Online-Workshops oder auch Webinare veranstalten. Auch wenn es auf den ersten Blick vielleicht wie Haarspalterei wirken mag, ist es für den Erfolg Ihrer Kommunikation wichtig, dass Sie sich bewusst sind, welches Format Sie wählen. Denn jedes hat seine eigenen Tücken und Herausforderungen.

Mit dem Übergang von Teams und Organisationen zur Online-Arbeit steigt der Bedarf an gut gestalteten Online-Meetings und Workshops. Unstrukturierte oder schlecht ausgeführte virtuelle Besprechungen werden gefühlt schnell zur Zeitverschwendung. Das sorgt wiederum für frustrierte Teams.

In diesem Kapitel geht es um die Unterscheidung zwischen den verschiedenen Formaten, wann welches zum Einsatz kommen sollte und wie Sie als Moderator großartige Online-Workshops und Online-Meetings durchführen. Denn das Verstehen der Unterschiede zwischen Workshops und Meetings spart Zeit, hilft dabei, die Zusammenarbeit in Gruppen optimal zu nutzen und einen schlechten Ruf für Workshops zu vermeiden.

Im Grunde besteht Ihre Aufgabe als Moderator darin, dass Sie die Teilnehmer durch einen Prozess führen und sie dabei unterstützen, dass sie ein Verständnis für eine Aufgabe, ein Produkt, eine Sache entwickeln und die Zusammenarbeit verbessern. Durch den Einsatz von Moderationstechniken und -methoden (siehe Kapitel 4) helfen Sie Menschen, strukturiert ihr gewünschtes Ergebnis zu erreichen. ■

Gründe für Online-Treffen

In den meisten Fällen arbeiten Moderatoren in Präsenzsettings. Da immer mehr Organisationen und Mitarbeiter auf der ganzen Welt verteilt sind, wächst der Bedarf an Moderatoren, die Workshops oder Meetings in einer Online-Umgebung abhalten. Aufgrund der hohen Reise- und Organisationskosten steigt der Bedarf an Online-Meetings enorm. Es reicht allerdings nicht aus, Menschen einfach nur in einen Online-Raum „zusammenzusperren". Sie brauchen einerseits als Online-Moderator ganz spezielle Fähigkeiten und Fertigkeiten und andererseits müssen Sie bereits im Vorhinein gut überlegen, wie der Prozess aussehen muss, damit das Team auch wirklich das gewünschte Ziel erreicht.

- Es gibt viele Teams, die über mehrere Standorte verteilt sind.
- In der Organisation wird viel mit hybriden Teams gearbeitet, bei denen sich einige Personen an einem gemeinsamen Ort befinden und weitere Mitarbeiter von einem anderen Ort aus sich zum Meeting dazuschalten.
- Online-Workshops oder Besprechungen können auch unter schwierigen Umständen durchgeführt werden, z. B. bei Krankheit, Reiseverboten oder Umweltproblemen.
- Sie können durch Online-Webinare oder auch Online-Produktdemos viel mehr Menschen gleichzeitig erreichen.

1.8.1 Meetings versus Workshops

Online-Meetings

Virtuelle Besprechungen oder Meetings sind die mit Abstand häufigste Art, wie Menschen online zusammenarbeiten. Ein virtuelles Meeting kann z. B. ein tägliches Stand-up-Meeting sein oder Besprechungen, Diskussionen etc. Virtuelle Besprechungen sollten aber wie alle anderen Treffen auch nur mit einem klaren Grund und einem bestimmten Ziel durchgeführt werden. Bei verteilten Teams ist der Einsatz von virtuellen Meetings sinnvoll, um so die Menschen miteinander zu vernetzen.

Online-Workshops

Zwar werden in Online-Workshops häufig die gleichen Methoden wie in Präsenz-Workshops verwendet, allerdings gibt es hier besondere Herausforderungen zu meistern. Sie brauchen daher viel Vorbereitung. Ein gut gestalteter Online-Workshop kann Teams dabei unterstützen, sich neu auszurichten, Ideen und Lösungen zu generieren und auch Vertrauen und Beziehungen aufzubauen.

Meetings sind eine hervorragende Möglichkeit, um mit verschiedenen Menschen Informationen und Wissen einfach nur auszutauschen. Workshops dienen aber der Bearbeitung von Problemen.

Bei Workshops werden in einem vorher definierten Zeitrahmen mittels praktischer Anwendung von verschiedenen Vorgehensweisen u. a. Ideen generiert, Entscheidungen getroffen oder Möglichkeiten analysiert. Das Ergebnis eines erfolgreichen Workshops ist, ein umsetzbares, vordefiniertes Ziel zu erreichen.

Oder anders gesagt:
In Meetings werden Dinge besprochen,
in Workshops werden Dinge bearbeitet.

1.8.2 Wann sollten Sie ein Meeting abhalten?

Meetings werden gemeinhin dann einberufen, wenn Personen Informationen und Wissen zu einem Thema einholen und/oder austauschen wollen. Dabei können in einem Meeting durchaus mehrere Themen besprochen werden, Entscheidungen fallen oder andere Aktivität stattfinden, aber das ist nicht zwingend notwendig. Die häufigsten Gründe, warum in Unternehmen Meetings stattfinden, sind die folgenden.

Generell unterscheide ich zwischen zwei verschiedenen Zielen bei Meetings:

- **Informationsaustausch:** Diese erfassen in erster Linie den Austausch von Informationen, der von der einladenden Person präsentiert wird. Die Interaktion der Teilnehmer mit dem Besprechungsleiter beschränkt sich normalerweise auf Fragen und Kommentare.
- **Problemlösung:** Problemlösungsbesprechungen nutzen das Wissen und die Erfahrung der Anwesenden, um eine Entscheidung treffen zu können oder Lösungsmöglichkeiten zu besprechen. Diese Besprechungen sind interaktiv und beinhalten eine wechselseitige Kommunikation zwischen allen Teilnehmern.

Wenn Sie den größten Teil Ihrer Zeit in Besprechungen verbringen, kann jede Besprechung in die nächste übergehen. In dem Tempo, in dem Sie unterwegs sind, haben Sie bald das Gefühl, keine Zeit mehr zu haben, um für jedes Meeting die richtigen, fokussierten Ziele festzulegen. Das muss aber nicht so sein.

Ich unterscheide diese vier Arten von Meetings:

1. Statusaktualisierungs- bzw. Stand-up-Meetings
2. Meetings zur Entscheidungsabstimmung
3. Projekt-Kick-off-Meetings
4. Feedback- oder Nachbesprechungs-Meetings

Statusaktualisierung/Stand-up-Meeting

Ihr wöchentlicher Jour fixe, Ihre tägliche Kurzbesprechung oder Ihr Scrum-Stand-up – alle diese Besprechungen fallen in die Kategorie der Statusaktualisierungen. Das Ziel ist dabei, alle Teilnehmer des Meetings mit den erforderlichen Informationen auf den neuesten Stand zu bringen. Egal, ob Sie in einem kleinen Team arbeiten oder in einem Konzern – diese Art der Meetings sind essentiell für den Erfolg eines jeden Unternehmens.

Wenn Ihr Unternehmen beispielsweise mit Scrum arbeitet, wissen Sie bereits, dass es ein Zeitlimit für die tägliche Statusaktualisierung (oder eben das tägliche Stand-up) von 15 Minuten gibt. Dieses Zeitlimit können Sie auf jegliche Besprechung umlegen, die zweckmäßig sein soll. Dadurch haben Sie mehr Zeit für andere Dinge.

Legen Sie bei diesem Meeting Ihren Fokus auf die Zweckmäßigkeit

Konzentrieren Sie sich bei der Moderation einer solchen Besprechung darauf, dass sich alle kurz halten und die Aussagen auf den Punkt bringen. Geben Sie den Teilnehmern nicht die Möglichkeit, sich ablenken zu lassen und Zeit zu verschwenden.

Das Ziel eines solchen Meetings besteht darin, sehr schnell einfache Fragen zu beantworten wie z. B.:

- Was ist seit unserem letzten Treffen passiert?
- Was steht heute auf dem Plan?
- Gibt es irgendwas, das dich dabei behindert, deine Ziele zu erreichen?
- Benötigst du etwas von mir oder sonst jemandem, um deine Arbeit zu erledigen?

Entscheidungsabstimmungs-Meetings

In einem typischen Entscheidungsfindungsprozess werden verschiedene Optionen präsentiert, um gemeinsam die bestmögliche Entscheidung zu treffen.

Bei diesem Meeting müssen Sie generell vor diesen Punkten Acht geben:

- **Informationsüberflutung:** Viele Informationen zu haben, wird oft als vorteilhaft angesehen. Wenn es zu viele Informationen sind, kann das schnell überwältigend sein.
- **Nicht genügend Informationen:** Es ist aber auch nicht gut, nicht genügend Informationen zu haben, die Ihre Entscheidung zu unterstützen.
- **Unrealistisches Denken:** Übermäßiges Vertrauen in das Ergebnis kann schnell durch Gruppendenken entstehen. Passen Sie auf, dass Sie realistische, tragfähige und erreichbare Optionen identifizieren.
- **Stress, zeitliche Einschränkungen** oder andere Umstände wie der Druck, eine Entscheidung treffen zu müssen, können die gewünschten Ergebnisse beeinträchtigen. Sie könnten versehentlich wichtige Daten überspringen oder die Auswirkungen der einen oder anderen Aktion auf das Team vergessen.

- **Keine Weiterverfolgung der getroffenen Entscheidungen:** Wenn Sie eine Entscheidung treffen, müssen Sie diese weiterverfolgen, um zu verstehen, ob sie wirklich die richtige war.

Legen Sie Ihren Fokus auf das Finden blinder Flecken

- Wenn Sie eine Entscheidung treffen wollen, ist es wichtig, dass Sie zunächst alle Informationen offenlegen. Fragen Sie daher alle Anwesenden gleich zu Beginn, ob sie das Gefühl haben, alles zu wissen, was sie brauchen, um eine gute Entscheidung treffen zu können.
- Wenn Sie nach Fachwissen suchen, können Sie blinde Flecken aufdecken. Fragen Sie, wer der Experte für ein bestimmtes Gebiet ist. Stellen Sie auch folgende Frage an sich und Ihr Team:

  Welches Fachwissen kann ich bzw. kannst du einbringen, um das Problem zu verstehen und einzugrenzen?
- Stellen Sie sicher, dass Sie das Wissen Ihrer Teammitglieder und anderer Verbündeter in vollem Umfang nutzen.

Projekt-Kick-off

Projekte zu starten ist ein wesentlicher Bestandteil des Projektmanagements. Dabei gilt es, die Rollen zu besprechen und Informationen zu teilen, um ein bestimmtes Ziel zu erreichen.

Legen Sie Ihren Fokus auf wer bis wann was macht

- Idealerweise sollte am Ende eines solchen Meetings jeder den Plan kennen.
- Dazu gehört, dass Sie wissen, welchen Teil wer bis wann erledigen will.
- Stellen Sie also sicher, dass jeder das Meeting verlässt und seine persönlichen Aufgaben kennt und weiß, bis wann diese an wen geliefert werden müssen.
- Ein Protokoll, das Sie am Ende des Meetings aussenden, kann dabei extrem hilfreich sein.

Feedback oder Nachbesprechungen

Bei beiden Besprechungen geht es im Grunde darum, dass Sie vergangene Ereignisse besprechen und offene Punkte zur Diskussion stellen. Unabhängig davon, ob das Feedback gut oder schlecht ausfällt, möchten Sie, dass sich die Menschen motiviert und gut fühlen. Sie sollen engagiert aus dieser Besprechung gehen – aber sie sollen auch nicht das Gefühl haben, dass sie sich auf den Lorbeeren ausruhen können.

Legen Sie Ihren Fokus auf die Zukunft

- Auch wenn Sie über Ereignisse in der Vergangenheit sprechen, sollten Feedback- und Nachbesprechungstreffen in die Zukunft blicken.
- Stellen Sie sicher, dass Sie die zukünftigen Erwartungen und Pläne mit Informationen aus der Vergangenheit verknüpfen.
- Achten Sie darauf, dass Ihr Team optimistisch und motiviert bleibt - unabhängig davon, was in der Vergangenheit passiert ist.

Genereller Hinweis

Wenn Sie wissen, um welche Art von Besprechung es sich handelt, dann erinnern Sie sich an den Schwerpunkt, den wir für diese Art von Besprechung aufgeführt haben, und leiten Sie die Besprechung in diesem Sinne. Sie werden vielleicht überrascht sein, welchen Unterschied dies bewirken kann.

1.8.3 Wann sollten Sie einen Online-Workshop abhalten?

Wenn es darum geht, gemeinsam an einem Thema zu arbeiten, um Input und Konsens von verschiedenen Menschen einzuholen, sind kollaborative Workshops die beste Wahl. In einem Workshop-Setting profitieren nicht nur die Nutzer von der Themenvielfalt, sondern es können auch generelle Informationen ausgetauscht werden.

Als Design-Thinking-Berater arbeite ich in diesem Setting, das sämtliche Punkte - von der Anfangsanalyse der Problemstellung bis hin zu der Einholung und Einarbeitung von Feedback für die Lösung - abdeckt.

Design-Thinking-Workshops

Ein interdisziplinäres Team versammelt sich, um zunächst den Standpunkt eines Nutzers zu verstehen und darauf aufbauend eine Vielzahl von Ideen aus verschiedenen Perspektiven zu generieren, um die beste Lösung im Sinne des Nutzers als Prototyp umzusetzen und iterativ Feedback einzubauen.

Ich unterscheide fünf verschiedene Arten von Workshops:

1. Konzeptions-Workshops
2. Empathie-Workshops
3. Ideengenerierungs-Workshops
4. Entscheidungsfindungs-Workshops
5. Kritik-Workshops

Konzeptions-Workshops

Das Ziel eines Konzeptions-Workshops ist, Projektmeilensteine und -pläne zu definieren. Sie finden normalerweise zu Beginn eines Projekts oder eines wichtigen Abschnitts statt. Es werden dabei u. a. die Erwartungen der Beteiligten diskutiert, ein gegenseitiges Verständnis aufgebaut, Vision und Mission abgesteckt, ein Einblick auf den breiteren Kontext ermöglicht und natürlich auch neues Wissen gesammelt, das sich dann wiederum direkt auf das Konzept auswirkt.

Legen Sie den Fokus auf das Konzept

Verwenden Sie hier eine Mischung aus verschiedenen Methoden, die einen guten Einblick in den aktuellen Status geben und die helfen, Entscheidungen über das weitere Vorgehen zu treffen. Schließen Sie einen solchen Workshop mit einem Aktionsplan ab.

Empathie-Workshops

Ziel eines Empathie-Workshops ist, dem Team zu helfen, die Bedürfnisse der Menschen innerhalb eines Projekts zu verstehen und deren Sichtweise nachvollziehbar zu machen. In einem solchen Workshop wird ein Verständnis rund um die relevanten Stakeholder aufgebaut, Klarheit und Konsens über die diversen Anforderungen werden erreicht und vor allem entsteht Empathie für alle Beteiligten. Empathie-Workshops finden normalerweise zu Beginn eines Projekts oder nach Abschluss einiger Benutzerrecherchen statt.

Legen Sie den Fokus auf die Einbindung verschiedener Perspektiven

Laden Sie in einen solchen Workshop nicht nur das Kernteam ein, sondern auch andere wichtige Zielgruppen aus dem Projekt. Jeder Teilnehmer mit eigenen Perspektiven auf Ihre Fragestellung ist ideal für einen Empathie-Workshop. Eine informelle Umgebung führt zu einem gemeinsamen Verständnis der verschiedenen Anforderungen und Perspektiven.

Ideengenerierungs-Workshop

Das Ziel eines Ideengenerierungs-Workshops ist, schnell eine breite Palette von Ideen zu generieren und diese dann zu diskutieren. In einem solchen Workshop können Sie die Ideen auch gleich skizzieren, um die Diskussion anzuregen, die Menschen motivieren, sich in das Projekt stärker einzubringen, und weitere Perspektiven einbinden.

Legen Sie den Fokus auf neuen Input für neue Ideen

Die Kraft eines Ideengenerierungs-Workshops entsteht durch die Einbeziehung verschiedener Perspektiven:

- Laden Sie daher eine Vielzahl von Rollen ein.
- Die Workshop-Umgebung sollte zum kreativen Denken anregen und viel Prototyping-Material wie Papier, Plastilin, Haftnotizen etc. beinhalten.
- Planen Sie eine strukturierte Abfolge von kreativen Methoden und wählen Sie eine Priorisierungsmethode wie Punktabstimmung.
- Nachdem das Team viele Ideen generiert hat, sollte ein nächster Workshop geplant werden, in dem Sie Entscheidungen treffen.

Entscheidungsfindungsworkshops

Ziel eines Entscheidungsfindungsworkshops ist, einen Konsens darüber zu erzielen, welche Ideen weiterverfolgt und verfeinert werden und welche Ziele, Nutzer etc. priorisiert werden sollten. Entscheidungsfindungsworkshops sind immer dann von Vorteil, wenn wichtige Entscheidungen getroffen werden müssen.

Legen Sie den Fokus auf Priorisierung

Nutzen Sie Aktivitäten zur Priorisierung von Ideen und strukturieren Sie diesen Workshop gut, um schnell zu einem Konsens zu kommen. Sie können dabei zur gemeinsamen Entscheidung finden, wie Sie mit einer Reihe von Ideen oder Initiativen vorankommen können. Geben Sie in einem solchen Workshop jedem Teammitglied die Möglichkeit, seine Stärke und sein Wissen zum gesamten Projekt beizutragen.

Kritik-Workshop

Das Ziel eines Kritik-Workshops ist, dem Team Raum zu geben, um vorhandene Inhalte und Ideen zu bewerten, schnell Lösungen für die Optimierung zu identifizieren und generell zu bewerten, an welchem Punkt des Projekts Sie stehen und wie es weitergehen soll.

Legen Sie den Fokus auf Optimierung

Zu Beginn eines solchen Workshops können Sie die momentanen Ziele, Annahmen und Ansätze besprechen, um zu überlegen, wie das weitere Vorgehen aussehen soll. Ein Kritik-Workshop funktioniert am besten mit einem kleinen Team aus interdisziplinären Rollen, die für die Perspektivenvielfalt sorgen. Die Workshop-Struktur soll den Teilnehmern helfen, das momentane Vorgehen anhand einer Reihe vorhandener objektiver Kriterien zu bewerten und anzupassen. Das Ende eines solchen Workshops sollte darin die Entscheidung für das weitere Vorgehen sein.

Meiden Sie unbedingt die Stummschalte-Taste in Workshops

Viele Experten empfehlen, die Teilnehmer von Online-Workshops als Moderator „mute", also stumm, zu schalten. Ich empfehle Ihnen bei Workshops genau das Gegenteil. Es sind die Geräusche in der Online-Welt, die uns viel über die Stimmung sagen. Wenn Sie diese nun „abschalten", berauben Sie sich selbst vieler Möglichkeiten, rechtzeitig zu merken und vor allem einzugreifen, wenn zum Beispiel die Stimmung kippt.

Aber Achtung: Die Aufmerksamkeit bei virtuellen Meetings ist viel fokussierter. Dabei ist vor allem die Klangqualität von entscheidender Bedeutung. Wenn wir Menschen nicht mühelos hören können, sind unsere bereits begrenzten und besteuerten kognitiven Ressourcen noch geringer. Verwechseln Sie also nicht störende Geräusche wie Rückkoppelungen mit menschlichen Tönen.

1.8.4 Struktur und Format

Wie wir also sehen, unterscheiden sich die Zwecke für Workshops und Meetings grundlegend. Daher ist es naheliegend, dass sich auch die Struktur der beiden virtuellen Treffen unterscheidet.

Meetings sind meistens viel passiver als Workshops. Die Teilnehmer verbringen in Meetings die Zeit mit Sprechen oder Zuhören, während sie sich in Workshops aktiv einbringen - zum Beispiel, indem sie gemeinsam Ideen generieren, zusammen die Dinge skizzieren und Methoden durchführen, um einen gemeinsamen Fortschritt zu erreichen. Praktische Aktivitäten sind aber nicht nur auf Workshops reduziert. Auch in Meetings können Sie als Moderator die Teilnehmer unterstützen, aus ihrem routinemäßigen Denken auszubrechen.

Workshops haben eine typische Struktur

Workshops durchlaufen oft eine divergente und konvergente Phase.

Bei divergenten Aktivitäten entwickeln die Teammitglieder viele Ideen, die für das jeweilige Thema relevant sind. Es gibt viele verschiedene Techniken, die Sie nutzen können, um dieses Ziel zu erreichen. Einige davon stelle ich Ihnen in Kapitel 4 vor.

In der konvergenten Phase suchen die Personen nach einem Muster innerhalb der vorher generierten Ideen und priorisieren diese nach verschiedenen Kriterien wie zum Beispiel welche realisierbar sind. In dieser Phase sind Techniken wie Affinitätsdiagramme sinnvoll.

Meetings haben aber auch eine Struktur, nur nicht eine so formale

Obwohl Workshops in der Regel einer formaleren Struktur folgen als Besprechungen, sind Besprechungen nicht strukturlos (auch wenn einige sich so anfühlen, weil sie einfach schlecht vorbereitet wurden).

Selbst routinemäßig stattfindende Besprechungen wie Stand-up- und Einzelbesprechungen profitieren von einer Struktur, die flexibel genug ist, um sich im Laufe der Zeit der jeweiligen Entwicklung anzupassen.

Beispielsweise verwenden tägliche Stand-up-Meetings eine Reihe von bestimmten Fragen, um sicherzustellen, dass die Diskussion auf dem richtigen Weg ist:

- Was hast du gestern geschafft?
- Woran arbeitest du heute?
- Welche Hindernisse stehen dir dabei eventuell im Weg?

In einem anderen Beispiel kann ein Manager einen direkten Bericht anfordern, um seine Agenda für ein Meeting vorzubereiten. Dann kann er im Vorfeld Fragen zur Entwicklung einer Struktur stellen wie:

- Was ist Ihr Ziel?
- Wo brauchen Sie Unterstützung?

1.8.5 Planung und Vorbereitung

Die Planung eines Meetings erfordert Vorbereitung: Neben einer Agenda brauchen Sie zum Beispiel eventuell eine Präsentation. Die Vorbereitungen der meisten Meetings verblassen allerdings im Vergleich zur Vorbereitung eines Workshops. Workshops dauern nicht nur länger und sind komplexer, sie weisen eben auch in der Regel mehr praktische Aktivitäten auf, die geplant werden müssen.

Wie Sie Online-Meetings und Online-Workshops gut vorbereiten, sodass Sie als Moderator erfolgreich Ihre Teilnehmer zum angepeilten Ziel begleiten, besprechen wir in Abschnitt 3.3.

1.8.6 Webinare

Ein Webinar ist ganz vereinfacht gesagt ein Seminar im Web. Es ist eine interaktive Online-Veranstaltung, die verschiedene Möglichkeiten der Kommunikation zwischen einem Moderator und seinen Teilnehmern bietet. Sie können mittels Live-Chat, Whiteboard, Datendownload, Umfragen, Fragen und Antworten interagieren.

Ein Webinar hat immer ein festgelegtes Start- und Enddatum. Zu der Bildschirmübertragung gibt es meistens mündlich Erklärungen des Vortragenden. Nicht selten führt ein Moderator durch das Webinar, um Fragen zu klären oder das Publikum zu aktivieren.

Ein Webinar ist eine virtuelle Echtzeitveranstaltung, die Audio- und Videoübertragung bietet. Die Teilnehmer können von überall aus teilnehmen, wo sie eine stabile Internetverbindung haben.

- **Engagement der Teilnehmenden:** Webinare sind im Allgemeinen weniger interaktiv als Workshops oder Meetings, bieten aber im Normalfall zumindest Chats und Umfragen an.

- **Gruppengröße:** Bei einem Webinar bekommen die Teilnehmer im Normalfall einen Link zur Einwahl – es ist sonst keine erweiterte Hardware und Software erforderlich. Je nach Programm können Tausende Teilnehmer bei einem Webinar dabei sein. Bei den Videokonferenzen ist – je nach Ziel und Intention – eine Beschränkung auf zehn Personen sinnvoll, um noch konstruktiv arbeiten zu können.
- **Reichweite:** Aufgrund der größeren Reichweite eignen sich Webinare vor allem für Marketingzwecke. Sie können damit gut Produkte präsentieren oder demonstrieren. Dadurch sorgen Sie für eine gewisse Kundenbindung, können aber auch neue Kunden erreichen. Durch die einseitige Kommunikation ist der Fokus während des gesamten Zeitraums auf den Moderator bzw. Einladenden alleine gerichtet.
- **Aufgabe der Moderation:** Wenn es Ihr Ziel ist, sich als Vordenker vorzustellen und so beispielsweise Ihre persönliche Marke auszubauen, sollten Sie sich auf jeden Fall für ein Webinar entscheiden. Webinare versetzen Sie in eine Position der Macht und teilen Ihnen dadurch gleich eine gewisse Autorität zu. Die Personen, die an einem Webinar teilnehmen, sind in den allermeisten Fällen gekommen, um mehr über Ihr Thema und auch Sie zu erfahren.

Einige Beispiele, wie Sie die Zuhörer beschäftigen können:

- Verwenden Sie viele Bilder.
- Stellen Sie viele Fragen.
- Verwenden Sie Umfragen.
- Erzählen Sie persönliche Geschichten.
- Laden Sie einen spannenden Gastredner ein.
- Arbeiten Sie mit Gamification-Elementen.
- Halten Sie die Dinge leicht und in Bewegung – wenn Sie Ihre Zuhörer beschäftigen, lohnt sich für die Teilnehmenden die Präsentation oder Schulung.

	Workshop	Meeting	Webinar
Ziele	Lösungserarbeitung Entscheidungsfindung	Informationsaustausch Entscheidungs-vorbereitung Problembesprechung	Wissensvermittlung
Umfang	Spezielle Fragestellung vertiefend bearbeiten	Verschiedene Fragestellungen besprechen	Spezifischen Inhalt vorstellen
Dauer	Meist halber oder ganzer Tag	Zwischen halber Stunde bis hin zu mehreren Stunden	Meistens nur 60 bis 90 Minuten
Struktur und Format	Interaktiv, Moderator führt durch den Prozess und gibt Impulse	Aktive Beteiligung der Teilnehmenden, Moderator führt durch die Diskussion	Einseitige Kommunikation, manches Mal Interaktionen wie Umfragen, Fragen- und Antwort-Sessions

2 Basiswissen

Unabhängig davon, ob Sie als Tool Zoom, Microsoft Teams oder GoToMeeting wählen, welches Mikrofon Sie einsetzen oder wie Sie die Kamera positionieren, sollten Sie niemals die Technik oder die Tools für das Scheitern eines virtuellen Treffens verantwortlich machen. Warum? Weil Sie wissen müssen, *was* Sie eigentlich erreichen wollen und *wie* es zu tun ist, bevor Sie über das Womit nachdenken.

So wie ein Softwareentwickler nicht versuchen würde, ein Programm zu schreiben, bevor er den Prozess dahinter nicht verstanden hat, so sollten Sie als Moderator nicht versuchen, ein virtuelles Treffen zu leiten, wenn Sie nicht wissen, was Sie dafür wirklich brauchen. Sobald Sie wissen, vor welchen Herausforderungen Sie und Ihre Teilnehmer stehen und was Sie eigentlich erreichen wollen, können Sie Ihre Vorgehensweise überlegen. Es sind nicht die Tools oder die Technik, die Ihre Kompetenz ausmachen. Der Großteil der verfügbaren Tools ist bereits sehr benutzerfreundlich. Daran scheitert es also nicht. Eher scheitert es daran, dass Sie nicht wissen, was Sie tun und wer mit Ihnen an Board ist.

Egal, ob Sie eine Klasse unterrichten, ein Team leiten oder ein neues Projekt initiieren, Ihr Erfolg hängt davon ab, dass Sie wissen, was Sie erreichen wollen. Wenn Sie Veranstaltungen, Meetings oder Workshops leiten, steht an erster Stelle die Erkenntnis, was zu tun ist, um dies zu erreichen. Nur dann können Sie das Wie ändern und anpassen. Kompetenz steht in diesen Fällen immer hinter Ihrem Bewusstsein - unabhängig davon, ob Sie sich asynchron, persönlich oder online treffen.

2.1 Faktor Mensch

Brainstorming über Video-Chat, gegenseitiges Updaten des Projektstands über Dokumentationstools, Freigeben von Dateien via E-Mail: Jedes dieser Szenarien verwendet ein eigenes Tool zur Kommunikation, das Ihnen einen Ort bietet, an dem Sie zusammenzuarbeiten. Damit diese Zusammenarbeit auch wirklich funktioniert, müssen aber zuerst bestimmte Hürden überwunden und Herausforderungen in Bezug auf Kommunikation, Organisation und Motivation gemeistert werden. Denn die Person, mit der Sie am anderen Ende der Leitung kommunizieren, ist ein Mensch aus Fleisch und Blut.

Nun unterscheiden sich Emotionen und Dynamik in der Zusammenarbeit nicht wesentlich von denen aus anderen Begegnungen. Sie müssen auch virtuell Vertrauen aufbauen, Rapport herstellen, Verständnis aufbringen und mit viel Empathie arbeiten, damit die Zusammenarbeit klappt.

Vielleicht gilt das im virtuellen Raum sogar noch mehr als es sonst der Fall ist, damit beide Seiten auch produktiv arbeiten können. Wenn die Organisation eines virtuellen Treffens kompliziert ist, die Ablenkung im eigenen Zuhause oder von unterwegs zu verlockend ist und die Isolation die Fähigkeiten beeinträchtigt, wird es einfach per se schwieriger, dann noch konzentriert, motiviert und produktiv zu sein.

In der virtuellen Welt zusammenzuarbeiten, erfordert daher ganz andere Fähigkeiten und Fertigkeiten als in der „Offline"-Welt. Gewohnheiten, die im gemeinsamen Büro hilfreich sind, müssen virtuell nicht unbedingt sinnvoll sein. Sie müssen sich der neuen Umgebung anpassen. Sie müssen die gegenseitigen Erwartungen bewusst ansprechen, festlegen und für deren Einhaltung sorgen.

Wenn jeder Mitarbeiter seine persönliche Arbeitsumgebung auf die eigenen Bedürfnisse ausrichtet – wie es in der Online-Welt eben der Fall ist –, bedeutet das auch, dass jeder seine eigene Welt schafft, die für ihn oder sie perfekt ist. Standards und Normen fallen weg, Anpassungen an den Arbeitsstil anderer sind dann nicht mehr notwendig. Wenn Sie nicht vor Ort in Ihrem Unternehmen sind und in Ihrem Büro sitzen, fungieren Sie als Ihre eigene IT-Abteilung. Sie müssen selbst Ihre Technologieprobleme lösen, auch wenn Sie nicht darauf spezialisiert sind. Zufällige Begegnungen fallen weg, Sie müssen proaktiv den Kontakt suchen und sich gezielt an Kollegen wenden. Jede Interaktion bedarf einer gewissen Planung. Das bedeutet auch, dass es mehrere Nachrichten gibt, die beantwortet werden müssen, mehrere Sitzungen, in denen Sie nichts zwischendurch machen können, keinen Raum, um sich zurückzuziehen und auch keinen Raum, um Menschen zu treffen.

Ohne persönliche Interaktion geht viel Zeit damit verloren, unausgesprochene Erwartungen fassbar und greifbar zu machen bzw. um Dinge zu klären. Es tauchen auch mehr Nachrichten auf, bei denen Sie zwischen den Zeilen lesen müssen, ohne voreilig die falschen Schlüsse daraus ziehen zu dürfen. Sie sind für andere nicht spürbar, niemand sieht, was Sie gerade tun und Sie sehen nicht, was Ihre Kollegen machen.

! Um diesen Herausforderungen zu begegnen, benötigen Sie andere Kommunikationsfähigkeiten und ein neues Gespür dafür, wie Sie freundlich kommunizieren, Begeisterung oder Missfallen ausdrücken und andere motivieren. Es bedeutet, dass Sie selbstmotivierter werden, neue Routinen zur Lösung technischer Schwierigkeiten finden und einen toleranteren Umgang mit Missverständnissen oder Fehlinterpretationen finden müssen. Sie müssen aktiver werden, selbstständiger arbeiten, eigenständig Entscheidungen treffen, Stille aushalten können.

Einerseits bietet Ihnen die virtuelle Arbeit mehr Flexibilität und Freiheit in Ihrem Tun, die Sie sonst nicht haben. Andererseits fehlt es Ihnen an einer engeren Zusammenarbeit mit den Kollegen. Alte Routinen fallen weg und neue müssen sich entwickeln, um die Flexibilität, die diese Arbeit bietet, auch voll ausschöpfen zu können.

2.1.1 Klären Sie Ihre Zusammenarbeit

Damit Ihre Zusammenarbeit optimal verläuft, Sie produktiv und motiviert bei der virtuellen Arbeit mit Ihren Kollegen sind und vor allem sich jeder wertgeschätzt bei der Zusammenarbeit fühlt, gilt es, zunächst die unterschiedlichen Erwartungshaltungen offen anzusprechen.

Die Zusammenarbeit in einem virtuellen Umfeld muss vollkommen neu gedacht werden. Denn schnell mal beim Kollegen im Nachbarbüro vorbeizuschauen, um nachzufragen, was zum Beispiel mit dem Kommentar in einem Dokument eigentlich gemeint ist, ist in der virtuellen Umgebung so nicht mehr möglich. Sie müssen von Anfang an alle Details denken. Es gilt, Vereinbarungen zu treffen, wie zum Beispiel wer das Protokoll schreibt, wer sich um Änderungen oder auch um Umsetzungen kümmert und wie mit Vorschlägen umgegangen wird.

Fragen, die Sie sonst ganz schnell zwischendurch lösen können, indem Sie zum Beispiel einen gemeinsamen Blick auf den Bildschirm werfen, müssen nun anders gelöst werden. Wenn Sie nicht mehr in einem gemeinsamen Raum sitzen, können Sie die Dinge nicht mehr nebenbei klären, denn gerade aufgrund der neuen Flexibilität können die Umstände der Zusammenarbeit von Person zu Person sehr variieren. Vielleicht befinden sich einige der Kollegen nicht einmal in derselben Zeitzone.

Unabhängig davon, an welchem Projekt Sie gerade zusammenarbeiten - ob es ein gemeinsamer Workshop für einen Kunden ist oder ob ein neuer Prozess ausgearbeitet werden muss -, ist die Abgrenzung der Arbeit eines der wichtigsten Dinge, die Sie im Vorfeld mit Ihren Kollegen besprechen müssen. Sie müssen sich gemeinsame Ziele setzen, Meilensteine definieren und besprechen, in welcher Form die Ergebnisse eingebracht werden. Je mehr Fragen Sie im Vorfeld stellen und je klarer die Antworten sind, die Sie dazu finden, desto leichter wird der gemeinsame Weg werden.

Generell gilt

Bevor Sie sich hinter Ihren Computer setzen und mit einer Mail beginnen oder zum Telefonhörer greifen, erstellen Sie lieber ein gemeinsames Dokument, das Sie mit Ihren Kollegen besprechen und vervollständigen. Verfassen Sie ein paar gemeinsame Richtlinien für die Zusammenarbeit, auf die jeder in der Gruppe zugreifen und sie bearbeiten kann.

So bauen Sie Ihre persönlichen Richtlinien für die Zusammenarbeit auf

- Bestimmen Sie im Vorfeld eine Person, die für dieses Vorhaben verantwortlich ist und die darauf achtet, dass die Datei, auf die alle zugreifen können, aktuell ist.
- Fordern Sie Ihre Kollegen dazu auf, ihren Beitrag zu leisten, sodass die Zusammenarbeit langfristig wirklich funktioniert.
- Planen Sie dann ein gemeinsames Telefonat, um das Dokument zu besprechen, Fragen zu klären und Fehlendes gegebenenfalls auch zu ergänzen.
- Bestimmen Sie in diesem Dokument Dinge wie die Ziele (das gewünschte Ergebnis), den Umfang des Ergebnisses, die erforderlichen Ressourcen, die Rahmenbedingungen wie Zeitzonen und Start- und Endzeitpunkte, aber auch Meilensteine.

Hilfreiche Fragen für Ihre Richtlinien

- Was sind die Ziele für dieses Projekt?
- Welche Ergebnisse können wir erwarten und bis wann?
- Welche Ressourcen können wir einsetzen und welche brauchen wir?
- Gibt es ein Enddatum oder Meilensteine, bis wann gewisse Ergebnisse erarbeitet werden sollen?

Mit einem solchen Dokument für Ihre gemeinsame Zusammenarbeit haben Sie eine Grundlage, auf die Sie verweisen können, wenn Fragen rund um die Organisation oder den Ablauf innerhalb von Projekten auftauchen.

Schreiben Sie auch Namen von Teammitgliedern hinein, an die man sich wenden kann, falls grundlegende Fragen auftauchen. Dieses Dokument sollte dann auch die Basis sein, um Verantwortlichkeiten, Missverständnisse oder Fragen schnell und effizient zu lösen.

2.1.2 Spezielle Herausforderungen für virtuelle Teams

Eine Umfrage aus dem Jahr 2007 ergab, dass nur 23 % der Manager einer Videokonferenz ihre volle Aufmerksamkeit widmeten, während 25 % sich mit ihren E-Mails befassten und 27 % andere Arbeiten erledigten. Dieses Maß an Ablenkung ist viel höher als bei persönlichen Treffen (Hall, 2007, S. 53).

Nun könnten Sie argumentieren, dass diese Studie schon veraltet ist. Aber dem ist nicht so. Neuere Studien kommen zu demselben Ergebnis. Ich finde es wichtig, in diesem Zusammenhang aufzuzeigen, wie lange dieses Problem schon existiert. Niemand schien bis dato die Notwendigkeit zu erkennen, eine Lösung zu suchen, bzw. es konnte schlichtweg noch keine zufriedenstellende Lösung gefunden werden.

Eine Umfrage ergab, dass folgende Dinge die Teilnehmenden von virtuellen Treffen am meisten frustrieren:

- Ablenkungen wie E-Mails, andere Projekte, soziale Medien wie Facebook etc. stören, sind aber allgegenwärtig.
- Hintergrundgeräusche, die vor allem durch die Verwendung von Freisprecheinrichtungen und schlechten Audiogeräten kommen.
- Es ist deprimierend, nicht zu wissen, wer noch in der Besprechung ist, geschweige denn, wer zu einem bestimmten Zeitpunkt spricht.
- Von den Teilnehmern wird erwartet, dass sie sich in ein persönliches Meeting einwählen und den ganzen Tag zuhören, möglicherweise auch in einer anderen Zeitzone.
- Es ist weitaus weniger wahrscheinlich, dass Aktionen nach virtuellen Besprechungen ausgeführt werden als bei persönlichen Besprechungen.
- Der Beginn des Meetings findet häufig verzögert statt, vor allem dann, wenn die Teilnehmer vorab Tools einrichten müssen oder noch nie mit solchen Tools gearbeitet haben.
- Wenn die Teilnehmenden nicht die Chance erhalten, sich zu Wort zu melden.
- Wenn andere Teilnehmende nicht vorbereitet sind und sich daher nicht auskennen bzw. gar nicht wissen, worum es in der Besprechung oder dem Workshop geht.
- Wenn Sie eine Frage stellen, antwortet niemand, weil sich niemand direkt angesprochen fühlt. Auch wenn es um die Aufgabenverteilung geht, meldet sich selten jemand freiwillig dazu, sondern jeder wartet scheinbar lieber ab und alle verhalten sich still.
- Telefonkonferenzen und virtuelle Besprechungen dauern oft länger als notwendig. Es werden alle möglichen Dinge besprochen, oft Sachen, die nur für einen kleinen Teil der Anwesenden wirklich relevant sind. Das geht zu Lasten der Konzentration.

Somit müssen virtuelle Meetings sehr gut vorbereitet werden. Als Moderator sollten Sie zu Beginn unbedingt folgende Dinge klären:

- Den Zweck des Meetings/Workshops.
- Die Ziele, die erreicht werden sollen.
- Die Agenda und die wesentlichen Punkte.
- Die Rollenverteilung bzw. wer alles an dem Treffen teilnehmen soll: Wer ist der Moderator bzw. die Moderatorin? Wer ist für das Protokoll zuständig? Was passiert mit den getroffenen Entscheidungen? Wer verantwortet, dass die besprochenen Dinge auch umgesetzt werden?
- Was sind die Regeln? Besprechen Sie vor dem Meeting Dinge wie „Bevor jemand etwas sagt, sollte er oder sie den Namen nennen“.
- Vereinbaren Sie, was nach dem Meeting mit den Ergebnissen passiert.

Die wichtigsten Aufgaben der Moderation

In persönlichen Besprechungen funktioniert es am besten, wenn die Moderation das Wort hat, die Teilnehmenden vor Ort direkt anspricht und Aufgaben zuweist. Gemäß dem Motto „Du machst dieses und du jenes“ reicht es mit Augenkontakt auf die Reaktion des jeweils Angesprochenen zu warten und ein allgemeines Verständnis herzustellen. Virtuell funktioniert diese Art der Befehlskette aber nicht. Denn Sie können die Handlungen und die Reaktionen der Personen nicht kontrollieren und nicht nachvollziehen, wenn Sie sich nicht im selben physischen Raum befinden.

Es wird immer wieder passieren, dass einige Kollegen die Technik falsch bedienen. Es wird auch immer wieder vorkommen, dass einige Kollegen nebenbei an etwas ganz anderem arbeiten und zum Beispiel Mails zu einem anderen Thema beantworten. Das macht das Ganze viel schwieriger, denn in virtuellen Meetings ist Zusammenarbeit das A und O.

Als Moderator liegt Ihre Hauptaufgabe darin, die beteiligten Personen intensiv einzubeziehen und sie dazu zu motivieren, dass sie wirklich engagiert mitarbeiten und dabei sind. Das gilt für jede Art des Online-Treffens, egal, ob Sie von einem Meeting, Workshop oder Webinar ausgehen. Als Moderator müssen Sie dafür Sorge tragen, dass Ihrer Gruppe alles zur Verfügung steht, was sie braucht, um auch tatsächlich ins Tun zu kommen. Das heißt, Sie müssen auch dafür sorgen, dass alle sich gleich angesprochen und beteiligt fühlen.

In der virtuellen Welt ist das nicht selbstverständlich. Wenn ich als externe Beraterin Unternehmen online begleite, höre ich immer wieder Geschichten von Mitarbeitenden, die sich extra die Zeit für ein Online-Meeting freigeschaufelt haben (teilweise sogar zu einer „unmenschlichen“ Zeit, da sie sich in einer anderen Zeitzone aufgehalten haben), nur um dann zu erkennen, dass sie vergessen worden sind. Nichts ist in unserer aller Leben so wichtig wie unsere Zeit. Arbeitszeit ist Lebenszeit und jeder will diese Zeit sinnvoll einsetzen und auch respektiert wissen. Ist das nicht der Fall, führt das oft zu einer schlechten Stimmung im gesamten Team. ■

Das Geheimnis, um dieses Problem zu lösen, besteht darin, gleiche Bedingungen für alle zu schaffen. Wenn sich also eine Person von einem anderen Ort aus einwählen muss, können Sie dafür sorgen, dass sich alle Personen einwählen müssen. Hybride Teams, also Teams, bei denen ein Teil der Personen gemeinsam in einem Raum sitzen und sich ein anderer Teil von außerhalb einwählt, sind am meisten davon betroffen, dass Personen, die nicht vor Ort sind, vergessen werden. Sorgen Sie dafür, dass jede Person beispielsweise aus dem Home-Office oder dem eigenen Büro teilnimmt. Wenn es sich nur um eine oder wenige Personen handelt, können Sie die entsprechenden Betroffenen auch nur punktuell hinzuschalten.

Jeder will respektvoll behandelt werden. Zur Wertschätzung gehört auch, respektvoll mit der Zeit anderer Menschen umzugehen. ■

Storytelling als Erfolgsfaktor

Eine weitere wichtige Herausforderung bezogen auf eine gute Zusammenarbeit besteht auch darin, die Menschen wirklich zu begeistern. In der virtuellen Welt ist unsere Aufmerksamkeitsspanne viel geringer. Der Spannungsbogen über das gesamte Online-Treffen sollte also so aufgebaut sein, dass die Mitarbeitenden von Anfang an begeistert dabei sind. Das schaffen Sie, indem Sie viel mit Storytelling arbeiten und vor allem auch Interaktionen und

Kleingruppenarbeiten planen, bei denen alle mitmachen müssen. Denn das menschliche Gehirn denkt am liebsten in Geschichten. In spannende Geschichten verpackte Informationen helfen nicht nur beim Aufbau von Beziehungen - sie sorgen auch dafür, dass die virtuellen Teams sich angesprochen fühlen und produktiver arbeiten. Geschichten einzusetzen hat auch den Vorteil, dass Sie direkt den Sinn ansprechen, der in der virtuellen Welt am meisten genutzt wird: das Gehör. Aber nicht nur unsere Ohren wollen angesprochen werden, sondern auch die Augen. Gerade deswegen ist die Bildqualität der Videos so wichtig (siehe Abschnitt 2.2.4). Mit vielen Grafiken und Bildern erleichtern Sie den Menschen, den visuellen Sinn stärker miteinzubeziehen. Wenn sich Menschen auf ein gemeinsames Bild konzentrieren, das sie auch gut sehen, werden sie weniger wahrscheinlich durch E-Mails oder andere Dinge um sie herum abgelenkt.

Nach dem virtuellen Treffen ist vor dem Treffen

Es ist viel schwieriger, Menschen nach virtuellen Treffen zum Handeln zu bewegen, als es bei persönlichen Treffen der Fall ist. Sie können in physischen Räumen viel mit Körpersprache arbeiten, sodass sich die jeweiligen Personen direkt angesprochen fühlen und es nicht zu Missverständnissen nach dem Motto „Ich dachte, du meintest XY und nicht mich“ kommt. Wenn Sie es aber schaffen, das Team von Beginn an zu begeistern und zur Mitarbeit zu bewegen, dann werden die Teilnehmer auch nachher gerne weiterarbeiten und das umsetzen, was besprochen wurde. Die Energie lebt dann förmlich weiter und wird so direkt in weitere Handlungen übertragen. Um die Wahrscheinlichkeit zu erhöhen, dass es auch nach dem virtuellen Treffen zu Handlungen kommt, klären Sie gleich zu Beginn des Meetings nicht nur das Ziel ab, sondern auch die benötigten Rollen und was das für die spätere Nacharbeit bedeutet. Wer sollte idealerweise welche Aufgaben übernehmen und wie wird mit den Ergebnissen später umgegangen?

Fragen Sie nach, ob jeder weiß, was und bis wann etwas zu tun ist. So schaffen Sie ein Bewusstsein für die Aufgaben und Verantwortlichkeiten. Fragen Sie deswegen jeden Teilnehmer direkt:

Wie sicher wird er/sie auf einer Skala von 1 bis 10 die Aktion auch ausführen?

Ist die Zahl niedriger als 10, sollten Sie unbedingt die angesprochene Aktion so abändern, dass die Person mit 10 zustimmt. Dadurch erhöhen Sie die Wahrscheinlichkeit um ein Vielfaches, dass Sie am Ende ein Ergebnis bekommen.

2.1.3 Big Five: Welche Eigenschaften beeinflussen virtuelle Teams?

Manches Mal haben Sie die Chance, ein Team neu zusammenzustellen. Wenn es zum Beispiel gilt, ein Problem zu lösen oder ein neues Produkt bzw. einen neuen Service zu entwickeln. Diese Chance sollten Sie unbedingt nutzen. Denn es lohnt sich, die Zusammensetzung des virtuellen Teams gut zu bedenken und so von Anfang an die Richtung vorzugeben.

Es braucht virtuell allerdings andere Faktoren, die Sie bedenken sollten, als es in einem herkömmlichen Setting eventuell der Fall ist.

Nutzen Sie die Möglichkeit der Diversität, die Sie virtuell herstellen können. Sie werden fasziniert sein, was Teams, die über Kulturen, Regionen und Zeitzonen verteilt sind, alles gemeinsam auf die Beine stellen können.

Studien[1] zeigen, dass die Zusammenstellung von Teams einer der wichtigsten Faktoren in modernen Betrieben ist, um den Erfolg, die Produktivität und die Motivation im Unternehmen selbst zu maximieren.

Ein sehr beliebter und in der Praxis häufig eingesetzter Ansatz ist das Big-Five-Modell von Myers-Briggs. Dieses Modell beruft sich auf fünf verschiedene Faktoren, in die die Persönlichkeit einer Person eingeteilt werden kann.

Die fünf Merkmale sind:

1. **Emotionale Stabilität** bzw. Verletzlichkeit (auch Neurotizismus genannt),
2. **Extraversion** (Geselligkeit),
3. **Offenheit für Erfahrungen** (Aufgeschlossenheit),
4. **Gewissenhaftigkeit** (Perfektionismus) und
5. **Verträglichkeit** (Rücksichtnahme, Kooperationsbereitschaft, Empathie).

Im Englischen wird das Modell als OCEAN-Modell entsprechend den Anfangsbuchstaben bezeichnet: Openness, Conscientiousness, Extraversion, Agreeableness, Neuroticism.

Das Big-Five-Modell wurde bereits in den 1930er-Jahren entwickelt. Die Forscher Louis Thurstone, Gordon Allport und Henry Sebastian Odbert verfolgten den lexikalischen Ansatz. Sie gingen davon aus, dass sich die Persönlichkeitsmerkmale eines Menschen in dessen Sprache niederschlagen. Aus einer Liste mit über 18 000 Begriffen haben sie dank einer Faktorenanalyse fünf stabile und voneinander unabhängige Faktoren definiert, eben die Big Five.

[1] *https://www.sciencedirect.com/science/article/abs/pii/S1053482216301048?via%3Dihub*, abgerufen am 31.05.2020

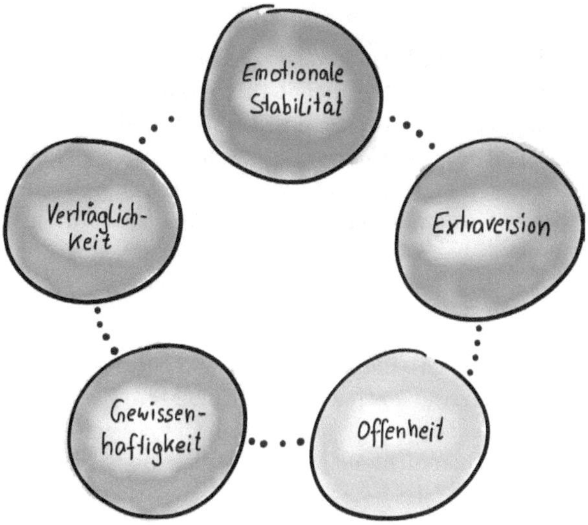

Bild 2.1
Die fünf Persönlichkeitsmerkmale im Big-Five-Modell

Im Folgenden sehen wir uns diese fünf Faktoren im Detail an und besprechen die Bedeutung für die Zusammensetzung Ihres virtuellen Teams.

Emotionale Stabilität (Neurotizismus)

Teams erbringen bessere Leistungen, wenn sie in der Lage sind, mit Stress und mehrdeutigen Situationen gut umzugehen. In virtuellen Teams sind allerdings unklare Informationen oder Missverständnisse sehr häufig der Fall und auch nicht vermeidbar. Der Grund ist, dass Hinweise wie nonverbaler Körpersprache und Ton nur sehr begrenzt verfügbar sind. Um die Absicht einer Nachricht in ihrer Gänze wirklich zu verstehen, braucht es aber genau diese nonverbalen Signale.

Ein emotional stabiler Mensch (der also wenig Neurotizismus aufzeigt) kann in stressigen Situationen viel ruhiger und besonnener agieren. Veränderte Situationen sind dann kein Problem, sondern können souverän gemeistert werden.

Virtuelle Teams benötigen viel mehr an Koordination, Kommunikation und Energie, was sehr stressig sein kann. Es erfordert also zumindest eine Person in einem virtuellen Team, die das Team hauptsächlich führt und die weniger von den Stressoren betroffen ist. Dadurch kann sie besser mit widrigen und dynamischen Situationen umgehen und ruhiger agieren.

Extraversion

Viele von uns definieren sich als entweder extravertiert oder als introvertiert. Diese beiden Extreme sind aber kaum naturgegeben, vielmehr bewegen wir uns alle zwischen einem Spektrum, das sich auch im Laufe des Tages ändert.

Extravertierte Personen knüpfen meistens sehr schnell und ohne großem Energieaufwand Beziehungen, kommunizieren viel und arbeiten sehr gerne mit anderen zusammen. Diese Personen haben meistens auch weniger Probleme, virtuell zu arbeiten. Eine Umgebung mit weniger Möglichkeiten, um täglich mit Kollegen zu sprechen (egal ob virtuell oder offline), ist für extravertierte Personen schwieriger.

Offenheit für Erfahrungen

Veränderung, Überraschungen und Mehrdeutigkeit sind Worte, die die meisten von uns erschrecken. Für Menschen, die einen hohen Grad an Offenheit für Erfahrungen haben, können diese Dinge allerdings sehr aufregend sein. Menschen, die sehr offen für Erfahrungen sind, begegnen gerne neuen Situationen. Anstatt sich vor Herausforderungen zu fürchten, lösen sie kreativ Probleme. Dieses Merkmal ist in einer Umgebung, in der viele Unsicherheiten herrschen und in der wir mit neuen Technologien umgehen müssen, sehr hilfreich.

Gewissenhaftigkeit

Fleiß und Ausdauer bestimmen Gewissenhaftigkeit. Diese Qualitäten sind bei zielorientierten Personen hoch. Sie arbeiten sehr fokussiert und erreichen so schnell ihre Ziele. Menschen mit einer hohen Gewissenhaftigkeit sehen oft das große Ganze, halten Versprechen ein und lassen sich von auftretenden Problemen nicht gleich abschrecken. Sie setzen sich Ziele und arbeiten viel mit Feedback.

Verträglichkeit

Eine hohe Bereitschaft, anderen zuzustimmen, ist ein Zeichen der Verträglichkeit. Es geht mehr darum, positive Beziehungen zu pflegen, als Recht zu haben. Technologieprobleme, Distanz und Kommunikationsprobleme können schnell zu Missverständnissen in virtuellen Teams führen. Eine Person mit einer hohen Verträglichkeit hilft dabei, dass das Team harmonisch arbeitet und das Verständnis füreinander groß ist.

2.1.3.1 Finden Sie heraus, welche Eigenschaften Sie in Ihrem Team brauchen

Das Big-Five-Modell bietet einen guten Rahmen für virtuelle Teams. Sie können so entweder ein Team zusammenstellen oder bei einem bestehenden Team sich überlegen, wie Sie die einzelnen Menschen fördern und deren Stärken herausstreichen können. Das Big-Five-Modell ist und bleibt aber ein Modell. Viel wichtiger ist, dass Sie immer direkt mit den Menschen kommunizieren und sich selbst fragen, was genau sie brauchen und erwarten, um die bestmögliche Arbeit zu leisten.

Folgende Schritte unterstützen Sie dabei, herauszufinden, wie Sie andere unterstützen können:

- *Schritt 1:* Machen Sie sich mit den Faktoren vertraut, die Sie bei der Erreichung Ihrer Ziele in der virtuellen Umgebung unterstützen können.
- *Schritt 2:* Führen Sie eine Selbsteinschätzung durch und überlegen Sie, wo Sie selbst auf der Skala stehen. Bitten Sie auch einen guten Freund, Sie einzuschätzen und vergleichen Sie dessen Wahrnehmung mit Ihrer eigenen. So erkennen Sie oft blinde Flecken und Möglichkeiten, sich selbst und Ihren Moderationsstil zu verbessern.
- *Schritt 3:* Wählen Sie eine Eigenschaft aus, um zu üben: Wir haben alle Bereiche, in denen wir uns weniger wohl fühlen. Wenn Sie eine solche Situation identifiziert haben, können Sie sie leichter bewusst ändern.

2.1.3.2 Das Big-Five-Modell für Moderatoren

Das Big-Five-Modell hilft Ihnen nicht nur dabei, Ihre Teilnehmer gut einzuschätzen und sie dort abzuholen, wo sie sind. Sie können damit sich selbst auch besser einschätzen und Ihre eigenen Fähigkeiten des virtuellen Moderierens ausbauen.

- **Seien Sie offen für neue Erfahrungen:** Wenn Sie weniger offen für neue Erfahrungen sind, erinnern Sie sich an eine Zeit, in der sich eine neue Erfahrung als positiv herausstellte. Teilen Sie diese Geschichte mit Ihrem Team. Das ist auch eine Möglichkeit, anderen zu zeigen, dass Änderungen möglich sind. So stellen Sie auch eine Beziehung her.
- **Seien Sie gewissenhaft:** Wenn Sie leicht abgelenkt werden, verwenden Sie Technologien, die Sie dabei unterstützen, sich an Ihre Versprechen und Fristen selbst zu erinnern.
- **Seien Sie extravertiert:** Wenn Sie von Natur aus eher introvertiert sind, nutzen Sie dies zu Ihrem Vorteil. Denken Sie nach und schreiben Sie die Nachricht, bevor Sie sie senden. Das Ziel ist es, die Verbindung herzustellen, und virtuelle Welten können für diejenigen von uns komfortabler sein, die lieber nachdenken, bevor sie sprechen. Als introvertiertere Person bevorzuge ich selbst zum Beispiel eher die persönliche Kommunikation. Deswegen nutze ich lieber Chats und E-Mails als lange Telefonate.
- **Seien Sie verträglich:** Wenn Sie häufig Ideen in Frage stellen, nehmen Sie sich beim nächsten Mal zehn Minuten Zeit, um nicht gleich dagegenzusprechen. Machen Sie sich bewusst, dass es verschiedene Blickwinkel zu dem Problem gibt, und besprechen Sie dann gemeinsam im Team die Ideen.
- **Seien Sie emotional ausgeglichen:** Wenn Sie sehr unruhig und unstetig sind, entwickeln Sie Rituale, um sich in diesen Fällen wieder selbst zu beruhigen. Tun Sie dies, um zu verhindern, dass Ihre Nervosität auf andere übertragen wird. Bitten Sie Ihre Kollegen, dass Sie Ihnen Bescheid geben, wenn es scheint, dass Sie eine Pause brauchen. In diesen Pausen achten Sie darauf, Stress abzubauen und Energie und Motivation zu entwickeln, um neu durchzustarten.

Begriffsassoziationen

Das Big-Five-Modell bietet einen guten Rahmen für eine ausgeglichene Moderation. Sie können es heranziehen, um sich selbst einzuschätzen und auch um Ihre eigenen Stärken auszubauen.

Im Folgenden finden Sie eine kurze Liste mit Begriffen, die mit den jeweiligen Eigenschaften gemeinhin assoziiert werden.

- **Emotionale Stabilität:** selbstbewusst, wenig besorgt, wenig Angst
- **Extraversion:** freundlich, gesprächig, kontaktfreudig
- **Offenheit für Erfahrungen:** abenteuerlustig, liebt neue Erfahrungen
- **Gewissenhaftigkeit:** zuverlässig, genau, organisiert
- **Verträglichkeit:** mitfühlend, hilfsbereit, vertrauensvoll

Wichtig ist das Bewusstsein, dass kein Persönlichkeitsmerkmal besser als ein anderes ist. Die verschiedenen Eigenschaften zeigen einfach, dass alle Menschen unterschiedliche Stärken und Schwächen haben. Gerade, wenn Sie viele virtuelle Workshops leiten, hilft Ihnen dieses Wissen, um gemeinsam die beste Arbeit zu leisten.

2.1.4 Empathie

Bei virtuellen Treffen ist es wesentlich schwerer, die Stimmung bei den Teilnehmenden wahrzunehmen. Selbst die beste Webcam kann Ihnen nicht die gesamte Körpersprache oder Mikroausdrücke einer Person im Detail zeigen.

Daher müssen Sie im Online-Bereich zu ein paar Tricks greifen, um sich besser in die Teilnehmer und deren Probleme einfühlen zu können. Denn Empathie ist und bleibt der Schlüssel zur erfolgreichen Zusammenarbeit und Teamarbeit.

> Die Forschung geht davon aus, dass Empathie eine angeborene Fähigkeit ist. Um zu testen, wie empathisch Sie von Natur aus sind, machen Sie folgenden Test:
>
> Versuchen Sie den emotionalen Zustand einer Person anhand eines Bildes ihrer Augen zu identifizieren.
>
> Fragen Sie dann nach: Je näher Sie an der richtigen Antwort sind, desto deutlicher ausgeprägt ist Ihre Empathiefähigkeit.

Der Aufbau einer empathischen Unternehmenskultur passiert nicht einfach so – und schon gar nicht über Nacht. Die meisten von uns sind fast vollkommen von der Arbeit eingenommen. Das führt dazu, dass wir uns oft gehetzt und gestresst fühlen und anfällig für Multitasking sind. Kein Wunder, dass sich dann gerne Fehler und Missverständnisse einschleichen. Denn letztlich sind wir alle nur Menschen.

Kommunikation ist der Schlüssel zum Erfolg eines jeden Unternehmens. Sie müssen unabhängig von der Art des Online-Treffens sicherstellen, dass jede Person sofort die folgenden Fragen beantworten kann:

- Warum bin ich hier?
- Welches Problem oder welche Entscheidung wollen wir eigentlich besprechen?
- Wie soll das Ergebnis dieses Treffens aussehen?
- Welche Informationen brauche ich, um eine Entscheidung zu treffen?
- Was passiert, wenn wir dieses Problem nicht lösen oder keine Entscheidung treffen können?
- Sind meine Beiträge dazu wirklich wichtig? Werde ich gehört?

Damit die Teilnehmer diese Fragen beantworten können, sind Sie als Moderator gefordert.

- Sie müssen es innerhalb der ersten zwei Minuten schaffen, dass alle Teilnehmer aufmerksam und präsent sind. Das bedeutet, dass Sie eine sinnvolle Aufgabe für die Teilnehmer finden müssen.

- Sie müssen das Problem oder die Entscheidung, die besprochen werden soll, klar definieren und einrahmen.
- Sie müssen offenlegen, was das Ziel dieses Workshops/Meetings sein soll, damit alle dieselbe Fokussierung haben.
- Gleichzeitig müssen Sie die Teilnehmer über die Konsequenzen aufklären, die auftreten können, wenn das Ziel nicht erreicht wird.
- Sie müssen wissen, was das Thema ist und worüber das Team im Detail nachdenken soll.
- Sie müssen die Erfolgsfaktoren kennen, anhand derer sich das Ergebnis als erfolgreich oder nicht erfolgreich einschränken lässt.
- Sie müssen eine Atmosphäre der Sicherheit, des Vertrauens, der Verantwortlichkeit und des Gehörtwerdens aufbauen.

Zusammenfassend sind es Untersuchungen zufolge diese drei Punkte, die für den Misserfolg eines Online-Treffens maßgeblich sind:

1. Schlechte oder gar keine Agenda.
2. Unklare Regeln und Erwartungshaltungen.
3. Unklarheit, was für die Teilnehmer persönlich der Gewinn ist.

Vergessen Sie niemals, dass jedes Treffen eine Ansammlung von Menschen mit unterschiedlichen Bedürfnissen, Erfahrungen und Vorstellungen ist. Jeder von Ihren Teilnehmern ist ein emotionales Wesen mit starken Gefühlen, die sie nie abschalten können - egal, wohin diese Personen auch gehen.

Der Psychologe Daniel Goleman unterscheidet drei verschiedene Arten von Empathie, die sich in der Intensität, die Sie einer Person schenken, unterscheiden: **kognitiv, emotional und mitfühlend**.

1. **Kognitive Empathie** bedeutet, dass Sie sich bewusst machen, wie sich jemand anderes fühlt, oder Sie sich überlegen, was die andere Person denken könnte.
2. **Emotionale Empathie** ist, wenn Sie sich auf die Emotionen eines Menschen so einlassen, als wären es Ihre eigenen.
3. **Mitfühlende Empathie** ist, die Gefühle der anderen Person zu verstehen und danach eine Handlung zu setzen, um der Person auch weiterzuhelfen.

Gerade am Arbeitsplatz finden wir oft nicht die Zeit und Energie, uns wirklich in andere Personen einzufühlen. Dabei ist es gerade die kognitive Empathie, diejenige, die über den Erfolg eines Online-Treffens entscheidet. Die kognitive Empathie konzentriert sich auf die Herausforderungen und Sorgen der Gruppe. Dadurch schaffen Sie eine Umgebung, in der offen und ehrlich diskutiert werden kann.

2.1.5 Was ist Empathie und warum ist es so wichtig?

Im Kern geht es bei Empathie darum, das Verständnis für die Perspektive eines anderen zu demonstrieren und sich an dessen Stelle zu versetzen. Eine Kultur der Empathie trägt dazu bei, erfolgreiche Beziehungen aufzubauen und das Gefühl der Gemeinschaft zu fördern. Empathie ist das wesentliche Attribut für Ihren persönlichen Erfolg und den Erfolg Ihres Unternehmens.

Die wenigsten Mitarbeiter haben aber das Gefühl, dass ihr Unternehmen Empathie als wichtig ansieht. So hat eine Studie ergeben, dass zwar 92% der befragten CEOs glauben, eine Kultur der Empathie zu leben. Aber nur 72% der Mitarbeiter stimmen dieser Aussage zu. Ein Mangel an Empathie in unseren Arbeitsbeziehungen führt zu Misstrauen, unangenehmen Spannungen und einem Mangel an Zusammenarbeit und Teamarbeit. Diese Elemente sind alle Gift für produktive Besprechungen.

Wir wissen, dass Empathie Vertrauen schafft, zur Lösung von Meinungsverschiedenheiten und Konflikten beiträgt und das Vertrauen stärkt. Menschen brauchen die Bestätigung der Wirksamkeit und das Gefühl, gehört zu werden. Wie können wir uns also einer einfühlsamen Denkweise zuwenden?

Nun ist es schwierig, sich in die Lage eines anderen zu versetzen, wenn Sie sich mitten in einer Besprechung befinden, in der die Teilnehmer mit widersprüchlichen Meinungen, unterschiedlichen Prioritäten oder verschiedenen Vorstellungen sitzen. Noch schwieriger wird es, wenn diese Besprechung virtuell stattfindet. Aber genau das sind die Momente, in denen nichts wichtiger ist als Empathie aufzubauen.

Wir alle haben die Frustration und den Ärger unproduktiver Besprechungen erlebt. Vielleicht haben Sie einen Kollegen, der jedes Mal versucht, eine Besprechung dafür zu nutzen, sein eigenes Thema in den Fokus zu stellen. Oder es gibt die eine Person, die glaubt, ein wahrer Multitasker zu sein und die nur physisch anwesend ist und gleichzeitig andere Arbeiten erledigt. Oder es gibt da jemanden, der alle anderen immer übertönt. Vielleicht haben Sie selbst schon erlebt, wie es ist, sich einfach nicht gehört zu fühlen. In all diesen Fällen ist das Ergebnis nicht nur Frustration, sondern auch das Gefühl, Zeit, Energie und letztendlich Ressourcen verschwendet zu haben.

Menschen wollen manchmal einfach nur „Dampf ablassen“

Eine einzelne Person kann die Stimmung in Sekundenschnelle vergiften. Wenn eine Person zum Beispiel erzählt, wie viel Stress er oder sie gerade hat oder dass es in der Familie gerade Probleme gibt, kann sich das schnell zu einem Teufelskreis entwickeln, wenn andere dann in das Klagelied einstimmen und von ihren Problemen und Sorgen erzählen.

Das hilft aber niemandem, sondern zieht alle anderen nur mit runter. Auch zu ignorieren ist keine gute Idee – schließlich wollen Sie, dass die Menschen sich wohlfühlen und engagieren. Am besten ist es in diesem Fall, wenn Sie kurz innehalten und einfühlsam mit diesen Aussagen umgehen. Sie können zum Beispiel sagen, dass es in letzter Zeit wirklich sehr stressig im Unternehmen war oder dass es Ihnen leidtut, dass es in der Familie gerade Probleme gibt. Selten erfordern solche Bemerkungen nämlich wirklich eine Antwort. Vielmehr geht es der Person darum, dass sie einen kurzen Moment einfühlsamer Anerkennung bekommt. Wenn Sie ihr diesen geben, wird sich das auch auf den Rest der Teilnehmer positiv auswirken.

Beginnen Sie Ihre Treffen immer mit dem Fokus auf Ihre Teilnehmer

Wenn Sie damit starten, nur über sich selbst zu sprechen und zu erklären, was Sie brauchen oder was Sie wollen, werden Sie ziemlich sicher niemanden begeistern können und dazu motivieren, sich voll einzubringen. Sie können zum Beispiel sagen: „Ich wurde damit beauftragt, die Abteilungsziele für das nächste Jahr zusammenzustellen, und das müssen wir heute erreichen." Dann werden Sie spätestens bei Beendigung dieses Satzes die Aufmerksamkeit von dreiviertel der Teilnehmer verloren haben.

Menschen hören eher zu und arbeiten auch dann mehr mit, wenn Sie sich als Moderator zuerst auf die Sorgen und Herausforderungen der Gruppe konzentrieren. Wenn Sie zum Beispiel mit diesem Satz eröffnen, werden Sie viel eher die Menschen abholen können: „Ich weiß, dass Sie sich alle gerade darauf konzentrieren, dieses Jahr erfolgreich abzuschließen. Daher danke ich Ihnen besonders, weil mir bewusst ist, dass es gerade anstrengend genug ist und es eine besondere Anforderung ist, an den Zielen des nächsten Jahres zu arbeiten. Aber wenn wir jetzt nicht anfangen, könnten wir ins nächste Jahr stolpern und niemand will das Jahr mit besonders großem Stress beginnen." Probieren Sie es und erleben Sie sofort den Unterschied.

Erkennen Sie das Warum einer schwierigen Frage

Es ist ganz normal und auch wichtig, dass es unterschiedliche Standpunkte in einer Besprechung gibt. Gerade im Design Thinking (mehr dazu im Kapitel 4) arbeiten wir ganz bewusst mit diesen verschiedenen Perspektiven, denn diese eröffnen neue Lösungswege. Wenn sich aber das gesamte Treffen wie ein Kampfschauplatz anfühlt, müssen Sie schleunigst etwas ändern. Sie können den Kampf eskalieren, indem Sie ein Machtwort sprechen. Aber Sie können nur die Spannung abbauen, indem Sie Ihre Antwort mit Empathie versehen.

Sie kennen sicher auch diesen erfahrenen Kollegen, der gegen eine neue Idee protestiert, oder? Sie können nun zu ihm Dinge sagen wie: „Wir haben das bereits versucht, aber es hat nichts gebracht und war nur verschwendete Liebesmüh." Widerstehen Sie dem Drang, zurückzuschlagen, indem Sie den Hinweis aussprechen, dass sich die Zeiten geändert haben und man das endlich auch akzeptieren sollte. Sagen Sie lieber etwas wie: „Ihre Unternehmenserfahrung ist für unsere Bemühungen in diesem Bereich von unschätzbarem Wert. Ich würde trotzdem gerne meine Einwände erläutern, warum ich denke, dass es diesmal so nicht funktionieren wird. Ist das okay?"

Die Menschen müssen sich geschätzt und gehört fühlen und wissen, dass man sie wertschätzt. Einfühlungsvermögen gegenüber jemandem zu zeigen bedeutet nicht, dass Sie Ihren eigenen Standpunkt verleugnen und automatisch den der anderen einnehmen müssen. Es bedeutet, dass Sie anerkennen, dass nicht jeder dasselbe denkt, sondern dass wir alle aufgrund unserer eigenen Erfahrungen andere Blickwinkel haben.

Als empathischer Moderator informieren Sie Ihre Teilnehmer im Voraus schriftlich und beschreiben Sie darin den Zweck, den Umfang, die Ergebnisse und die Agenda des Meetings oder des Workshops.

Planen Sie auch in 25- bis 50-minütigen Intervallen und geben Sie so den Teilnehmenden genug Zeit zum Ankommen und Klimatisieren.

2.1.6 Meeting-Persönlichkeiten

Unabhängig von der Größe Ihres Unternehmens oder der Branche, in der Sie tätig sind, kennen Sie wahrscheinlich schlechte Besprechungen. Gerade in der virtuellen Welt haben wir noch dazu ein ganz anderes Gefühl von Zeit. So kommt es viel schneller zur Ungeduld und einer gefühlten Zeitverschwendung, wenn nicht gleich alles klappt. Nicht vorbereitet zu sein und sich zu Beginn zu lange mit verschiedenen technologischen Problemen zu befassen, sind einige der häufigsten Fehler.

Vergessen Sie vor allem nicht die Gästeliste. Die Arbeit mit verschiedenen Persönlichkeiten ist gerade in einem virtuellen Workshop das A und O und entscheidend über Erfolg oder Misserfolg.

> Auch in der virtuellen Welt der Besprechungen gibt es spezielle Persönlichkeiten, die einem Moderator schnell das Moderatoren-Dasein erschweren können. Motivieren Sie Ihre Teilnehmer, aber lernen Sie, herausfordernde Persönlichkeitstypen in Schach zu halten, um problematische Situationen zu vermeiden. Alle Ideen gehören allen Teilnehmern – niemals einem Einzelnen. Während Grundregeln dazu beitragen, ein gewisses Verhalten von Vornherein einzudämmen, brauchen bestimmte Menschen besondere Maßnahmen.

Wenn unregelmäßiges oder ablenkendes Verhalten auftritt, bereiten Sie sich darauf vor, es schnell zu bemerken und Interventionen zu setzen .

Ein paar dieser besonderen Persönlichkeitstypen, denen ich in der (virtuellen) Welt der Meetings und Workshops oft begegne, und den Umgang, den ich mit solchen Personen pflege, stelle ich Ihnen in diesem Kapitel vor.

Typus des Vielredners

Diese Person möchte immer über etwas sprechen. Es kann mit Ihrem Thema zusammenhängen oder nicht – es spielt keine Rolle. Wenn er oder sie über etwas reden will, dann wird er oder sie es auch tun.

Was können Sie tun? Bei solchen Personen hilft es enorm, eine Agenda zu haben, der Sie strikt folgen können. Senden Sie vor dem Meeting eine Tagesordnung mit einer Liste der Themen in der Reihenfolge ihrer Wichtigkeit aus. Wenn der/die VielrednerIn starten will, verweisen Sie ihn/sie höflich auf die Agenda und erinnern Sie an das Ziel und die Themen, die diskutiert werden müssen.

Typus des Nachzüglers

Egal zu welcher Tageszeit Sie die Besprechung ansetzen – diese Person kommt auf jedem Fall zu spät und unterbricht dadurch jedes Treffen.

Was können Sie tun? Gerade in der virtuellen Welt können Sie viele der Tools so einstellen, dass die Tür nach Beginn des Meetings geschlossen bleibt. Im Regelfall reicht es, dass diese Person einmal auf diese Weise daran erinnert wird, dass es notwendig (und auch höflich) ist, pünktlich zu sein.

Typus des Multitaskers

Der Multitasker ist eine der häufigsten Persönlichkeitstypen, die in jedem Meeting mindestens einmal vertreten ist. Dieser Charakter überprüft ständig seine E-Mails, sendet Textnachrichten und macht sonst allerlei nebenbei.

Was können Sie tun? Obwohl es sich als schwierig erweisen kann, die Aufmerksamkeit eines Multitaskers zu halten, besteht eine der besten Möglichkeiten darin, ihn/sie zu beschäftigen und Aufgaben zuzuweisen. Bitten Sie ihn oder sie zum Beispiel, die Aufgabe des Protokollführers zu übernehmen.

Typus des Meeting-Junkies

Diese Person scheint am liebsten einfach nur die Besprechungen und Treffen zu planen und zu organisieren. Obwohl Workshops ein wirklich geeignetes Werkzeug sind, um Themen zu besprechen und gemeinsam zu bearbeiten, sind sie doch nicht immer die beste Wahl – besonders dann, wenn die Ziele vorab nicht geklärt wurden. Manchmal können Sie mit einer kurzen E-Mail oder einem Anruf die Frage schnell klären und die Arbeit genauso effektiv in der Hälfte der Zeit erledigen.

Was können Sie tun? Sprechen Sie genau das an und weisen Sie dem Meeting-Junkie darauf hin, dass alle viel zu tun haben und dass die Menschen nur dann engagiert und motiviert mitarbeiten, wenn sie sich auch persönlich betroffen fühlen. Letztlich will niemand, dass die Menschen alleine bei der Erwähnung eines Namens mit den Augen rollen, weil sie automatisch davon ausgehen, dass der Meeting-Junkie wieder ein nutzloses Treffen plant.

Typus des Angreifers

Diese Person ist vielleicht sogar schon dafür bekannt, verbale und persönliche Angriffe auf andere Gruppenmitglieder und/oder Moderatoren zu starten. Am liebsten macht diese Person das, indem sie sich einen Standpunkt sucht, über den sie sich den Rest des Treffens lustig macht.

Was können Sie tun? Im Grunde findet hier ein Machtkampf statt. Sie können die Angriffe stoppen, indem Sie freundlich, aber bestimmt an die Grundregeln erinnern und zusätzliche Regeln aufstellen, die Ihnen wieder mehr Kontrolle geben.

Typus des Besserwissers

Dieser Teilnehmer weiß immer besser, was zu tun ist und gibt auch dem Moderator gerne Anweisungen und gutgemeinte Ratschläge. Dahinter steckt der Versuch, die Besprechung durch ein Ändern der Methodik zu übernehmen und die eigene Kompetenz herauszustreichen.

Was können Sie tun? Hören Sie sich ruhig einige Kommentare an, da sie durchaus brauchbar sein können. Aber lassen Sie niemals zu, dass diese Person die Kontrolle übernimmt. Am besten sprechen Sie sie in der nächsten Pause unter vier Augen an und klären die Situation.

Typus der gebrochenen Schallplatte

Wenn jemand die Dinge immer wiederholt und ständig die Diskussion auf ein einziges Thema lenken will, dann kann das extrem stören. Dieses Vorgehen verhindert, dass die

Gruppe neue Punkte bespricht und zu anderen Themen übergeht, selbst wenn sie bereit sind.

Was können Sie tun? Die gebrochene Schallplatte wird keine Ruhe geben, bis sie gehört wurde. Also hören Sie kurz zu, notieren Sie sich das Thema sichtbar für sie und bitten Sie dann darum, das Thema später zu besprechen. Danach können Sie entscheiden, ob Sie zu dem Thema zurückkommen möchten oder nicht.

Typus des Vielbeschäftigten

Wie der Name schon sagt, ist diese Person ständig beschäftigt. Aber anders als der Multitasker steckt bei dieser Person der Versuch dahinter, sich und andere davon zu überzeugen, extrem wichtig zu sein. Sie schafft es nicht, die volle Aufmerksamkeit der Gruppe zu widmen.

Was können Sie tun? Verweisen Sie auch hier wieder auf die Regeln, die Sie dabei unterstützen, dass Sie die Kontrolle behalten. Machen Sie auch öfters Pausen und geben Sie so diesen Personen Zeit, dass sie ihre anderen Dinge erledigen können, um so die volle Aufmerksamkeit Ihrem Treffen widmen zu können. Sprechen Sie das aber auch direkt so aus.

Typus des Uninteressierten

Diese Person ist ständig mit dem Smartphone oder anderen Dingen beschäftigt und drückt so ihre Missbilligung oder Abneigung aus, indem sie das Verfahren ignoriert. Achtung, jemand der mitscribbelt, fällt nicht in diese Kategorie - diese Personen sind oft horizontale Denker und brauchen das Zeichnen, um die Inhalte aufnehmen zu können.

Was können Sie tun? Sprechen Sie diese Person während einer Pause an, aber rufen Sie sie nicht in dem Meeting auf, das könnte ihr sehr unangenehm sein und sie wird den Rest der Zeit gegen Sie arbeiten. Ermutigen Sie die anderen Teilnehmer, sich voll auf das Thema einzulassen und danken Sie ihnen dafür, dass sie nichts nebenbei machen.

Typus des Dolmetschers

Der Dolmetscher spricht immer für jemand anderen und am liebsten ohne eine Aufforderung. Er formuliert die Ideen anders, verzerrt sie dabei aber häufig.

Was können Sie tun? Lassen Sie zuerst den eigentlichen Ideengeber wiederholen, was er wirklich gemeint hat - ohne den Dolmetscher so in Verlegenheit zu bringen.

Typus des Skeptischen

Diese Person ist ständig skeptisch und immer besorgt, ob etwas funktionieren kann. Sie sorgt für negative Stimmung und steckt damit auch die anderen Teilnehmer an.

Was können Sie tun? Stellen Sie die Frage, was das Schlimmste ist, das passieren könnte, und mit welchen Auswirkungen dann zu rechnen wäre. So nehmen Sie das Drama aus der Vorstellung und sorgen dafür, dass keine Panik im Team entsteht. Treffen Sie sie vorab alleine, um die Bedenken zu verstehen und darauf einzugehen.

Hilfestellung zur Konsensbildung bei allen Persönlichkeitstypen

Denken Sie daran, dass **drei klare und kritische Verhaltensweisen** erforderlich sind, um einen Konsens herzustellen: Führung, Moderation und Besprechungsdesign. Umfassen Sie alle drei, wenn Sie eine Gruppe von Menschen führen, und gehen Sie wie folgt vor:

- Formulieren Sie den Zweck, den Umfang und das Ergebnis Ihres Meetings. Schreiben Sie es schriftlich auf, damit die Leute auch immer wieder nachsehen können.
- Erinnern Sie sich an die Rolle des Moderators und achten Sie darauf, zuzuhören, anstatt Befehle zu erteilen. Stellen Sie auch Ihre Zweifel nur in Form einer Frage. Und hören Sie auf, die erste Person Singular zu verwenden, insbesondere das Wort „Ich“. Wenn Sie bereits die Antwort haben (wie in „Ich denke ...“ oder „Ich glaube ...“), ist es kein Meeting.
- Stellen Sie eine Agenda bereit. Selbst wenn Sie davon abweichen, haben Sie zumindest eine geplante Roadmap, die genau beschreibt, was Sie im Kern eigentlich erreichen wollen. Die TeilnehmerInnen können den Verlauf des Meetings leichter verfolgen. Sie können jederzeit nachsehen, wo sie ungefähr im Prozess stehen. Die Agenda hilft also einerseits dabei schneller einen Konsens zu erzielen, da alle ein gemeinsames Bild haben, und andererseits werden die TeilnehmerInnen so auch eher das Meeting als erfolgreich empfinden, weil sie schneller Ergebnisse sehen.

2.1.7 So steigern Sie die Effizienz Ihres virtuellen Treffens

Als Moderator haben Sie ganz spezielle Aufgaben: Sie müssen das Team durch das Meeting oder den Workshop führen, Vertrauen aufbauen, auf die Situation und die Atmosphäre achten und neutral bleiben. Das führt schnell dazu, dass jemand die eigene Moderatoren-Kompetenz bezweifelt und die ganze Hoffnung in Tools legt. Aber, auch wenn das sehr verlockend zu sein scheint: Es sind niemals die Tools alleine, die über Erfolg und Nichterfolg eines virtuellen Meetings entscheiden. Sie als Moderator haben es in der Hand. Es ist die Art und Weise, wie Sie mit den Menschen interagieren und was für ein Umfeld Sie kreieren.

- **Aktivieren Sie die Teilnehmer**
  Es liegt also in Ihrer Verantwortung, dass sich die Teilnehmer sicher und wohlfühlen. Aber Sie können den Teilnehmern nicht das Sprechen abnehmen. Sie haben diese bestimmten Menschen eingeladen, weil Sie davon ausgehen, dass sie relevante Informationen über das Thema haben.

Erinnern Sie die Menschen daran, dass die Zeit aller Teilnehmer wertvoll ist und gut genutzt werden muss. Sie haben ein gemeinsames Ziel, das sie alle erreichen wollen. Es ist unhöflich, Wissen für sich zu behalten.

- **Bleiben Sie neutral**
  Es gibt fast immer mehr als eine einzige richtige Antwort. Der schnellste Weg, dass Menschen sich wohlfühlen, besteht darin, dass Sie ihnen die Chance geben, ihre Meinung zu äußern. Sie können alles ändern, wenn Sie beginnen, das Wort „Ich" aus Ihrem Vokabular zu streichen. Vermeiden Sie Begriffe wie „Ich denke ..."oder „Bitte gib mir ...". Lenken Sie den Fokus auf die Teilnehmer.

> Vergessen Sie nicht: Wenn Sie schon alle Antworten wüssten, bräuchten Sie ja auch kein Meeting oder keinen Workshop einberufen. ■

- **Fordern Sie das Offensichtliche heraus**
  Wie würde Superman agieren? Was läuft schlecht? Was würde Steve Jobs anders machen als Bill Gates? Es gibt kaum eine Technik, die besser funktioniert als ein Perspektivwechsel. Sie fördern so nicht nur die Kreativität, sondern Sie geben allen Anwesenden die Chance, ihre persönliche Sichtweise zu präsentieren und zu diskutieren. So verhindern Sie Gruppendenken.

> Abstimmungen alleine führen nicht zu guten Ergebnissen. Sie müssen die Kriterien von den Optionen trennen, um den Zweck einer Lösung sichtbar zu machen. Sie können dann die Kriterien priorisieren und diese wiederum hinterfragen. ■

- **Bitten Sie immer nur eine Person, eine Aufgabe zu übernehmen**
  Damit die Menschen motiviert und engagiert bleiben, sollten Sie immer Aufgaben für vor, nach und während des virtuellen Treffens verteilen. Lassen Sie aber niemals zu, dass sich zwei Personen die Verantwortung teilen. Wenn zwei Personen für dieselbe Aufgabe zuständig sind, hören Sie sehr schnell Dinge wie „Aber ich dachte, Du arbeitest daran!".

> Stellen Sie auch nie die Frage, *wer* etwas tun möchte, sondern weisen Sie die Menschen direkt den Aufgaben zu – entsprechend deren Stärken und Fähigkeiten. ■

- **Verteilen Sie Aufgaben bereits im Voraus**
  Verteilen Sie an alle Teilnehmenden eine Liste mit detaillierten Fragen, die im Voraus beantwortet werden sollen. Im Idealfall hören die Anwesenden die Frage nicht zum ersten Mal bei dem Meeting.

> Nehmen Sie sich immer vorab die Zeit, um sich richtig auf Besprechungen vorzubereiten. Und geben Sie auch den Teilnehmern diese Zeit. Auch virtuelle Meetings und Workshops sind zu teuer, um sie lakonisch zu behandeln. ■

- **Erarbeiten Sie im Vorfeld ein gemeinsames Wording**
  Hinter jedem Wort, das wir verwenden, steckt eine Erfahrung, ein Gedanke, eine Geschichte. Aber in einem virtuellen Meeting oder Workshop ist die Zeit oft schon sehr knapp bemessen. Dazu kommt noch, dass viele Teilnehmer sich nicht trauen, nachzufragen (Abschnitt 2.1.4). Es bleibt also keine Zeit, den Unterschied zwischen Ziel und Ergebnis, zwischen Mission oder Vision zu diskutieren. Diese Definitionen sollten bereits vor Ihrem Treffen festgelegt worden sein.

> Wenn bestimmte Begriffe verwendet werden, sollten Sie sie bereits vorab den Teilnehmern schicken und sie bitten, ihre Definitionen und Fragen einzufügen, damit von Anfang an ein gemeinsames Verständnis über ihre Bedeutung zu haben.

- **Stellen Sie Regeln auf**
  Stellen Sie Regeln auf, die einen Rahmen bieten und zu deren Verwendung sich alle Teilnehmer verpflichten. Kommunizieren Sie diese Grundregeln nicht nur zu Beginn Ihres virtuellen Meetings, sondern auch schon vorab.

> Es geht nicht darum, einen Idealzustand zu erreichen, sondern Sie wollen eine Umgebung ermöglichen, in der die Menschen einander unterstützen. Dazu brauchen Sie aber auch das Commitment aller.

- **Achten Sie auf Disziplin**
  Eine der wichtigsten Grundregeln sollte auf jedem Fall Disziplin beinhalten. Erinnern Sie einerseits die Menschen daran, dass es höflich ist, pünktlich zu erscheinen, aber auch, dass sie sich an die Zeit halten müssen, um ein Ziel zu erreichen.

> Disziplin bringt Stabilität und Struktur in das Leben eines jeden Menschen. Es fördert gutes menschliches Verhalten für eine bessere Gesellschaft, in der es für alle angenehmer zu leben ist.

- **Seien Sie empathisch, aber seien Sie nicht übernett**
  Als Moderator haben Sie eine besondere Rolle: Sie sind neutral, aber brauchen trotzdem Argumente und Beweise, um Konsens aufzubauen.

> Eine gute Lösung basiert auf den zugrunde liegenden Ursachen und nicht auf offensichtlichen Symptomen.

- **Nutzen Sie Icebreaker und Energizer zum Beziehungsaufbau**
  Führen Sie eine Eisbrecher-, Aufwärm- oder Kennenlernaktivität durch, auch wenn es sich um eine schnelle Antwort mit einer Frage handelt (z. B. Lieblingsurlaubsort?). Bauen

Sie vor allem in Ihrem Online-Team Verbindung und Vertrauen auf und sorgen Sie so für einen Aufbau von Beziehungen.

Weitere Icebreaker finden Sie in Kapitel 4.

2.2 Die Technik

Videokonferenzen haben Unternehmen in der Zeit während der Pandemie nicht nur geholfen, sondern in gewisser Hinsicht sogar gerettet. Die richtige Mischung aus Hardware- und Softwaretechnologie ist entscheidend für erfolgreiche Online-Treffen, die die Teilnehmenden motivieren und nicht frustrieren. Eine gute Kamera zum Beispiel wirkt sich nicht nur auf die visuelle Präsentation aus, qualitativ hochwertige Bilder verbessern auch die Kommunikation erheblich. Verteilte Teams waren ohne Technik früher völlig isoliert. Es ist auch nicht möglich gewesen, über verschiedene Ländergrenzen hinweg ein virtuelles Treffen zu planen, geschweige denn produktiv zu arbeiten. All das ist dank der passenden Hardware möglich. So ergibt es auch absolut keinen Sinn, beispielsweise eine kristallklare Videoverbindung zwischen Ihren Büros in Wien und Johannesburg einzurichten, wenn die Leute in Berlin nicht hören und nicht sehen können, was in den anderen beiden Ländern gerade los ist.

Obwohl Online-Besprechungen und -Workshops größtenteils auf Basis der digitalen Technologie aufgestellt werden, braucht es nach wie vor physische Hardware. Als Menschen agieren wir auch nach wie vor in physischen Räumen – wir sitzen auf einem physischen Stuhl, in einem physischen Raum und brauchen ein physisches Headset, um andere zu hören. Aus diesem Grund ist der physische Aspekt von Videokonferenzen immer noch von enormer Bedeutung.

Um die beste Erfahrung mit Ihren Videokonferenzen zu erzielen, müssen Sie nicht nur die besten Mitarbeiter für Ihr Unternehmen finden, sondern auch die beste Hardware für Ihre Treffen. Sie müssen die verschiedenen Arbeitsbereiche berücksichtigen, um so die passende Hardware für die unterschiedlichen Anforderungen zu finden.

Nur so können wir sicherstellen, dass wir das Beste aus der Revolution der Online-Zusammenarbeit herausholen.

2.2.1 Bild oder Tonqualität: Was ist wichtiger?

Wenn wir beschreiben, wie wir als Menschen unsere Welt wahrnehmen, beschreiben wir dabei üblicherweise die folgenden fünf Sinne:

- Wir hören mit unseren Ohren.
- Wir sehen mit unseren Augen.

- Wir riechen mit unserer Nase.
- Wir schmecken mit unserer Zunge.
- Wir spüren mit unserer Haut.

Die meisten Menschen würden vermutlich sagen, dass ihnen der Sehsinn am wichtigsten ist. Aber auch hier gibt es Unterschiede: In manchen Kulturen spielt beispielsweise der Geschmackssinn eine viel größere Rolle und es gibt natürlich auch von Mensch zu Mensch Unterschiede in der Reihenfolge der wichtigsten Sinne.

In einer Online-Besprechung fallen vier von sechs Sinne komplett weg: Schmecken, Riechen, Fühlen und den Gleichgewichtssinn gibt es in der Online-Welt einfach nicht - zumindest lassen sich diese Sinne nicht einfach über das Internet teilen.

Uns bleiben also zwei Sinne, der **Sehsinn** und der **Hörsinn**. Aber nicht nur das: Anstatt unser komplettes Gesichtsfeld auf einmal wahrzunehmen, beispielsweise die abwehrende Geste des Meeting-Teilnehmers neben uns, sehen wir bei einem Online-Meeting nur einen kleinen Ausschnitt unserer Gesprächspartner auf einem meist kleinen Bildschirm. Auch beim Ton gibt es eine Informationsverkürzung: Feinen Lautstärkeunterschieden und räumlichem Hören schiebt die Technik einen Riegel vor. Umso wichtiger ist es, dass wir bei den verbleibenden zwei Sinnen technisch auf möglichst gute Qualität achten.

Aber was ist bei einer Videokonferenz eigentlich wichtiger, das Bild oder der Ton?

Vermutlich würden die meisten Menschen mehr Geld für eine gute Kamera ausgeben als für ein gutes Mikrofon. In der Praxis sollten die Prioritäten jedoch genau umgekehrt sein: Eine Videoaufnahme mit schlechter Bildqualität, aber guter Tonqualität ist auch für längere Zeit gut auszuhalten. Umgekehrt ist es sehr anstrengend und nervend, einem Video mit sehr guter Bildqualität, aber eher miesem Ton zu folgen.

Sehen Sie sich unser Beispielvideo an, das diesen Unterschied deutlich macht.[2]

Schlechte Audioqualität

Wenn die Audioübertragung nicht funktioniert, der Ton rauscht oder die Hintergrundgeräusche dominieren, können wir dem Inhalt nur schwer folgen. Vermutlich haben Sie selbst schon Meetings erlebt, bei denen die Teilnehmer einen Großteil ihrer Energie darauf verwenden, alle Beteiligten zu hören. Audioherausforderungen können ein virtuelles Meeting zu Fall bringen und vor allem die interne Produktivität beeinträchtigen.

Eine schlechte Audioqualität in Konferenzen kann sich aufgrund der Verarbeitung von Informationen in unserem Gehirn negativ auf die Arbeitsproduktivität auswirken. Denn das Gehirn leistet hervorragende Arbeit bei der Entschlüsselung von Informationen, die unsere Ohren wahrnehmen. Im Fall einer schlechten Audioübertragung wird es jedoch zusätzlich schwierig, diese Reize zu interpretieren. Das regelmäßige Erleben einer solchen zusätzlichen mentalen Anstrengung über einen längeren Zeitraum wirkt sich extrem auf unsere

[2] Video „Bild oder Tonqualität: Was ist wichtiger?“: *http://gdt.li/bildoderton*

Konzentration, unseren Fokus und das Gedächtnis aus. Wir werden müde und sind entsprechend demotiviert.

Unternehmen können diese Fallstricke vermeiden und durch gute Audiotechnologie eine produktive Umgebung schaffen. Um dies zu erreichen, sollten sie idealerweise auch eine Umgebung schaffen und vorab überlegen, welche Lösungen diese besonderen Anforderungen erfüllen. Unternehmen sollten ihre Technologieentscheidungen gemäß diesen Parametern und Anforderungen treffen. Audio ist einfach keine Einheitslösung.

Manches Mal ist es notwendig, viele Umgebungsgeräusche herauszufiltern, wodurch sich die Mitarbeiter besser konzentrieren können und die Ablenkungen minimiert werden.

Ein Mitarbeiter am Schreibtisch wird am besten mit einem kabelgebundenen Headset arbeiten, das über eine Hintergrundgeräuschunterdrückung verfügt. Und ein Mitarbeiter, der remote arbeitet und auf Kommunikation innerhalb und außerhalb eines Raums angewiesen ist, benötigt ein flexibleres drahtloses Headset mit Attributen wie mehreren Mikrofonen, um eine qualitativ hochwertige Übertragung in widrigen Umgebungen sicherzustellen.

Konferenz- und Freisprechlösungen wiederum müssen entsprechend der Größe und Nutzung des vom Unternehmen vorgesehenen Besprechungsraums ausgewählt werden. Eine tragbare, flexible Freisprecheinrichtung eignet sich am besten für kleine bis mittelgroße Gruppenräume und Konferenzräume. Für größere Besprechungsräume sind installierte Audiokonferenzlösungen ideal, die einfach einzurichten sind und mehrere Optionen bieten.

Unabhängig davon, welche Geräte ein Unternehmen auswählt, sollten sie eine erstklassige Audioqualität bieten, um virtuelle Konferenzen so realistisch und produktiv wie ein persönliches Meeting zu gestalten und das ursprüngliche Konzept der virtuellen Zusammenarbeit zu erfüllen.

2.2.2 Der gute Ton

Im vorherigen Kapitel haben wir beschrieben, dass die Audioqualität bei einer Videokonferenz besonders wichtig ist. Aber wie können wir die Tonqualität nun verbessern?

Um einen wirklich guten Ton zu bekommen, ist es wichtig, hinter die Kulissen der Tontechnik zu schauen, um zu verstehen, welche Technik sich hinter einem Mikrofon versteckt. Erst dann können Sie entscheiden, welches Mikrofon zu Ihren Bedürfnissen passt.

Um eine gute Tonqualität zu erreichen, spielen drei Faktoren eine wesentliche Rolle:

1. Die Qualität und Bauart des Mikrofons
2. Der Abstand des Mikrofons zu Ihrem Mund
3. Die Akustik des Raums

Nur der erste Punkt wird dabei wirklich von der Technik bestimmt, die beiden anderen Punkte beruhen auf physikalischen Grundprinzipien der Akustik und sind genauso wichtig. Erst alle drei Einflussfaktoren ermöglichen einen wirklich guten Ton und gehören aufeinander abgestimmt.

2.2.2.1 Die Qualität und Bauart des Wandlers

Das wesentliche Bauelement in einem Mikrofon ist der Wandler. Dabei gibt es unterschiedliche Prinzipien. Sie alle haben aber das gleiche Ziel: Eine Schallwelle in ein elektrisches Signal umzuwandeln.

Im Prinzip funktionieren Mikrofonwandler wie folgt:

1. Eine Schallquelle breitet sich als wechselnde Schwingung durch die Luft aus.
2. In einem Mikrofon nimmt eine dünne Membran diese Druckschwingung des Schalls auf und bewegt sich hin und her, entsprechend der Schwingung der Luft.
3. Ein Wandler, der mit dieser Membran verbunden ist, erzeugt eine elektrische Spannung.
4. Die Spannung kann nun von einem Gerät als digitales Signal weiterverarbeitet werden.

Wie dies technisch bewerkstelligt wird, ist je nach Bauart des Wandlers unterschiedlich.

Im Grunde wird zwischen drei Arten von Mikrofonen unterschieden, die sich in handelsüblichen Geräten befinden:

1. dynamische Mikrofone,
2. Kondensatormikrofone
3. und eine Sonderform davon, die Elektretmikrofone.

Jede Bauart hat ihre Vor- und Nachteile und so eignen sich manche Mikrofone für den einen Einsatzzweck besser als für andere.

Dynamisches Mikrofon

Ein dynamisches Mikrofon ist ähnlich aufgebaut wie ein Lautsprecher, funktioniert also nur „umgekehrt". Die Schallwellen treffen auf eine dünne Membran, die mit der Schwingung der Luft zum Vibrieren beginnt. Eine kleine Drahtspule, die an der Rückseite der Membran angebracht ist, bewegt sich mit und ist von einem Magnetfeld umgeben. Durch die Bewegung wird Strom in der Spule erzeugt, wodurch der Schall in ein elektrisches Signal umgewandelt wird.

Generell sind dynamische Mikrofone relativ einfach aufgebaut. Dadurch sind sie günstig und auch robust. Sie eignen sich deswegen besonders für die Bühne, zumal sie auch extrem hohe Schallpegel verarbeiten können.

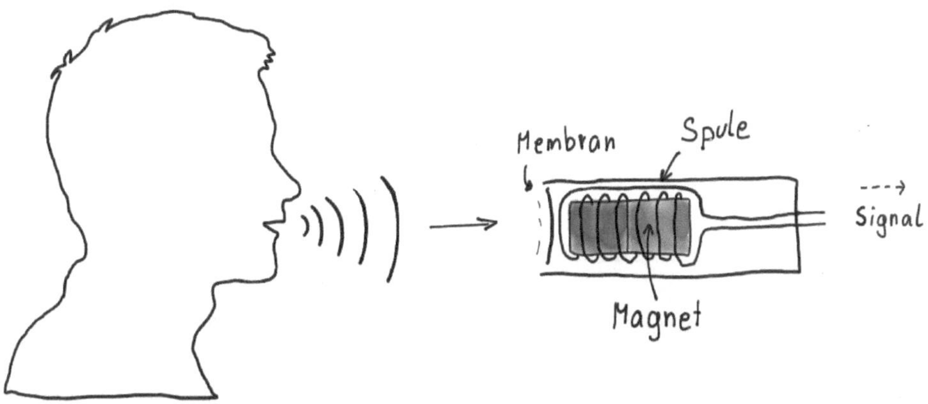

Bild 2.2 Aufbau eines dynamischen Mikrofons

Das Kondensatormikrofon

Ein Kondensatormikrofon funktioniert nach dem Prinzip eines Kondensators. Bei dieser Mikrofonart wird durch eine leitfähige Membran, eine Isolierung und eine Metallplatte ein schallempfindlicher Kondensator gebildet. Wird nun der Kondensator geladen, wird zwischen der Membran und der Platte ein elektrisches Feld erzeugt. Die Schallwellen bringen die dünne Membran zum Schwingen und verändert damit die Kapazität des Kondensators. Diese Veränderung wird durchgemessen und so in ein digitales Signal umgewandelt. Aufgrund der Bauart dieses Mikrofontyps muss ein Kondensatormikrofon mit Strom versorgt werden.

Diese Mikrofonart hat eine sehr hohe Signalqualität und wird deswegen häufig in Tonstudios verwendet. Allerdings sind diese Mikrofone etwas empfindlicher gegenüber Feuchtigkeit, Stößen und sehr hohen Schallpegeln. Aber sie geben unserer Meinung nach der Stimme einen schönen, tiefen Klang.

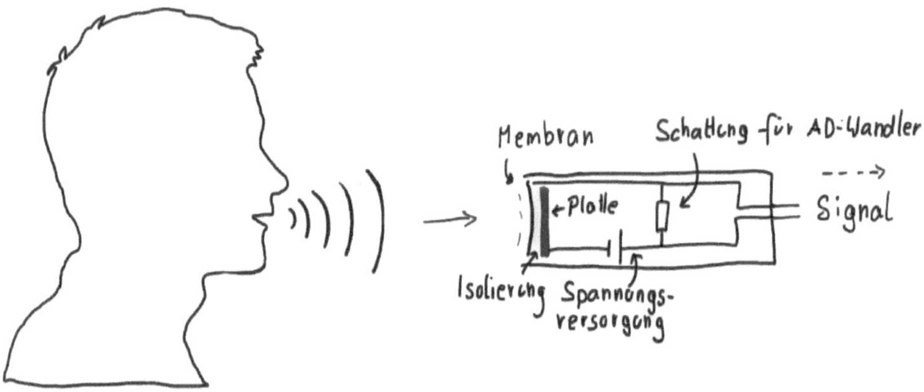

Bild 2.3 Aufbau eines Kondensator-Mikrofons

Das Elektretmikrofon

Ein Elektretmikrofon ist eine Sonderform eines Kondensatormikrofons. Es hat eine permanente Ladung, die durch ein spezielles Material aufrechterhalten wird, das auf der Rückplatte oder auf der Membran abgelagert ist.

In den meisten modernen Notebooks oder Smartphones befinden sich Elektretmikrofone. Sie sind sehr klein, haben eigentlich für die Größe eine überraschend gute Signalqualität und können auch sehr günstig hergestellt werden.

Wer die Wahl hat, hat die Qual

Die Entscheidung für ein bestimmtes Mikrofon hängt nicht nur von den grundsätzlichen Eigenschaften einer Bauart ab, sondern ist auch je nach Hersteller und Modell unterschiedlich. Mittlerweile gibt es beispielsweise dynamische Mikrofone, die eine ähnliche Klangqualität wie Kondensatormikrofone haben.

Generell gilt jedoch die Regel, dass dynamische Mikrofone dann die beste Wahl sind, wenn sie in lauter Umgebung wie in einem Club oder bei Outdoor-Konzerten verwendet werden.

In einer Umgebung wie einem normalen Büro oder Zuhause ist ein Kondensatormikrofon für viele die bessere Wahl, vor allem wenn eine hohe Klangqualität für eine Sprechstimme gewünscht wird.

Die Richtcharakteristik eines Mikrofons

Es gibt noch eine weitere Eigenschaft von Mikrofonen, die man kennen sollte. Diese Eigenschaft nennt sich Richtcharakteristik und gibt an, wie empfindlich ein Mikrofon aus verschiedenen Richtungen ist. Sie wird beeinflusst von der Bauform der Mikrofonkapsel aber auch von der Form des Mikrofons selbst.

Wenn ein Mikrofon aus allen Richtungen gleich stark aufnimmt, spricht man von einer Kugelcharakteristik. Das bedeutet kugelförmig rund um das Mikrofon herum ist der Aufnahmepegel ungefähr gleich. Wenn man diese Kugel auf einem horizontalen Schnitt in einem sogenannten Polardiagramm aufzeichnet, sieht das aus wie in Bild 2.4. Andere Richtcharakteristiken sind „Acht“, „Niere“ oder „Keule“ die man nach der jeweiligen Form im Polardiagramm benennt.

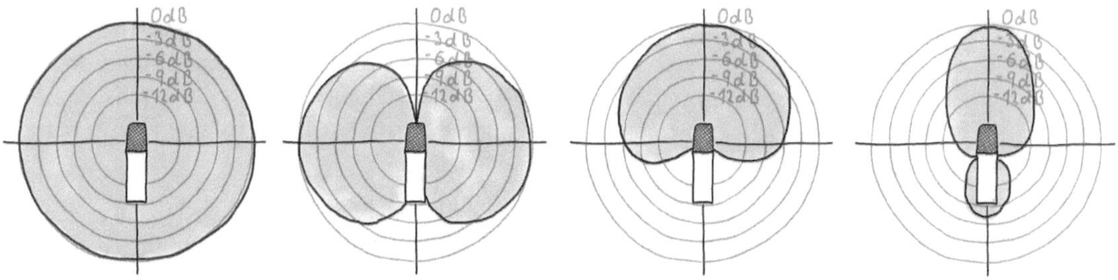

Bild 2.4 Richtcharakteristiken als Polardiagramm: Kugel, Acht, Niere und Keule (v. l. n. r.)

Je nach Anwendungsfall haben die unterschiedlichen Richtcharakteristiken unterschiedliche Vor- und Nachteile.

Beispielsweise haben die meisten Mikrofone, die in Kopfhörerkabeln für ein Telefon integriert sind, eine Kugelcharakteristik. Die Kugelcharakteristik bedeutet, das Mikrofon nimmt Schallwellen aus allen Richtungen gleich stark auf: Von vorne, von der Seite und sogar von hinten. Bei einem Ansteckmikrofon oder einem Mikrofon, das an einem Kopfhörer herunterhängt, ist das wichtig: Denn man kann nie genau sagen, in welche Richtung das Mikrofon gerade ausgerichtet ist, also ist es gut, dass diese Mikrofone aus allen Richtungen gleich stark aufnehmen.

Viele Mikrofone, die speziell für die Aufnahme von Stimmen geeignet sind, haben eine engere Richtcharakteristik, beispielsweise eine Nierencharakteristik. Hier wird hauptsächlich all das aufgenommen, was sich direkt vor dem Mikro befindet. Seitlich und von Hinten nimmt so ein Mikrofon weniger empfindlich auf. Und das ist natürlich ideal für einen Anwendungsfall wie eine Video-Konferenz, bei dem jede Person vor dem eigenen PC sitzt. Störgeräusche vom seitlichen Fenster oder auch das Rauschen des Computers von hinten werden allein durch die Bauart des Mikrofons weniger stark aufgenommen.

Dann gibt es noch eine Richtcharakteristik, die sich Keule nennt. Bei dieser Variante ist der Bereich, in dem das Mikro aufnimmt, noch etwas schmaler. In diese Kategorie fallen sogenannte Richtmikrofone.

Für eine Videokonferenz, bei der Sie alleine vor dem Computer sitzen, ist es prinzipiell immer besser, wenn das verwendete Mikro eine möglichst enge Richtcharakteristik hat und in Ihre Richtung ausgerichtet ist. Dann ist Ihre Stimme gut zu hören, während Umgebungsgeräusche nur gedämpft aufgenommen werden.

2.2.2.2 Der Abstand des Mikrofons

Neben der Qualität und Bauart des Mikrofons spielt ein ganz simpler Faktor eine weitere Rolle, wie gut Sie auf einer Aufnahme zu hören sind: Der Abstand des Mikrofons zur Schallquelle, also zu Ihrem Mund.

Um zu verstehen, warum das Mikrofon unbedingt nahe an der Schallquelle sein sollte, sind ein paar schnell erklärte Grundlagen der Physik notwendig.

Vereinfacht gesagt, breiten sich Schallwellen rund um das Zentrum der Schallquelle symmetrisch aus. Je weiter sich die Schallwelle von diesem Zentrum entfernt, desto stärker wird sie gedämpft. Genau genommen verringert sich der Schalldruckpegel um 6 dB pro Abstandsverdopplung. Der Schalldruckpegel ist eine technische Größe und beschreibt die Stärke eines Schallereignisses. Vereinfacht gesprochen ist es die Lautheit eines Geräuschs. Aber das gilt nur genähert, denn die menschliche Empfindung eines Geräuschs hängt von vielen weiteren Faktoren ab.

Eine ganz praktische Relevanz hat jedoch das **Abstandsgesetz:**

Wenn Sie ein Mikrofon mit 10 cm Abstand relativ nahe zum Mund platzieren und es dann weiter weg auf einen Abstand von 20 cm bewegen, dann haben Sie den Abstand verdoppelt. Der Schallpegel, den das Mikrofon aufnimmt, halbiert sich dadurch.

Der Schalldruck (p) nimmt bei zunehmender Entfernung (r) mit 1/r ab.

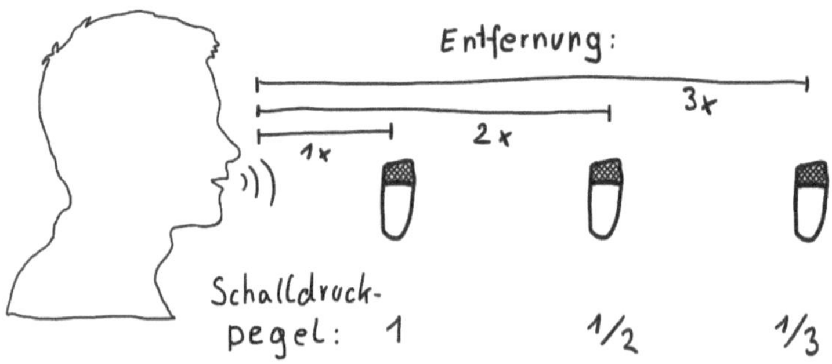

Bild 2.5 Das „Abstandsgesetz“ bei Mikrofonen

Wenn Sie nun ein Mikrofon nutzen, das beispielsweise an Ihrem Monitor angebracht ist, beträgt die Distanz zwischen Mikrofon und Ihrem Mund ca. 50 cm. Im Vergleich zu den 10 cm nimmt der Schalldruck dadurch also auf 1/5 ab. Um diese Pegelabnahme zu kompensieren, muss der Computer das Mikrofonsignal verstärken.

Das Problem dabei: Nicht nur das gewünschte Signal Ihrer Stimme wird verstärkt, sondern jedes andere Geräusch ebenso, wie beispielsweise eine andere Person am Nebentisch oder auch der brummende LKW auf der Straße.

Um störende Umgebungsgeräusche möglichst zu reduzieren, ist es also wichtig, dass der Abstand des Mikrofons zu Ihrem Mund möglichst klein ist, während störende Schallquellen möglichst weit entfernt sind. Wenn beispielsweise der Abstand von Ihrem Mikrofon zu Ihrem Mund 10 cm beträgt, ist die 5 m (500 cm) entfernte Person auf der Aufnahme nur noch 1/50 so „laut" zu hören - also fast gar nicht. Befindet sich das Mikrofon in 50 cm Entfernung zu Ihnen, ist die immer noch 5 m entfernte Person 1/10 so „laut" zu hören und wird vermutlich auf der Aufnahme als störend wahrgenommen.

> Für einen guten Ton ist es also wichtig, dass sich das Mikrofon möglichst nahe an Ihrem Mund befindet. So können Sie verhindern, dass andere Schallquellen stören. Je näher Ihr Mikrofon bei Ihrem Mund ist, desto schwächer wird das Rauschen der Computerlüftung, die Sprechgeräusche der telefonierenden Person nebenan oder das Auto draußen auf der Straße. ■

2.2.2.3 Akustik des Raums

Der dritte Faktor, der einen wesentlichen Einfluss auf die Qualität Ihrer Tonaufnahme hat, ist die Akustik des Raums. Wie ich im vorherigen Kapitel beschrieben habe, breitet sich der Schall kugelförmig um die Schallquelle aus und schwächt sich dabei ab. Das gilt aber eigentlich nur im Freien.

Videokonferenzen finden meistens in Räumen statt - und da gibt es Wände, Tische, Fenster und Möbel, die die symmetrische Ausbreitung des Schalls beeinflussen. Der Schall kann an diesen Gegenständen reflektiert oder auch gedämpft werden.

Akustik-Experten sprechen in diesem Fall von der sogenannten Nachhallzeit. Unter der Nachhallzeit versteht man, einfach gesprochen, die Zeit, ab wann sich ein plötzliches Geräusch so stark abgeschwächt hat, dass es nicht mehr zu hören ist.

Falls Sie sich trauen in einer Kathedrale wie dem Wiener Stephansdom in die Hände zu klatschen, werden Sie bemerken, dass die Nachhallzeit in solchen Gebäuden sehr lange ist, häufig länger als zehn Sekunden! Ein Sprecher in so einem Gebäude muss unnatürlich langsam sprechen, damit er überhaupt verstanden wird. In einem komplett leeren Zimmer ohne Möbel und Teppich ist die Nachhallzeit auch relativ lang. So lang, dass man sich in einem solchen Raum bei Gesprächen nicht besonders wohl fühlt.

Für das Sprechen sollte die Nachhallzeit möglichst kurz sein, denn das wirkt sich positiv auf jede Aufnahme aus.

> Die physikalische Formel dazu lautet:
>
> $T = 0{,}163 * V / A$.
>
> T ist die Nachhallzeit in Sekunden, V das Volumen der Raumkubikmeter und A die Absorptionsmenge der umschließenden Oberflächen. ■

Während ein größeres Raumvolumen die Nachhallzeit verlängert (z.B. in einer Kirche) wird sie durch mehr Absorptionsfläche reduziert: Je mehr Teppiche, Vorhänge, Gegenstände oder auch Menschen sich in einem Raum befinden, desto kürzer ist die Nachhallzeit.

Materialien wie Beton, Fliesen, Ziegel oder Glas haben einen geringen Absorptionsgrad, erhöhen also die Nachhallzeit. Materialien wie Gewebe, Fiberglas oder Schaumstoff haben einen hohen Absorptionsgrad und verkürzen die Nachhallzeit. Auch wir Menschen selbst reduzieren die Nachhallzeit, ein Raum mit vielen Menschen darin hat also eine niedrigere Nachhallzeit als ein menschenleerer Raum.

Wenn es in Ihrem Raum, den Sie für Videokonferenzen nutzen möchten, zu viel Hall gibt, legen Sie einen Teppich aus oder hängen Sie Vorhänge auf. Auch sollten Sie nicht direkt hinter oder neben großen Glasflächen sitzen. Verwinkelte Möbel reduzieren ebenfalls den Hall. Besonders geeignet sind auch gefüllte Bücherschränke: Die unterschiedlich weit herausstehenden Buchrücken führen zu einem hohen Absorptionsgrad und sehen deswegen nicht nur schick aus, sondern verbessern zugleich die Akustik des Raums!

Ist der Nachhall in einem Raum zu lang und der Abstand zwischen Schallquelle und Mikrofon zu groß führt dies dazu, dass der Raumschall (also alle Schallreflexionen durch Wände, Decke und Boden) den direkten Schall übertrifft. In diesem Fall spricht man davon, dass das Mikrofon weiter als der „Hallradius“ entfernt ist. Dies sollte man tunlichst vermeiden, denn dann ist das gesamte Tonsignal unklar und verschwommen und außerdem wirkt dann die Richtcharakteristik eines Mikrofons nicht mehr. Das Ergebnis der Aufnahme hört sich etwa so an, als wäre man in einer engen Toilette. Und diese Assoziation wollen Sie in einer Videokonferenz bestimmt nicht erzeugen!

In Bild 2.6 sehen Sie ein Beispiel, wie die Reflexionen an unterschiedlichen Materialien den Raumhall beeinflusst und somit für mehr oder weniger Nachhall sorgen.

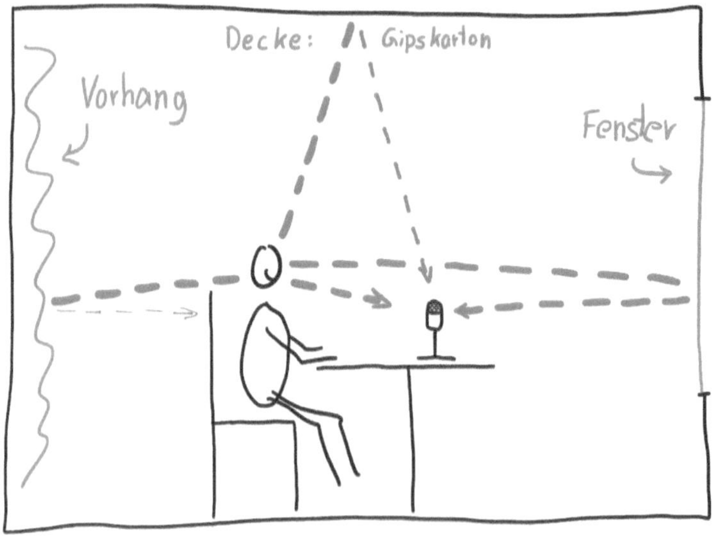

Bild 2.6 Störender Raumhall bei Online-Meetings

2.2.2.4 Das Problem mit der Rückkopplung

Sicher haben Sie schon einmal während eines Telefonats oder während einer Online-Konferenz diese störenden Rückkopplungseffekte gehört: Entweder es fängt in allen Lautsprechern zu pfeifen an oder man hört ein störendes Echo von sich selbst oder vom Gesprächspartner, bis man fast gar nichts mehr verstehen kann. Dieser Effekt tritt immer dann auf, wenn man Lautsprecher nutzt und das Mikrofon die Geräusche des eigenen Lautsprechers erfasst und wieder zurückschickt.

Und das entsteht folgendermaßen:

1. Ein anderer Gesprächsteilnehmer sagt etwas,
2. das Gesagte wird durch Ihren Lautsprecher ausgegeben,
3. Ihr eigenes Mikro nimmt diese Lautsprecherausgabe auf (so als hätten Sie selbst etwas gesagt) und
4. schickt das Signal wieder zu den anderen Gesprächsteilnehmern – und diese hören dann alles Gesagte doppelt.

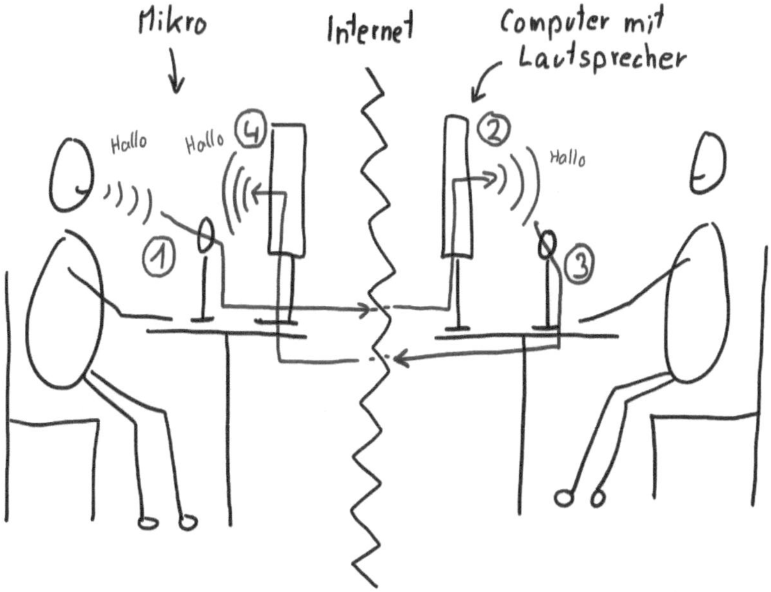

Bild 2.7 Rückkopplung in Online-Meetings

Solch eine Rückkopplung nervt nicht nur, meistens macht sie jedes Gespräch unmöglich.

Die meisten Software-Systeme, sowohl von Mobiltelefonen als auch von Videokonferenz-Software für den Computer, haben Filter eingebaut, die solche Rückkopplungen erkennen und eliminieren. Aber egal, wie gut diese Filter programmiert worden sind, sie filtern immer auch ein paar Details der Sprachaufzeichnung heraus, die eigentlich erwünscht sind, oder schaffen es nicht, die Störgeräusche vollständig zu eliminieren. Besser ist es immer, solche Störungen erst gar nicht aufkommen zu lassen.

Dieser Rückkopplungseffekt ist der Grund, warum Sie bei einer Videokonferenz niemals normale Lautsprecher nutzen sollten, sondern möglichst immer Kopfhörer. Dadurch ist es gar nicht möglich, dass der ausgegebene Ton wieder von Ihrem Mikrofon aufgenommen wird und diese ganze Rückkopplungsproblematik entsteht.

2.2.2.5 So sorgen Sie für perfekten Ton

Dies war nun eine ausführliche Erklärung der physikalischen und technischen Hintergründe rund um Mikrofone und deren Anwendung.

Zusammenfassend sind also die folgenden Faktoren wichtig für eine perfekte Tonaufnahme:

- Nutzen Sie ein Mikrofon, das Ihre Stimme gut zur Geltung kommen lässt. Viele Sprecher bevorzugen dafür Kondensatormikrofone.
- Nutzen Sie ein Mikrofon mit einer engen Richtcharakteristik, beispielsweise eine Nierencharakteristik oder eine Keulencharakteristik.
- Platzieren Sie das Mikrofon möglichst nahe vor Ihrem Mund.
- Verwenden Sie niemals Lautsprecher, sondern nutzen Sie Kopfhörer.
- Nutzen Sie einen ruhigen Raum, mit einer möglichst niedrigen Nachhallzeit. Teppiche, Vorhänge oder Bücherregale unterstützen die Raumakustik. Glatte Flächen aus Fliesen, Beton oder Glas sollten Sie in Ihrer näheren Umgebung eher vermeiden.

2.2.3 Tipps für die Wahl des richtigen Mikrofons

Wenn Sie den letzten Abschnitt aufmerksam gelesen haben, dann haben Sie jetzt genug Know-how, um beim Kauf eines Mikrofons die richtigen Entscheidungen zu treffen. Ohne dieses technische Wissen sind Sie von den Versprechungen der Produktanbieter abhängig oder von Bewertungen im Internet, die sich möglicherweise auf ein komplett anderes Einsatzgebiet beziehen. In diesem Abschnitt geben wir Ihnen ein paar ganz konkrete Tipps und Beispiele, welche Art von Mikrofonen für Ihren persönlichen Einsatzzweck im Rahmen von Videokonferenzen perfekt passen.

In unserer Online-Academy finden Sie auch einen Einkaufsratgeber für entsprechende Mikrofone, den wir möglichst aktuell halten werden, weil es natürlich regelmäßig neue Produkte gibt. Ihren kostenlosen Test-Zugang erhalten Sie unter *https://gdt.li/online-academy*.

Ist neu und teuer immer besser?

Smartphone, Notebooks, ja selbst bei Autos gilt üblicherweise: Neu ist immer besser. Wenn man nicht gerade Sammler ist, dann bieten neuere Produkte eine Vielzahl an Features, die es früher einfach nicht gab.

Bei Mikrofonen gilt diese Regel nur bedingt. Wenn Sie ein gutes Mikrofon besitzen, das aber schon etwas älter ist, macht das eigentlich gar nichts. Wichtig ist nur, dass es die technischen Eigenschaften hat, die zu Ihrem Anwendungsfall passen. Die technischen Prinzipien von Mikrofonen sind im Grunde seit Jahrzenten unverändert. Lediglich bei der Software für die Signalverarbeitung haben sich in den letzten Jahren Neuerungen ergeben.

Bild 2.8
Der Klassiker unter den dynamischen Mikrofonen: Das Shure SM58 (Quelle: Shure)

Eines der beliebtesten und bekanntesten Mikrofone, das Shure SM58 kam im Jahr 1966 (!) auf den Markt - und es wird immer noch produziert, verkauft und weltweit von vielen bekannten Künstlern auf der Bühne genutzt. Kostenpunkt: nur etwa 100 EUR.

Das SM58 ist ein klassisches Gesangsmikrofon mit Nierencharakteristik und wird hauptsächlich von Sängern genutzt. Natürlich könnte man auch ein Mikrofon wie das SM58 für eine Videokonferenz nutzen. Aber es hat einen Nachteil: Es besitzt, wie fast jedes professionelle Mikrofon, einen analogen XLR-Anschluss.

2.2.3.1 Mikrofonanschlüsse

XLR-Stecker

XLR ist ein genormter Industriestandard für elektrische Steckverbindungen und wird in der Beschallungstechnik genutzt, insbesondere für analoge Mikrofonsignale.

Bild 2.9 XLR-Buchse und -Stecker (Quelle: Michael Piotrowski[3])

[3] Quelle: Lizenz: GNU-Lizenz für freie Dokumentation

So ein XLR-Mikrofon-Kabel lässt sich nicht direkt an einen Computer anschließen. Theoretisch würde es mit einem entsprechenden Adapter funktionieren, aber die meisten Soundkarten in Computern sind nicht hochwertig genug, um das Signal aus so einem Mikrofon sauber zu verstärken, damit es laut genug ist, ohne dabei zu rauschen. Bei einem dynamischen Mikrofon kann das durchaus funktionieren, bei einem Kondensatormikrofon aber nicht, weil dies eben, wie im vorherigen Kapitel beschrieben, eine eigene Stromversorgung benötigt, die normalerweise über das XLR-Kabel geliefert wird.

Falls Sie ein Mikrofon mit XLR-Anschluss an Ihrem Computer nutzen möchten, benötigen Sie ein USB-Audio-Interface mit eingebautem Mikrofonverstärker. Es gibt sie als kleine Geräte für den Schreibtisch ab rund 30 EUR.[4] Das Gerät verstärkt zuerst das analoge Mikrofonsignal und digitalisiert das Signal im sogenannten Analog-Digital-Wandler. Das Gerät wird per USB mit dem Computer verbunden und erscheint im Betriebssystem als weiteres Audiogerät. Von hier an können Sie Ihr Mikrofon mit jeder Software auf dem Computer benutzen.

USB-Stecker

Aber dieser Zwischenschritt ist eigentlich nicht notwendig. Für den täglichen Einsatz am Computer sind Mikrofone mit einem integrierten Audio-Interface und USB-Stecker eigentlich besser geeignet. Bei diesen USB-Mikrofonen befindet sich der Mikrofon-Verstärker und auch der A/D-Wandler direkt im Mikrofon. Seit einigen Jahren gibt es durchaus hochwertige USB-Mikrofone, die den professionellen Mikrofonen mit XLR-Anschluss kaum nachstehen.

Klinkenstecker

Eine andere Variante sind Mikrofone mit einem Klinkenstecker. Auch diese Bauform ist ein genormter Industriestandard. Der Stecker besteht aus einer Spitze (Tip), einem Schaft (Sleeve) und einem oder mehreren Zwischenringen (Ring). Entsprechend der Anzahl der Ringe, werden die Stecker deswegen TS, TRS und TRRS genannt.

Klinkenstecker gibt es in unterschiedlichen Größen, die den Durchmesser am Schaft bezeichnen. Am gebräuchlichsten sind diese zwei Varianten:

Größe	Anwendung
3,5 mm	Diese kleineren Steckverbindungen findet man meistens an Notebooks, an Computern und auch an Telefonen und Smartphones.
6,35 mm	Diese größeren Steckverbindungen sind häufig bei Stereoanlagen und professionellem Audio-Equipment in Verwendung.

Die Anzahl der Ringe bestimmt die Anzahl der elektrischen Verbindungen. Je nach Anzahl der Ringe können die Stecker deswegen für unterschiedliche Anwendungen genutzt werden:

[4] Weitere Produktempfehlungen finden Sie in unserer Online-Academy *https://gdt.li/online-academy*

Kontakte	Anwendung
TS (Tip + Sleeve)	Monostecker (beispielsweise für einen einzelnen Lautsprecher)
TRS (Tip + Ring + Sleeve)	Stereostecker (beispielsweise Stereo-Kopfhörer) oder auch ein Mono-Mikrofonsignal mit symmetrischer Signalübertragung, um Störgeräusche zu vermeiden
TRRS (Tip + 2x Ring + Sleeve)	Stereostecker mit einer Zusatzfunktion (beispielsweise ein Stereo-Kopfhörer mit einem Mikrofon, häufig in Telefon-Headsets zu finden)

Bild 2.10
Klinkenstecker: 3,5 mm TRS, 3,5 mm TRRS und 6,35 mm TRRS Stecker (Quelle: Shaddack[5])

Auch die Buchsen, also das Gegenstück des Steckers, das sich meistens im Gerät befindet, benötigt dieselbe Anzahl an Kontakten. Ein Kopfhörer samt Mikrofon mit einem TRRS-Stecker benötigt eine entsprechende 4-polige Buchse. Das Unpraktische daran: Man kann einen TRRS-Stecker auch in eine einfache Stereo-Buchse für TRS-Stecker hineinschieben. Wenn man dies mit einem Kopfhörer mit integriertem Mikrofon macht, funktioniert jedoch die Mikrofon-Funktion nicht. Wenn man ein Stereo-Kopfhörer in einem Mono-Buchse steckt ist dies zwar ebenso möglich, aber eine Kopfhörer-Seite wird stumm bleiben. Von außen lässt sich die Beschaffenheit der Buchse kaum unterscheiden.

Aus diesem Grund gibt es eine große Anzahl von Adaptern, mit deren Hilfe Sie Stecker der einen Größe in eine Buchse der anderen Größe stecken können. Ebenso gibt es Adapter, um zwei TS-Stecker (mono) in einen TRS-Stecker (Stereo) umwandeln zu können. Die Kombinationsmöglichkeiten sind vielfältig und ebenso vielfältig sind die angebotenen Produkte. Aber hierbei gilt immer: Nur weil ein Stecker in eine Buchse passt, bedeutet das nicht, dass auch alle Signale korrekt übertragen werden. Es ist wie bei Tolkien: Achte auf die Ringe!

[5] Quelle: Gemeinfrei aus Wikipedia, User: Shaddack (Version bearbeitet)

2.2.3.2 Empfohlene Ausführungen

Neben dem genutzten Prinzip des Mikrofonwandlers und dem verwendeten Stecker, gibt es bei Mikrofonen noch unterschiedliche Arten von Bauformen. Es gibt Handmikrofone, Tischmikrofone, Mikrofone für die Befestigung an einem Mikrofonständer, Ansteckmikrofone fürs Revers, Richtmikrofone an einer langen Stange, wie man sie beispielsweise aus dem Film kennt und Hör-Sprech-Kombinationen, umgangssprachlich auch Headset genannt, die Kopfhörer und Mikrofon kombinieren, Spezialmikrofone für den stationären Einbau und viele weitere.

In der folgenden Auflistung zeigen wir die Vor- und Nachteile der wichtigsten Ausführungen, die für Online-Meetings empfehlenswert sind:

- **Hör-Sprech-Kombinationen** sind in den meisten Fällen die beste Lösung für Online-Meetings. Wie wir in Abschnitt Abschnitt 2.2.2.4 über Rückkopplungen erklärt haben, ist die Verwendung eines Kopfhörers der einfachste Weg, um diese unangenehmen Störungen zu vermeiden. Warum also nicht gleich einen Kopfhörer direkt mit dem Mikrofon kombinieren? Die Nutzung eines solchen Headsets bringt auch gleich einen weiteren Vorteil: Das Mikrofon befindet sich in optimaler Nähe zum Mund. Im Abschnitt 2.2.2.2 haben wir gezeigt, wie wichtig es ist, dass sich das Mikrofon möglichst nahe zur Schallquelle befindet. Bei einer Hör-Sprech-Kombination kann ein möglichst geringer Abstand sichergestellt werden und das Mikrofon bewegt sich auch immer mit jeder Kopfbewegung mit und befindet sich zu jeder Zeit in der korrekten Position. Wir empfehlen dabei immer Geräte mit einem Mikrofon-Arm. Das Mikrofon sollte besser nicht ganz hinten bei den Kopfhörern sein, sondern mit einer kurzen Verlängerung zum Mund geführt werden.

Wie man das Mikrofon bei einer Hör-Sprech-Kombination richtig positioniert

Ein häufiger Anwendungsfehler bei Headsets betrifft die korrekte Positionierung des Mikrofons. Das Mikrofon sollte nie so positioniert sein, dass man beim Sprechen Luft in das Mikrofon bläst. Beim Sprechen sind insbesondere die sogenannten Plosivlaute wie das „k“ „p“ und „t“ prädestiniert, unangenehme Geräusche zu erzeugen. Aber auch beim Ausatmen durch die Nase sollte kein Luftzug in die Mikrofonkapsel gelangen.

Sie sollten deswegen das Mikrofon immer leicht seitlich neben den Mundwinkeln platzieren und nicht direkt vor dem Mund. Oder es befindet sich etwas höher ca. auf einer Ebene mit der Nasenspitze oder auch etwas tiefer beim Kinn.

- **Tischmikrofone:** Viele Mikrofone sind dazu gedacht, auf einem Tischstativ oder auch auf einem Mikrofonständer montiert zu werden. Manche Menschen bevorzugen solche Mikrofone bei Videokonferenzen, da das Mikrofon – im Gegensatz zur Hör-Sprech-Kombination – nicht einen Teil des Gesichts verdeckt. Der Nachteil ist jedoch, dass meistens der Abstand zum Mikrofon größer ist und dadurch auch die Nebengeräusche zunehmen. Auf der Positivseite kann gesagt werden, dass viele Tischmikrofone eine sehr gute Tonqualität bieten, nicht zuletzt, weil sie von der Bauart nicht so eingeschränkt sind. Beliebte

Studio-Mikrofone sind beispielsweise Großmembran-Kondensatormikrofone. Aber auch bei Verwendung dieser Mikrofone sollte man am besten zu einem Kopfhörer greifen, um keine Rückkopplungen zu erzeugen.

- **Richtmikrofone:** Wer nicht möchte, dass das Mikrofon auf dem Videobild sichtbar ist, kann zu einem Richtmikrofon greifen. Diese Variante kennen wir vom Filmset: Richtmikrofone werden meistens an einer Stange von oben in das Bild gehalten und zwar immer so, dass der Abstand zum Sprecher möglichst gering ist - und das Mikrofon trotzdem gerade nicht sichtbar ist. Bei einer Videokonferenz lässt sich dies natürlich leicht mit einem Mikrofonständer realisieren. Richtmikrofone haben eine sehr schmale Richtcharakteristik, meistens „Keule" oder „Niere" und nehmen deswegen hauptsächlich nach vorne auf. Störgeräusche von der Seite oder Raumhall wird so reduziert. Befindet sich der Lautsprecher hinter dem Mikrofon oder seitlich davon, kann man sogar auf die Kopfhörer verzichten, sofern man die Lautsprecher nicht zu laut aufdreht. Dieses Setup ist besonders für sehr lange Online-Sessions praktisch, denn langes Tragen von Kopfhörern kann ganz schön müde machen.

2.2.3.3 Unsere Empfehlungen

Der Mikrofonmarkt ist riesengroß und wächst ständig. Aus diesem Grund ist es unserer Meinung nach wichtiger, die Eigenschaften guter Mikrofone zu kennen, anstatt konkrete Produktempfehlungen zu geben. Zumal jeder auch andere Vorlieben hat.

Nicht zuletzt ist auch die eigene Stimme sehr individuell. Die Mikrofonwahl hat auch Einfluss darauf und verändert gewisse Frequenzen mehr oder weniger. Wer eine sehr hohe Stimme hat, möchte möglicherweise ein Mikrofon verwenden, das den Bassanteil der Stimme etwas stärker betont. Wer eine tiefe Bassstimme hat, sollte zu einem Mikrofon greifen, dass diesen Anteil nicht noch weiter erhöht.

Der Nahbesprechungseffekt

Der Nahbesprechungseffekt beschreibt das Phänomen, das zu einer Erhöhung der Niederfrequenz führt, wenn Sie das Mikrofon näher an die Quelle bringen.

Je näher Sie also mit dem Mikrofon zur Schallquelle kommen, desto größer ist die Bassbetonung.

Das kann einerseits zu Problemen führen, eröffnet andererseits aber gleichzeitig die Möglichkeiten, den Klang zu formen.

Trotzdem möchten wir ein paar Tipps für Produkte geben, die wir gerne nutzen. In unserer Online-Academy[6] gibt es außerdem Testaufnahmen mit diesen Mikrofonen.

Die einfachste Lösung: Ein Telefon-Kopfhörer mit Mikrofon

Solche Headsets sind bei fast jedem Telefon oder Smartphone dabei. Die meisten haben eine Elektret-Kapsel mit einer Kugelcharakteristik, d. h., sie nehmen in alle Richtungen gleich empfindlich auf. Aber nachdem das Mikrofon meistens direkt im Kabel integriert ist und

[6] *https://gdt.li/online-academy*

dadurch relativ in der Nähe des Munds hängt, ist der Abstand gering genug, damit störende Geräusche von weiter entfernten Schallquellen nicht aufgenommen werden. Manchmal hört man allerdings das Rascheln der Kleidung.

Die meisten dieser Headsets haben einen 4-poligen Klinkenstecker (TRRS). Dieser kann direkt in die kombinierte Audiobuchse für Mikrofon und Kopfhörer im Notebook gesteckt werden. Das ist bei den meisten neueren Notebooks der Fall. Das heißt, über dieses Signal wird sowohl das Signal vom Mikrofon zum Computer übertragen als auch das Audio-Signal vom Computer zu den Kopfhörern. Falls Ihr Notebook oder Computer getrennte Buchsen für Kopfhörer und Mikrofon hat, benötigen Sie einen Adapter, der die zwei getrennten Buchsen für TRS-Stecker in eine einzelne Buchse für TRRS-Stecker bündelt, mit der Sie dann Ihr Headset verbinden können.

Die Wahrscheinlichkeit ist groß, dass Sie bereits so ein Headset besitzen. Wenn das zutrifft, können Sie es bedenkenlos für Online-Konferenzen verwenden. Durch die Kopfhörer haben Sie auch keine Probleme mit dem Echo zu erwarten.

Produkt	Telefon-Headset
Hersteller	Diverse: Apple, Samsung, Sony etc.
Mikrofonkapsel	Elektret
Richtcharakteristik	meist Kugelcharakteristik
Kopfhörer	In-Ear
Anschluss	meist kombinierter 3,5 mm-Klinkenstecker „TRRS“ (Achtung: neuere Modelle von Apple nutzen einen Lightning-Anschluss, der nur für iPhones geeignet ist)
Preis	ca. 5 - 10 EUR

Selbst im Neukauf kostet ein solches Headset meist nicht mehr als 5 EUR bei akzeptabler Qualität. Selbst ein Headset von Apple (beispielsweise die kabelgebundene Version in Bild 2.11) kostet in dieser Ausführung nur ca. 10 EUR.

Bild 2.11
Telefonat-Headsets sind eine günstige Alternative zu teuren Hör-Sprech-Kombinationen (Quelle: rupixen.com[7])

[7] Quelle: rupixen.com, Unsplash

Die beste Lösung: Eine professionelle Hör-Sprech-Kombination

Wer die beste Sprachqualität mit geringem Fehlerpotenzial erreichen möchte, dem empfehlen wir eine professionelle Hör-Sprech-Kombination. Diese Headsets haben zwei große Vorteile:

1. Aufgrund der Kopfhörer gibt es keine unerwünschten Rückkopplungen.
2. Zweitens befindet sich das Mikrofon immer in der perfekten Entfernung zum Mund.

Wir nutzen für die meisten Videokonferenzen die Hör-Sprech-Kombination DT-297 von Beyerdynamic (siehe Bild 2.12). Es hat ein Kondensatormikrofon und benötigt deswegen ein Mischpult oder ein Audio-Interface mit Mikrofonverstärker, um an einem Computer angeschlossen zu werden. Die Mikrofonkapsel hat eine Nierencharakteristik und nimmt deswegen nur aus Richtung des Munds auf, bei optimaler Entfernung. Uns gefällt die Aufnahmequalität sehr gut.

Bild 2.12 Peter Gerstbach mit dem Beyerdynamic DT-297 und weiteren Mikrofonen

Sie wollen es selbst testen? Dann klicken Sie in unseren kostenlosen Design-Thinking-Podcast:[8] Seit Jahren nehmen wir einmal pro Woche eine Episode mit diesen Mikrofonen auf.

[8] Den „Design Thinking Podcast" finde Sie bei Apple Podcasts, Spotify, YouTube und auf unserer Website: *https://gerstbach.at/podcast/*

Ein ganz ähnliches Modell, das es auch als Modell speziell für die Verwendung am Computer gibt:

Produkt	Beyerdynamic MMX 300
Hersteller	Beyerdynamic
Mikrofonkapsel	Kondensator (Back-Elektret)
Richtcharakteristik	Niere
Kopfhörer	Over-Ear
Anschluss	Wird mit zwei getrennten 3,5 mm-Klinkensteckern für Kopfhörer und Mikro und einem Adapter für einen kombinierten 3,5 mm-Klinkenstecker (TRRS) geliefert.
Preis	ca. 250 EUR

Bild 2.13 Die Hör-Sprech-Kombination beyerdynamic MMX 300 (Quelle: beyerdynamic)

Hier ist ein weiteres empfehlenswertes Produkt, diesmal mit USB-Anschluss:

Produkt	Jabra Engange 50 Stereo
Hersteller	Jabra
Kopfhörer	On-Ear
Anschluss	USB-C
Besonderheit	Dieses Produkt hat einen USB-C-Anschluss, eine Mute-Taste zum Stummschalten des Mikrofons und eine Geräuschunterdrückung durch mehrere Mikrofone.
Preis	ca. 150 EUR

Bild 2.14 Die Hör-Sprech-Kombination Jabra Engage 50 Stereo (Quelle: Jabra)

Und hier ein relativ günstiges Modell. Die Klangqualität und der Sitz kommen aber nicht an die teureren Modelle heran.

Produkt	Logitech H151
Hersteller	Logitech
Kopfhörer	On-Ear
Anschluss	Kombinierter 4-poliger 3,5 mm-Klinkenstecker (TRRS)
Besonderheit	Stummschalte-Taste am Kabel
Preis	ca. 20 EUR

Welche Art von Kopfhörer am geeignetsten sind, ist eine sehr individuelle Angelegenheit. Ich persönlich präferiere Over-Ear-Kopfhörer, also Modelle, die über die gesamte Ohrmuschel ragen. Manche Menschen bevorzugen On-Ear-Modelle, die auf der Ohrmuschel liegen. Andere schätzen wiederum kleine In-Ear-Modelle.

Die schönste Lösung: Tisch und Studiomikrofone

Wenn Sie zu jenen Menschen gehören, die am liebsten gar kein Mikrofon vor dem Gesicht haben möchten, können Sie zu einem Tischmikrofon greifen. Diese gibt es in jeder Kombination von Bauart und Richtcharakteristik. Sehr empfehlenswert und universell einsetzbar sind Kondensatormikrofone mit umschaltbarer Richtcharakteristik. Für eine Videokonferenz können Sie ein solches vor Ihnen auf den Tisch stellen oder noch besser an einen Mikrofonständer schrauben.

Das hier vorgestellte Mikrofon hat einen eingebauten Analog-Digital-Wandler. Das analoge Signal des Mikrofons wird in ein digitales Signal umgewandelt und kommt über einen USB-Stecker in den Computer.

Produkt	Røde NT-USB
Hersteller	Røde
Mikrofonkapsel	Kondensator
Richtcharakteristik	Niere
Anschluss	USB (auch für Stromversorgung)
Preis	ca. 200 EUR

Bild 2.15
Studiomikrofon Røde NT-USB (Quelle: Røde)

Eine Besonderheit beider Geräte ist ein integrierter Kopfhöreranschluss, mit dem man das sogenannte Monitoring aktivieren kann. Beim Røde-Mikrofon lässt sich die Lautstärke des Tons über den Computer von der Monitoring-Lautstärke auch getrennt einstellen.

Profi-Tipp: Monitoring

Am Ende unserer Online-Workshops werden wir häufig nach Mikrofon-Tipps gefragt. Das passiert häufig, denn Unterschied zwischen mittelmäßigen und guten Mikrofonen ist gerade bei längeren Online-Meetings deutlich wahrzunehmen. Einmal hat ein Teilnehmer daraufhin gemeint: „Ich nutze immer das interne Mikrofon und es hat sich noch nie jemand beschwert." Das ist ein fataler Denkfehler, denn die meisten Teilnehmer werden sich erst beschweren, wenn der Ton wirklich furchtbar ist. Das Problem dabei: Man hört sich ja gar nicht selber.

Bei diesem Problem hilft Monitoring! Monitoring bedeutet in der Tontechnik, dass Sie zur Kontrolle Ihren eigenen Ton wieder ausgeben. Das heißt Sie hören sich selbst über die Kopfhörer. Für viele Menschen ist es allerdings ungewohnt, die eigene Stimme zu hören. Aber wenn man sich einmal daran gewöhnt hat, hilft es zu kontrollieren, ob die Aufnahme passt. Insbesondere störende Kratz und Quietschgeräusche, die vielleicht aufgrund einer schlechten Befestigung auftreten, können so schnell erkannt werden. Oder auch, ob man selbst zu nahe am Mikrofon ist und Atemgeräusche hört, lässt sich so schnell kontrollieren.

Obwohl man so eine Monitoring-Funktion teilweise auch im Betriebssystem aktivieren kann, gibt es auch Mikros, die das Monitoring direkt unterstützen. Das hat den Vorteil, dass der Ton in Echtzeit ausgegeben wird. Beim Umweg über den Computer kann es zu einer kurzen Verzögerung kommen, die sehr störend sein kann.

Die Lösung ohne Kopfhörer: Richtmikrofone

Wenn Sie weder ein Mikrofon vor dem Mund haben möchten noch Kopfhörer an den Ohren, gibt es auch eine Lösung: Richtmikrofone.

Ein Richtmikrofon hat eine Richtcharakteristik Superniere oder Keule. Es nimmt daher nur in einem schmalen Bereich vor dem Mikrofon mit hoher Empfindlichkeit auf. Die Geräusche aus dem Lautsprecher werden dagegen nur ganz schwach aufgenommen. Dadurch ist es möglich, normale Lautsprecher zu nutzen – und es gibt trotzdem keine Rückkopplung. Das funktioniert allerdings nur, wenn die Lautsprecher nicht zu laut aufgedreht sind.

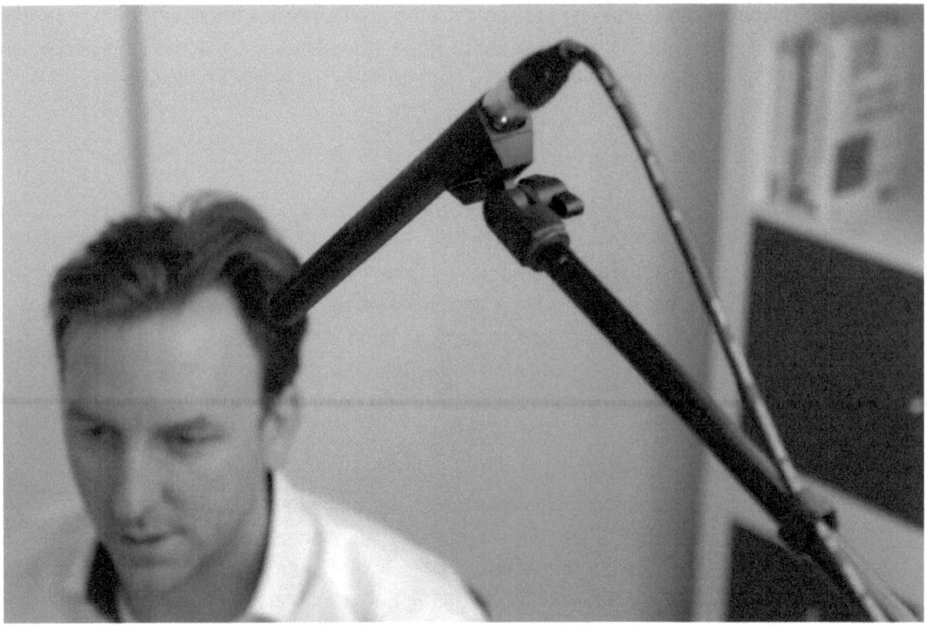

Bild 2.16 Ein Richtmikrofon im Einsatz

2.2.3.4 Welche Mikrofone Sie nicht nutzen sollten

Natürlich gibt es auch Mikrofone, die Sie nicht nutzen sollten. Das gilt insbesondere für eines, das Sie möglicherweise bereits haben:

- **Interne Mikrofone:** Nutzen Sie bitte niemals das interne Mikrofon in Ihrem Notebook oder Computermonitor. Das hat mehrere Gründe: Diese eingebauten Mikrofone sind meistens von nicht besonders guter Qualität, auch wenn es hier natürlich Ausnahmen gibt. Das größte Problem ist aber, dass Sie die Positionierung nicht eigenständig vornehmen können. Gerade den Computermonitor werden Sie vermutlich meistens so aufstellen, dass Sie alles gut darauf sehen können, was aber nicht unbedingt eine gute Positionierung des Mikrofons sein muss. Bei Notebook-Mikros kommt noch ein weiteres Problem hinzu: Sobald Sie das Gehäuse des Geräts berühren oder gar auf der Tastatur tippen, hören alle Konferenzteilnehmer diese lauten und unangenehmen Geräusche in voller Lautstärke.
- **Ansteckmikrofone:** Auch Ansteckmikrofone, oder auch Lavalier-Mikrofone genannt, die man üblicherweise an der Kleidung befestigt, sind nicht unbedingt optimal. Erstens kann es hier auch schnell zu Kratzgeräuschen kommen, wenn das Mikrofon an der Kleidung reibt, zweitens haben diese Mikrofone meistens eine Kugelcharakteristik und nehmen deswegen auch Geräusche aus anderen Richtungen genauso stark auf, wie die Stimme von Ihnen selbst.
- **Bluetooth oder andere Funkmikrofone:** Diese Mikros sind in den letzten Jahren sehr beliebt geworden. Und wir nutzen sie selbst gerne, weil es einfach praktisch ist. Man kann sich frei im Raum bewegen und sie sind auch nicht mehr wirklich teuer. Aber das

Problem ist, dass die allermeisten Funkverbindungen erstens nicht so stabil sind und zweitens eine kleine zusätzliche Latenz, also eine Verzögerungszeit, verursachen. Denn das Signal muss erst digitalisiert werden, dann per Funk übertragen, wieder dekodiert werden usw. Das kostet ein paar Millisekunden. Und bei Videokonferenzen kann jede zusätzliche Zeitverzögerung den Unterschied machen, ob man Ihnen noch gut folgen kann oder nicht. Hier möchten wir aber ausdrücklich sagen, dass es bereits gute Funkmikrofone gibt, die eine so niedrige Latenz besitzen, dass einer Verwendung nichts im Wege steht. Aber ein Problem bleibt trotzdem: Die eingebauten Akkus sind irgendwann leer und wenn das während einer wichtigen Telefonkonferenz passiert, muss man erst wieder zu einem kabelbasierten Mikrofon wechseln.

- **Konferenz-Lautsprecher:** Diese Kombinationen aus Lautsprecher und Mikrofon sind, wie es der Name sagt, für Konferenzen gedacht. Man legt sie auf den Tisch eines Konferenzraums und alle Personen rund um den Tisch können sie als Mikrofon und Lautsprecher nutzen. Aber für eine einzelne Person ist das keine gute Lösung. Denn es ist wichtig, das Mikrofon möglichst nahe am Mund zu haben und über Kopfhörer zu hören.

Wir hoffen, dass Ihnen diese ausführliche technische Darstellung der einzelnen Mikrofonkategorien dabei hilft, ein passendes Produkt für Ihren Anwendungsfall auszuwählen.

Ein guter Ton hilft den anderen Teilnehmern, Sie besser zu verstehen, und Sie können Ihre Argumente und Ihr Wissen besser einbringen. Mit einem guten Mikrofon klappt es auch besser mit Humor, Ironie oder anderen Feinheiten, die wir im normalen Gespräch von Angesicht zu Angesicht in der Stimme ganz einfach erkennen können.

Wenn Sie dieses Kapitel aufmerksam gelesen haben, haben Sie genug technisches Know-how, um beim Kauf von Equipment die richtigen Entscheidungen zu treffen. Eine Zusammenfassung mit einem Einkaufsguide und Testaufnahmen vieler Mikrofone finden Sie außerdem in unserer Online-Academy[9].

2.2.4 Video und Licht

In den letzten beiden Kapiteln haben wir ausschließlich und ausführlich über Mikrofonierung gesprochen. Und davor haben wir gezeigt, dass der Ton für Videokonferenzen wichtiger ist als das Bild.

Aber trotzdem wäre es falsch zu sagen, dass das Bild nicht wichtig ist. Es ist - im Vergleich - nur weniger wichtig. In diesem Kapitel zeigen wir, wie Sie mit einigen wenigen Tricks für ein gutes Bild sorgen können.

Schlechte Vorbilder

Wir sind regelmäßig in Videokonferenzen und finden dabei leider häufig Beispiele, wie man es nicht machen sollte. Aber die meisten lassen sich - wortwörtlich - mit nur wenigen Handgriffen lösen.

---

9 *https://gdt.li/online-academy*

Beispiel	
	Die Desinteressierten: Das Problem ist hier eigentlich nur die schlechte Kamerapositionierung. Der Blick geht vorbei, anstatt in die Kamera, und dadurch entsteht der Eindruck, der Teilnehmer wäre desinteressiert und nicht bei der Sache.
	Wir nennen diese Einstellung die „Guillotine". Zu diesem schlechten Bildausschnitt kommt es, wenn man die Kamera auf den Kopf zentriert, statt auf die Brust.
	Vielleicht kennen Sie auch die berühmtberüchtigten Nasenmenschen. Wieder ein schlechtes Beispiel für Kamerapositionierung. Der Blick von unten ist nicht unbedingt vorteilhaft, passiert aber häufig bei Kameras, die im Notebook integriert sind.
	Manche Teilnehmer spielen auch gerne „Hitchcock" nach: Die Jalousie-Lamellen erzeugen ein wunderbar dramatisches Aussehen, das in Online-Workshops so richtig Stimmung macht.

Beispiel

Generell kann man mit Licht vieles falsch machen. So sieht es z. B. aus, wenn Sie überhaupt kein Licht haben, sondern sich nur durch den Bildschirm selbst anstrahlen lassen.

Und zuletzt, auch sehr beliebt, die Einstellung „Ist da wer?“. Wenn die Kamera gegen einen hellen Hintergrund positioniert wird, kann man nichts mehr erkennen.

In diesem Abschnitt erklären wir die wichtigsten Grundlagen rund um das Videobild. Darauf folgen einige Tipps, wie man diese Grusel-Einstellungen mit ein paar Handgriffen vermeiden kann.

2.2.4.1 Das Wichtigste über Kameras

Bei den Mikrofonen warnen wir explizit davor, ein internes Mikrofon zu nutzen. Bei der Videokamera gilt diese Empfehlung nicht unbedingt. Viele Notebooks und auch manche PC-Monitore haben integrierte Kameras, die in den meisten Fällen gut genug für die Zwecke einer normalen Videokonferenz sind.

Aber trotzdem stellt sich die Frage: Was unterscheidet eigentlich eine kleine Webcam von einer richtig professionellen Kamera?

Der wichtigste Unterschied zwischen einer professionellen Kamera und einer kleinen Webcam ist die Größe des Sensors. Der Sensor nimmt bei einer Kamera das Licht auf. Ein großer Sensor kann mehr Licht aufnehmen als ein kleiner. Und deswegen funktioniert ein großer Sensor insbesondere in Innenräumen bei schlechten Lichtverhältnissen deutlich besser.

In einer professionellen Vollformat-Kamera ist der Sensor 36 mm breit. Eine typische Kamera in einem Smartphone oder auch in einem Notebook ist keine 5 mm breit.

Zur Veranschaulichung sehen Sie hier einen Größenvergleich: Ein Vollformat-Sensor ist deutlich größer als ein Zeigefinger. Der kleine Sensor ist nur so groß wie ein Bruchteil eines Fingernagels.

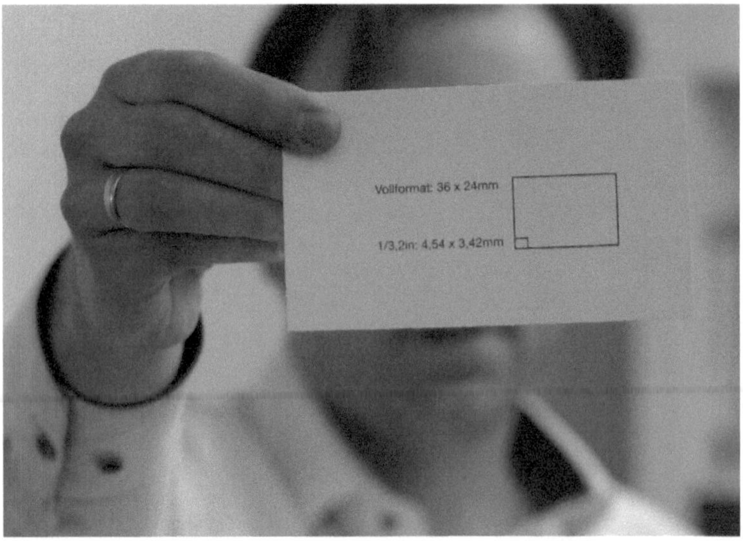

Bild 2.17 Vergleich eines Vollformat-Sensors und eines Smartphone-Sensors

Es leuchtet sofort ein, dass ein so kleiner Sensor viel weniger Licht aufnehmen kann. Und trotzdem reichen diese Mini-Sensoren für unseren Anwendungsfall einer Videokonferenz zumeist aus. Das einzige, was wir brauchen, ist genug Licht.

2.2.4.2 Ohne Licht geht es nicht

Natürliches Licht

Aus diesem Grund sollten Sie dafür sorgen, dass in Ihrem Raum genug Licht herrscht.

Sie sollten sich Ihr Zimmer so einrichten, dass sich die Fenster Ihnen gegenüber befinden. Das ist meistens schon ausreichend für gute Lichtverhältnisse. Dadurch wird Ihr Gesicht gut von vorne angeleuchtet und die Wand hinter Ihnen ebenso. Durch diese einfache Ausrichtung im Raum können Sie bereits die größten Probleme einfach vermeiden.

Wenn die Sonne scheint, sollten die Lichtstrahlen allerdings nicht direkt auf Ihr Gesicht fallen. Sonst haben Sie diesen Hitchcock-Effekt, mit Schattenbildung direkt auf Ihrem Gesicht oder auf der Wand hinter Ihnen, den wir in der Abbildung weiter oben gezeigt haben.

Ebenfalls nicht optimal ist Licht von der Seite. Dann ist nämlich die eine Hälfte Ihres Gesichts hell und die andere dunkel. Im Extremfall schaut es dann so aus wie bei Graf Dracula.

Wenn die Lichtquelle, also z.B. das Fenster, genau hinter Ihnen ist, dann kann man Ihr Gesicht ebenso nicht mehr erkennen. Die meisten Kameras sind nicht in der Lage gleichzeitig Ihr dunkles Gesicht und den hellen Hintergrund aufzunehmen. Die Belichtungssteuer der Kamera versucht automatisch einen Mittelweg zu finden: Der Hintergrund ist dann trotzdem zu hell und Ihr Gesicht immer noch zu dunkel.

Künstliches Licht

An einem sehr regnerischen Tag reicht das natürliche Licht möglicherweise nicht für eine gute Ausleuchtung aus. Auch finden Online-Meetings mit einem globalen Team häufig an den Randzeiten eines Tages statt, um Unterschiede in den Zeitzonen auszugleichen. In diesem Fall sind Sie auf künstliches Licht angewiesen. Hier sind ein paar Tipps für diese Situation:

Eine punktförmige Lichtquelle, also beispielsweise eine normale Schreibtischlampe, macht sehr harte Schatten. Auf diesem Bild sehen Sie, was eine punktförmige Lichtquelle bewirkt: Das Gesicht wirft harte und unschöne Schatten.

Bild 2.18 Beispielaufnahme mit einer punktförmigen Lichtquelle

Besser ist es immer, eine möglichst große Leuchtfläche zu haben.

Eine deutliche Verbesserung erreichen Sie, wenn Sie mit einer starken Lampe auf eine weiße Wand hinter Ihrer Kamera leuchten. Das Licht wird an der Wand von allen Seiten reflektiert und sorgt für eine schöne und gleichmäßige Ausleuchtung.

Hier sehen Sie ein Beispiel, aufgenommen an derselben Stelle mit derselben Kamera, nur mit einer hellen Lampe, die auf die gegenüberliegende Wand strahlt.

Bild 2.19 Beispielaufnahme mit einer großen angestrahlten Fläche

Bei einer geschickten Raumanordnung können Sie am selben Platz natürliches und künstliches Licht kombinieren. Stellen Sie dazu Ihren Computer so auf, dass Sie sich gegenüber einem Fenster befinden. Arbeitsergonomen haben früher meistens dazu geraten, dass der Schreibtisch seitlich zu den Fenstern angeordnet ist. Auch das ist eine Möglichkeit und funktioniert gut, wenn sich Ihnen gegenüber eine Wand befindet.

- Unter Tageslichtbedingungen werden Sie vom natürlichen Licht der Fenster gut ausgeleuchtet. Bei einem Fenster auf der Seite strahlt das Licht auch auf die Wand gegenüber und leuchtet Sie ebenso gut aus.
- Nach Sonnenuntergang können Sie mit einer hellen Leuchte entweder auf die Vorhänge oder Jalousien des Fensters strahlen. Im zweiten Fall richten Sie die Leuchte gegen die Ihnen gegenüberliegende Wand. ■

Wenn Sie die Lichtsituation vollkommen unabhängig von der Position im Raum optimieren möchten, dann können Sie auch eine Video-Softbox kaufen. Das ist ein großer, idealerweise kreisförmiger Schirm, in dem sich eine Lampe befindet. Diesen stellen Sie direkt hinter Ihren Computer.

Die große Fläche, auch Diffusor genannt, sorgt dafür, dass das Licht angenehm weich ist und Sie perfekt ausgeleuchtet werden. Hier in unserem Home-Studio verwenden wir meistens so eine Softbox.

2.2.4.3 Der Bildausschnitt

Jetzt, wo Sie perfektes Licht haben, müssen Sie nur noch die Kamera so positionieren, dass Sie gut aufgenommen werden.

- Positionierung der Kamera: Die Kamera sollte sich möglichst nahe am Bildschirm befinden, bei eingebauten Kameras ist das üblicherweise der Fall. Bei externen Kameras sollten Sie diese ebenso nahe am Monitor anbringen. Idealerweise dort, wo Sie auch die Videobilder der anderen Teilnehmer sehen. Je näher die Kamera an den Bildern der anderen Teilnehmer ist, desto häufiger können Sie direkt in die Kamera blicken. Das erleichtert es den anderen Teilnehmern, Ihnen zu folgen.
- Achten Sie darauf, dass die Kamera nicht mittig auf Ihren Kopf ausgerichtet ist oder gar noch höher. Sonst sieht es so aus, als wäre Ihr Kopf abgeschnitten. Positionieren Sie die Kamera so, dass Ihre Augen ungefähr im oberen Drittel angesiedelt sind, man nennt das auch den „goldenen Schnitt“.

Bild 2.20 Die Augen sollten sich im „goldenen Schnitt" befinden

2.2.4.4 Externe Kameras

Die freie Positionierung der Kamera ist einer der größten Vorteile bei externen Kameras. Wenn Sie beispielsweise die Kamera in Ihrem Notebook nutzen, dann ist diese meistens fix mit dem Display verbunden. Und die für Sie angenehme Display-Position ist nicht automatisch auch eine gute Position für die Kamera.

Wenn Sie eine externe Webcam kaufen, dann achten Sie darauf, dass sie leicht dreh- und kippbar ist, um immer einen optimalen Bildausschnitt wählen zu können. Externe Kameras haben meistens eine deutlich bessere Bildqualität, weil viele auch einen größeren Sensor haben und bei der Größe von Sensor und Linsen keine Kompromisse eingehen müssen.

Auch wenn viele Webcams bereits Mikrofone integriert haben, sollten Sie diese nicht nutzen. Die Position der Kamera ist, wie bereits ausführlich erläutert, fast nie eine gute Position für ein Mikrofon.

Professionelle Kameras

Falls Sie Besitzer einer Profi- oder Amateur-Kamera sind (beispielsweise eine aktuelle Spiegelreflexkamera oder eine spiegellose Systemkamera), dann stehen die Chancen nicht schlecht, dass Sie diese Kamera auch als Webcam für Ihren Computer nutzen können.

Der große Vorteil: Die Bildqualität ist noch einmal deutlich besser. Und der große Sensor und die besseren Objektive erlauben es, dass Sie selbst vollkommen scharf abgebildet sind, aber der Hintergrund unscharf bleibt. Das schaut nicht nur gut aus, sondern hilft Ihren Gesprächsteilnehmern auch dabei, sich auf Ihr Gesagtes zu konzentrieren.

Wenn Ihre Kamera einen HDMI-Ausgang hat, auf dem das Live-Bild ausgegeben werden kann, können Sie mit einer HDMI-Capture-Card dieses Signal auf Ihren Computer übertragen. Aber achten Sie dabei unbedingt auf eine Schnittstelle, die USB 3, USB-C oder Thunderbolt unterstützt. Eine zu langsame Verbindung führt sonst zu einem ruckligen Video oder einer zu langen Verzögerung.

Mit diesen Tipps sollten Sie gut gerüstet sein für eine perfekte Videokonferenz, in der Sie richtig gut ins Bild kommen. Ein gutes Bild wird Ihnen dabei helfen, besser zu kommunizieren. Denn auch Körpersprache und Mimik sind ein wichtiger Bestandteil der menschlichen Kommunikation. Mit der richtigen Kamera und vor allem dem passenden Licht steht Ihrer Konferenz nichts mehr im Wege!

2.2.5 Die optimale Umgebung und Infrastruktur

In diesem letzten Kapitel rund um die Technik, geben wir Ihnen noch ein paar Tipps für die Infrastruktur und Umgebung. Fangen wir an mit dem Computer und der Internetverbindung.

2.2.5.1 Computer und Internetverbindung

Im vorherigen Kapitel haben wir über Licht und Kamera gesprochen. Aber die Audio- und Video-Qualität, die bei Ihren Gesprächspartnern zu sehen ist, hängt nicht nur vom benutzten Mikrofon, der Kamera und dem verwendeten Licht ab, sondern auch von der Software, Ihrem Computer und der Internetverbindung.

Hochauflösende Audiosignale, und insbesondere Sprachaufnahmen, können mit heutiger Technik ziemlich effizient komprimiert werden. Damit kommen jede Software, jede Hardware und jede Internetverbindung problemlos klar.

Aber bereits bei der Latenz der Verbindung, also wie lange ein Signal vom Sender zum Empfänger benötigt, kommt es ziemlich oft zu Problemen. Deswegen ist es für eine gute Audio-Qualität sehr wichtig, dass alle Komponenten auf möglichst geringe Latenz optimiert sind. Gemäß der Empfehlung der ITU (International Telecommunication Union) ist bei einer Verzögerung von >400 ms keine Echtzeitkommunikation mehr möglich. Typische nationale Festnetze haben eine Latenz von etwa 25 ms.

Wenn die Verzögerung zwischen Sprechen und Empfangen also zu lange wird, dann beginnen sich die Gesprächsteilnehmer ständig ins Wort zu fallen:

- Zwei Gesprächsteilnehmer beginnen zeitgleich etwas zu sagen: Der erste Teilnehmer „Ich bin der Mei…"
- Obwohl beide gleichzeitig zu sprechen begonnen haben, dauert es beispielsweise eine halbe Sekunde (500 ms), bis der Satz des anderen Gesprächsteilnehmers beim ersten Teilnehmer angekommen ist „Also ich fin…".
- Der zweite Teilnehmer hat ebenso abgebrochen.
- Nach einer kurzen Pause beginnen beide wieder zu sprechen – und brechen wieder ab, weil sich das Spiel wiederholt.

Eine möglichst geringe Latenz ist somit unheimlich wichtig, damit eine produktive Online-Konferenz stattfinden kann.

Für eine hohe Videoqualität sind die Anforderungen an die gesamte Verarbeitungskette wesentlich höher.

Im besten Fall gelingt es, eine gute HD-Video-Qualität sicherzustellen. High Definition, genau genommen „Full High Definition (Full HD) bedeutet eine Auflösung von 1920 x 1080 Pixel. Das ist für eine Videokonferenz wirklich optimal. Aber auch ein Video mit „nur" 720 Pixel in der Höhe wird noch als hoch aufgelöst wahrgenommen. Details wie Mimik und

Gestik sind dabei noch gut zu erkennen. 540 Pixel in der Höhe entsprechen ungefähr dem, was wir früher vor der HD-Zeit aus dem Fernsehen gewohnt waren. In Bild 2.21 sehen Sie die einzelnen Bildauflösungen im Vergleich nach Anzahl der Pixel:

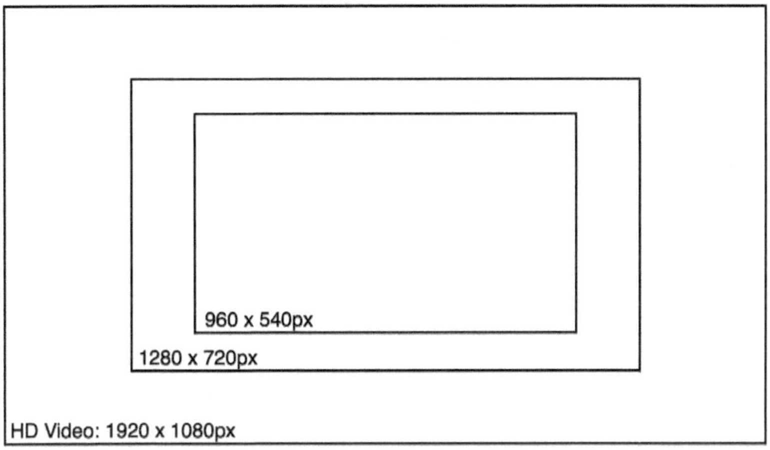

Bild 2.21 Größenvergleich verschiedener Bildauflösungen nach Anzahl der Pixel

Aber die Auflösung alleine ist nicht alles, ein weiterer wichtiger Faktor ist die Kompression des Videos. Eine hohe Auflösung der Kamera alleine stellt nicht sicher, dass diese Auflösung beim Betrachter des Videos auch ankommt. Im Grunde muss die gesamte Kette vom Sender zum Empfänger die hohe Auflösung unterstützen:

1. Das Video wird von der Kamera des Empfängers aufgenommen.
2. Die Software komprimiert das Video mit Hilfe der CPU oder GPU im Computer.
3. Der komprimierte Datenstrom wird zuerst an den Router im Haus des Senders geschickt und dann über die Internetanbindung des Senders weiter über etliche Stationen zum Dienstanbieter.
4. Beim Dienstanbieter wird der Datenstrom meistens weiterverarbeitet und zu den einzelnen Empfängern umgeleitet.
5. Der komprimierte Datenstrom geht wieder über die Internetverbindung zum Router des Empfängers und von dort zum Endgerät des Empfängers.
6. Beim Empfänger wird der Datenstrom dekodiert und auf dem Bildschirm ausgegeben.

Das schwächste Glied in dieser Kette bestimmt die Bildauflösung, die im Endeffekt beim Empfänger zu sehen ist. Und bei der Latenz (also der Signalverzögerung) addiert sich die Verzögerung bei jedem Schritt auf eine Gesamtverzögerung zusammen.

Was bedeutet das für die Anforderung an Hardware und Software?

- **Die Software:** Die meisten Tools für Web-Konferenzen unterstützen heutzutage bereits Full-HD-Videoqualität, also Auflösungen von 1920 x 1080 Pixel. In der Praxis sind die Auflösungen aber meistens geringer, insbesondere bei Gruppen-Anrufen mit drei oder mehr Gesprächsteilnehmern. Entweder 720 Pixel, 540 Pixel oder gar nur 360 Pixel in der Höhe.

- **Der Computer:** Dieser muss das Videobild mehrere Male pro Sekunde komprimieren. Bei hochauflösenden Bildern kann das ein älteres Gerät durchaus an seine Leistungsgrenzen bringen.
- **Internet:** Fast noch wichtiger ist eine stabile und schnelle Internetverbindung.
  - *Bandbreite:* Bei HD-Gruppenanrufen benötigen die meistens Tools ca. 2–3 Mbps (Megabit/s) im Up- und Down-Stream (also für das Senden und Empfangen). Und diese Bandbreite sollte auch in Spitzenzeiten wirklich zur Verfügung stehen, also während andere Geräte Mails empfangen oder weitere Personen im Haushalt (oder dem Büro) Videos schauen.
  - *Latenz:* Wenn Sie für Ihren Internetanschluss eine Mobilfunk-Verbindung benutzen, sollte die Technologie dahinter mindestens LTE oder am besten sogar 5G sein. Bei einer UMTS-Verbindung beträgt die Latenz, also die Signalverzögerung, bis zu 200 ms, sodass eine produktive Videokonferenz kaum möglich ist. Besser ist eine LTE-Verbindung oder eine kabelbasierte Variante wie DSL. Mit beiden Technologien sind Latenzen von nur ca. 10 ms möglich.
- **Lokales Netzwerk:** Aber der Flaschenhals könnte auch an Ihrem internen Netzwerk liegen. Falls Sie sich per WLAN mit Ihrem Internet-Router verbinden, sollte die Distanz zwischen Computer und Router möglichst gering sein. Am besten nutzen Sie ein Netzwerkkabel, anstatt einer Funkverbindung.

2.2.5.2 Ihr Raum für Videokonferenzen

Wenn Sie häufiger Videokonferenzen durchführen, sei es in Ihrem Home-Office oder in Ihrem Büro, dann zahlt es sich aus, sich ein paar Gedanken über den idealen Ort zu machen.

Neben einer guten Internetanbindung ist der wichtigste Faktor das Licht, über das wir in Abschnitt 2.2.4.2 gesprochen haben. Wählen Sie einen Platz, wo sich vor Ihnen eine großflächige Lichtquelle befindet, beispielsweise ein Fenster oder auch eine helle Wand, die von natürlichem oder auch künstlichem Licht angestrahlt wird.

Aber was sollte eigentlich auf dem Bild (außer Ihnen) noch zu sehen sein? Ich finde es am angenehmsten, wenn der sichtbare Bereich relativ aufgeräumt ist. Eine einfarbige Wand, ist eigentlich gut geeignet. Ich persönlich finde es auch immer praktisch, wenn sich etwaige Schränke, die sich im Bild befinden, verschließen lassen. Ein aufgeräumter Hintergrund lenkt weniger ab.

Die Beispielbilder in den vorherigen Abschnitten sind alle in unserem Home-Office entstanden. Es ist eigentlich ein sehr kleiner Raum. Aber wir können hier innerhalb von Sekunden den Schrank schließen, das Licht einschalten und mit der Videokonferenz beginnen. Und das ist auch wichtig: Wenn es zu kompliziert wird, dann macht es keinen Spaß.

Richten Sie in Ihrer Umgebung einen guten Platz ein, testen Sie Licht und Bildausschnitt, Akustik und Internetverbindung. Sobald alles eingestellt ist, können Sie diese Einstellungen immer wieder nutzen, ohne sich viel Gedanken über die Technik machen zu müssen. Denn das wichtigste bei einer Videokonferenz ist nicht die Technik, sondern das sind Sie, als Mensch. Und wenn Sie zufrieden sind und Freude haben, dann werden auch Ihre Online-Workshops viel, viel erfolgreicher sein!

2.3 Die Tools

In diesem Kapitel dreht sich alles rund um Tools, also um die Software und die jeweilige Plattform, die eine Online-Kommunikation erst möglich macht.

Zoom, Microsoft Teams oder doch das gute alte Telefon? Was sind die Voraussetzungen, was dürfen die Teilnehmenden aus Unternehmenssicht nutzen? Welche Software passt wirklich zu den verschiedenen Bedürfnissen und Anforderungen? Ist die Internetverbindung stabil genug für die gewünschte Anwendung?

Sie sollten die Zeit investieren und sich vor einem virtuellen Treffen intensiv mit der Wahl der passenden Plattform auseinandersetzen. Denn wenn die Software nicht passt oder zu kompliziert zu bedienen ist, ist das gesamte Meeting oder der gesamte Workshop gefährdet. Es gilt die Wahl so zu treffen, dass das Tool wirklich voll eingesetzt werden kann und Ihre Anforderungen vollständig erfüllt.

Viele Unternehmen verlassen sich meistens auf ein einziges Kommunikationstool, das dann auf allen Geräten gleich gut funktionieren soll. Damit Sie aber auch tatsächlich die beste Wahl treffen, müssen Sie vorab die wichtigsten Funktionen identifizieren, die Sie wirklich brauchen und die Ihr Vorhaben bestmöglich unterstützen.

> Bevor wir beginnen, noch ein kurzer Hinweis: Der Fokus bei unserer Tool-Auswahl liegt auf Online-Workshops. Wie ich ja bereits in Abschnitt 1.8 beschrieben habe, haben Online-Workshops ganz andere Anforderungen und Ziele als ein Meeting oder ein Webinar.

> Kurz zur Erinnerung die Unterscheidung der verschiedenen Formate:
>
> **Unterschiedliche Formate**
>
> - Die meisten Dinge, die online stattfinden, sind **Meetings**. Wie alle Meetings hat auch die virtuelle Version eine bestimmte Zielsetzung, wie den Austausch von Informationen, die Besprechung von verschiedenen Problemen und deren Lösung oder auch die Vorbereitung, um Entscheidungen treffen zu können. Die Video-Software, die im Fall eines Meetings eingesetzt wird, unterscheidet sich im Grunde nicht von der, die für einen Online-Workshop genutzt wird.
> - **Webinare** sind Seminare im Web. Webinare unterscheiden sich häufig im Grad ihrer Interaktivität - einige sind Präsentationen, bei denen die Teilnehmenden den Inhalt passiv konsumieren, während andere interaktive Elemente enthalten, in denen die Teilnehmenden Fragen stellen, auf Umfragen antworten oder sich direkt mit dem Redner austauschen können. Die Auswahl der richtigen Webinar-Software ist deswegen ein ganz eigenes Thema.

- **Online-Workshops:** Während virtuelle Meetings oft ähnliche Methoden wie in physischen Meetings verwenden, haben Workshops besondere Anforderungen. Ein gut gestalteter Online-Workshop unterstützt Teams dabei, sich neu auszurichten, Ideen und Lösungen zu generieren, Vertrauen und Beziehungen aufzubauen und die (Remote-)Teamkultur zu stärken. Da in einem Workshop vor allem die Ergebnisse zählen, sind synchrone und asynchrone Kommunikations- und Kollaborationswerkzeuge Schlüsselfaktoren für jeden erfolgreichen Online-Workshop.

Herausforderungen beim Online-Workshop, die wichtig für die Wahl des Tools sind

In der Realität entstehen bei Online-Workshops aufgrund des unterschiedlichen technischen Verständnisses und des Tools-Know-hows der Teilnehmenden oft Verbindungs- oder technische Probleme. Deswegen ist es wichtig, eine möglichst simple Auswahl an Tools zu treffen.

- **Offene Kommunikation ist online viel herausfordernder.** In Chats fehlen die nonverbalen Hinweise, die wir alle im wirklichen Leben geben und erhalten. Diese helfen bei der Einordnung der verbal geäußerten Aussagen sowie der Reaktion darauf. Deswegen ist ein gutes Video in Verbindung mit anderen Kommunikationskanälen so wichtig und sollte das wichtigste Kriterium bei der Wahl und Entscheidung für ein Tool sein.
- In physischen Workshops sind Whiteboards, Flipcharts, Haftnotizen und Prototypen ganz wichtige Werkzeuge. Sie dienen der **Veranschaulichung der wichtigsten Ergebnisse**. Es gibt viele Online-Whiteboards, mit denen Sie im Team Ideen entwickeln und erarbeiten können. Manche bieten praktische Vorlagen an, während andere wirklich nur über die Basisfunktionen verfügen. Werden Sie sich daher vorab bewusst, wie Sie die Whiteboards wirklich nutzen wollen: Welche Methoden möchten Sie einsetzen und wie können diese Sie visuell unterstützen?
- **Erfolgreiche Workshops leben und sterben mit dem Engagement der Teilnehmenden.** Dieses wird wiederum durch die Gruppengröße mitbestimmt. Der Schlüssel zum Erreichen eines hohen Engagements besteht darin, interaktiv, abwechslungsreich und auf Ihr Team zugeschnitten zu arbeiten. Deswegen ist das Einrichten von Breakout-Räumen so wichtig. Auch das unterstützen einige, aber nicht alle Tools.
- **Co-Moderation** ist eine großartige Möglichkeit, die Arbeitsbelastung aufzuteilen und in einem Präsenz- oder Online-Workshop unterschiedliche Fähigkeiten auf den Tisch zu bringen. Das Übergeben der Fackel oder das Verknüpfen von Abschnitten ist online herausfordernd. Die Möglichkeit, sich schnell auszutauschen, ist wichtig.

Wie bei jeder Anschaffung ist das A und O, dass Sie sich bei der Auswahl der Software bewusst werden, welches Format für Sie die richtige Wahl ist.

Konzentrieren Sie sich auf das Problem, nicht auf das Tool

Es ist leicht, sich von den Tools verführen zu lassen - aber es ist viel wichtiger, die Probleme im Auge zu behalten, die Sie damit eigentlich lösen wollen. Überlegen Sie deswegen, warum Sie überhaupt nach einer neuen Software suchen:

- Wollen Sie öfter Online-Workshops durchführen?
- Wollen Sie selber effizienter arbeiten?
- Warum wollen Sie genau *diese eine* Software verwenden? Nur weil ein Tool eine großartige Lösung für ein Unternehmen ist, bedeutet das nicht, dass es auch für Ihre Arbeit geeignet ist.

Das eine, beste Tool gibt es nicht.

> Es gibt bei fast jedem Tool die Möglichkeit, es einfach mal auszuprobieren und die Funktionen zu nutzen. Das würden wir Ihnen in jedem Fall empfehlen. Worte können viel, aber erst in der Praxis erkennen Sie wirklich, ob sich das Tool für Sie und den gedachten Einsatz tatsächlich lohnt.
>
> - Wenn Sie für Ihr Unternehmen ein passendes Tool suchen, dann fragen Sie auch die Kollegen, welche Funktionen ihnen helfen würden, um produktiver zu arbeiten.
> - Vergleichen Sie Software-Tools, ob sie nützliche Funktionen besitzen, die andere möglicherweise nicht haben.

Wenn Sie wissen, was die Anwender tatsächlich brauchen, ist es an der Zeit zu prüfen, welche Produkte diesen Anforderungen entsprechen könnten. Am schwierigsten ist es, Lösungen zu vergleichen, wenn 80 % der Funktionen identisch sind. Die anderen 20 % können sich stark unterscheiden - von ausgefallenen Planungstools bis hin zu erweiterten Funktionen für die Zusammenarbeit für virtuelle Teams.

Es geht also darum, Lösungen in die engere Wahl zu nehmen, die nur Ihren eigenen Anforderungen entsprechen. Danach können Sie ähnliche Produkte nach messbaren Kriterien vergleichbar machen. Andernfalls werden Sie immer Teammitglieder an Bord haben, die nach wie vor die altbekannten und üblichen Verdächtigen, wie Excel, Word und PowerPoint, per E-Mail-Listen versenden.

2.3.1 Der Software-Stack für erfolgreiche Online-Workshops

In einem Online-Workshop wird nicht nur geredet, sondern vor allem gearbeitet. Damit ein Online-Workshop wirklich produktiv ist, nutze ich mehrere unterschiedliche Tools zeitgleich oder auch hintereinander:

1. Ein Tool für Videokonferenzen,
2. ein Online-Whiteboard und
3. Kollaborations- und Dokumentationssoftware.

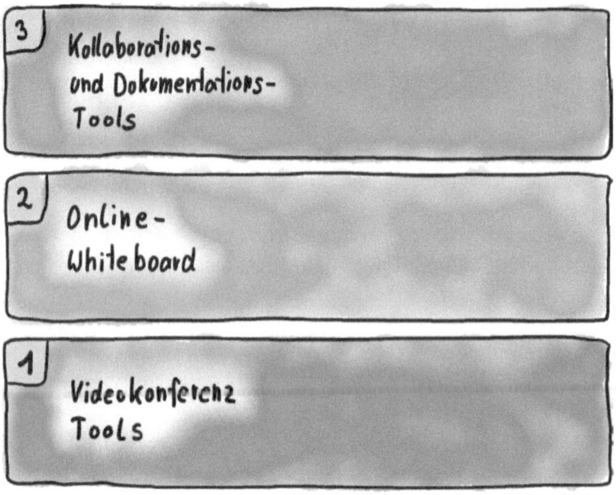

Bild 2.22
Unser Software-Stack für Online-Workshops

1. **Videokonferenz-Tool:** Das Tool für Videokonferenzen ist bei Online-Meetings und Online-Workshops zentral und nimmt einen wichtigen Stellenwert ein. In diesem Bereich gibt es schon seit Jahren bewährte Software wie die von Webex,[10] GoToMeeting[11] bis hin zu Zoom[12] und Microsoft Teams.[13] Aber auch diese Tools haben teilweise große Unterschiede in den unterstützten Funktionen oder auch bei der Einfachheit der Bedienung.
2. **Online-Whiteboard:** Für einen wirklich interaktiven Workshop, bei dem auch gearbeitet wird (es heißt ja *Work*shop), brauchen Sie ein gutes Online-Whiteboard. Die Idee dabei ist, dass Sie ein Whiteboard aus dem physischen Raum in den virtuellen Raum überführen. Für wirkliches Arbeiten reichen die simplen Tools, die manchmal in den Videokonferenz-Tools eingebaut sind, jedoch nicht aus. In diesem Fall sollten Sie eigene Tools nutzen wie Mural[14] oder Miro.[15]
3. **Kollaborations- und Dokumentations-Software:** Zu der dritten Softwaregattung gehören Kollaborations- und Dokumentations-Tools. Das ist Software, mit denen Sie in Echtzeit Nachrichten austauschen, Dateien verwalten und erzeugen, aber auch die Arbeit im Team verteilen können. Denn in einem Online-Workshop entsteht viel Information, die im Team weitergetragen werden muss.

Das Wesentliche bei diesem Software-Stack ist die **Kombinierbarkeit.** Für wirklich effizientes Arbeiten wird ein Tool im Normalfall nicht reichen. Je nach Anforderung ist es sinnvoll, die einzelnen Tools zu kombinieren, um das Maximum herauszuholen.

[10] *https://www.webex.com/*
[11] *https://www.gotomeeting.com*
[12] *https://zoom.us/*
[13] *https://www.microsoft.com/de-at/microsoft-365/microsoft-teams/group-chat-software*
[14] *https://www.mural.co/*
[15] *https://miro.com/*

2.3.2 Videokonferenzen

Als Design-Thinking-Moderatoren wollen wir Menschen zusammenzubringen, die gemeinsam an Veränderungsvorhaben arbeiten. Die wichtigste Kategorie an Software für Online-Workshops ist die Software für Videokonferenzen. Sie ist die Basis und das Herzstück für jede gelungene Kommunikation. Denn sie bringt Menschen, die weltweit verstreut sind, in einem virtuellen Raum zusammen und stellt dadurch eine Verbindung her, um gemeinsam erfolgreich Ideen mit Leben füllen zu können.

> Die Schwierigkeit, mit jemandem zusammenzuarbeiten, der an einem anderen Ort lebt, kann verringert werden. Sie müssen sich dazu
>
> - das Bild der Person vor Augen holen und
> - einen gemeinsamen Arbeitsbereich teilen, in diesem Fall den Bildschirm.

Zunächst besprechen wir die speziellen Features von Software für Videokonferenzen an. Wir betrachten dabei allgemeine Features und im Speziellen jene, die gerade für Workshops besonders wichtig sind.

Die folgenden Funktionsgruppen sind hierbei von Bedeutung:

- Teilnehmer einladen
- Meeting starten
- Video-Features
- Präsentations-Features
- Kollaboration-Features
- Moderation-Features

Teilnehmer einladen

Beginnen wir beim Anfang. Um einen Workshop abzuhalten, brauchen Sie neben den Tools und der Technik ein **Team**. Denn ohne die richtigen Personen, hilft Ihnen das beste Tool nicht weiter.

Zunächst müssen Sie einen Workshop planen und ein gemeinsames Zeitfenster finden. Wenn das Tool die Kalender der Eingeladenen abrufen kann, ist dieser **Findungsprozess** natürlich viel einfacher. Alternativ können Sie auch ein externes Abstimmungstool wie Doodle[16] nutzen, um einen gemeinsamen Termin zu finden. Wenn das geschafft ist, müssen die Einladungen noch an alle verschickt werden.

Bei den meisten Tools können Sie dafür einen mehr oder weniger langen Link generieren, den Sie dann an die Teilnehmer schicken. Oder das Tool schickt diese Benachrichtigung selbst an die Teilnehmer, nachdem Sie die Namen eingetragen hast. Manche Tools bieten ergänzend auch noch die Möglichkeit, ein Passwort einzusetzen, auch wenn meistens ein ausreichend langer URL genauso sicher ist.

---

[16] *https://doodle.com/de/*

Hier stellt sich natürlich auch gleich die Frage, wie viele Teilnehmer das Tool überhaupt unterstützt. Die meisten kostenpflichtigen Tools unterstützen mehr als genug Teilnehmer, häufig 100 oder mehr.

Für einen Workshop, in dem wirklich gearbeitet werden soll, empfehle ich Ihnen eine maximale Anzahl von fünf bis acht Teilnehmenden.

Das Meeting starten

Bei vielen Tools muss das Meeting vom Organisator gestartet werden, bevor jemand eintreten kann. Vorher landen alle Teilnehmer im Warteraum.

- **Warteraum:** Dieser Warteraum kann zumeist auch für anonyme Nutzer verwendet werden. Dieses Wissen ist besonders wichtig, wenn Sie vermeiden wollen, dass Personen in ein Meeting kommen, die eigentlich nicht eingeladen sind. Denn wenn die URL oder die Meeting-ID – aus welchen Gründen auch immer – veröffentlicht wird, könnte jeder am Meeting teilnehmen.

  Das ist z. B. dem britischen Premier Boris Johnson im März 2020 passiert. Er postete einen Screenshot einer Konferenz und veröffentlichte dabei unabsichtlich die Meeting-ID. Wenn man dann kein Passwort vergibt und als Moderator nicht aufpasst, hat man plötzlich unbekannte Teilnehmer in einer hochgeheimen Sitzung, wie dieser *Tweet* zeigt.[17]
- **Warnton:** Praktisch ist auch die Funktion, dass das Ankommen eines neuen Teilnehmers oder auch das Verlassen eines Teilnehmers durch einen Warnton gemeldet wird. In einem physischen Raum bleibt ein Kommen und Gehen selten unbemerkt. In einem virtuellen Meeting kann das aber leicht passieren.
- **Teilnehmer anrufen:** Manche Tools erlauben es, fehlende Teilnehmer z. B. über einen Anruf daran zu erinnern, nachträglich in das Meeting einzusteigen. Gerade in Workshops ist das praktisch, denn nicht selten vergisst ein Teilnehmer die Zeit und hat so die Chance, doch noch teilzunehmen. Ob die Erinnerung den fehlenden Teilnehmer auch wirklich erreicht, ist natürlich wieder eine andere Frage.

Gerade solche Features sind oft nur bestimmten Rollen vorbehalten. Die meisten Tools unterstützen zwei bzw. drei unterschiedliche Rollen:

1. Organisatoren oder Moderatoren (die alles dürfen),
2. Präsentatoren (die lediglich den Bildschirm freigeben dürfen),
3. normale Teilnehmer (die keine zusätzlichen Rechte haben).

[17] *https://twitter.com/jfxlaubmeier/status/1245037541935505409/*, abgerufen am 31.03.2020

Video-Features

Das zentrale Element bei Videokonferenzen ist das Video. Es ist wirklich wichtig für die Qualität und das Ergebnis Ihres Workshops oder Meetings, dass Sie die Videofunktion auch wirklich nutzen. Vergessen Sie nicht, dass eine gute Videoqualität nicht nur von der benutzten Kamera abhängt, sondern auch vom Tool, dem Computer, der Internetverbindung und anderen Faktoren.

Auflösung

Die meisten Tools unterstützen heutzutage bereits Video-Qualität in HD (High Definition), genau genommen Full-HD, also Auflösungen von 1920 x 1080 Pixel. In der Praxis sind die Auflösungen aber meistens viel geringer. Insbesondere, wenn mehrere Personen im Raum sind, ist es praktisch kaum möglich, alle Personen gleichzeitig in der höchsten Qualität anzuzeigen - auch wenn das schön wäre, um Details ihrer Mimik und Gestik wirklich gut erkennen zu können. Details finden Sie im Technik-Kapitel (Abschnitt 2.2.5.1).

Für eine Bewertung der Tools sollten Sie sich also nicht auf die Angaben der Hersteller verlassen, denn jeder Anbieter spricht schnell von „High Definition"-Auflösung, auch wenn diese in der Praxis selten tatsächlich erreicht wird.

- **Darstellung bei Gruppengesprächen:** Eine viel wichtigere Frage ist, wie das Video von mehreren Teilnehmern überhaupt dargestellt werden kann. Es gibt meistens zwei verschiedene Wege:
  - Das Tool zeigt jenen Teilnehmer an, der gerade spricht.
  - Das Tool zeigt zu jeder Zeit alle Teilnehmer in kleinen Fenstern an.

  Im ersten Fall versucht das Programm anhand des Mikrofon-Signals zu erkennen, welche Person gerade spricht. Das funktioniert nicht immer gleich gut und führt dann zu häufig wechselnden Bildern.

  Im zweiten Fall erlaubt das Programm, mehrere Teilnehmer gleichzeitig anzuzeigen. Dabei gibt es oft verschiedene Beschränkungen. Bei Zoom können derzeit (Stand Mai 2020) bis zu 49 Teilnehmer gleichzeitig angezeigt werden, was für Workshop-Zwecke in den meisten Fällen mehr als genug ist. Microsoft Teams unterstützt derzeit nur neun Teilnehmer (Stand Mai 2020, die Zahl soll derzeit noch erhöht werden) in großer Darstellung, weitere werden als kleine Icons in einer Leiste unten angezeigt.
- **Hintergründe:** Ein weiteres praktisches Feature betrifft die Hintergründe. Manche Tools ermöglichen es, den Hintergrund im Video unscharf zu zeichnen oder sogar ganz auszutauschen. In einem Workshop-Setting ist das aber nicht besonders wichtig. Nehmen Sie sich lieber die Zeit Ihren Raum so einzurichten, dass er die Teilnehmer nicht ablenkt und Sie sich vor allem wohlfühlen.
- **Bildschirmfreigabe:** Neben dem Videobild ist die Freigabe des Bildschirms ein zentrales Feature einer Videokonferenz-Software. Den Bildschirm freizugeben kann enorm hilf-

reich sein, um die Informationen und den Wissensstand abzugleichen. Gerade um die Zusammenarbeit und Entscheidungen zu forcieren, brauchen Sie dank dieser Funktion keine Screenshots zu machen, die Sie dann noch umständlich per E-Mail oder Chat versenden müssen.

> Im Design Thinking verwenden wir die Bildschirmfreigabe gerne, um Entwürfe von neuen Prototypen oder generell Ideen zu teilen und zu diskutieren.

Die meisten Videokonferenz-Tools haben eine Bildschirmfreigabe-Funktion bereits inkludiert. Einige können nur einen einzelnen Bildschirm gleichzeitig für alle freigeben, während andere Tools gleich mehrere Bildschirme zeitgleich anzeigen können. Letzteres ist sehr hilfreich, weil Sie damit im Flow bleiben und viele Ideen gleichzeitig gedacht und weitergesponnen werden.

- **Dateienfreigabe:** Sie können in manchen Tools eine Datei, beispielsweise eine Präsentation, mit allen direkt teilen. In Workshops hat sich allerdings die Freigabe per Bildschirm durchgesetzt, da diese interaktiver ist und Sie auch gleich direkt den Inhalt ändern können.

> Geht es aber beispielsweise um das Pitchen einer Idee, bei dem wichtige Stakeholder dabei sind, ist es ratsam, das Programm zeitgleich in einem weiteren Computer oder Tablet anzuzeigen, um zu wissen, welches Slide als Nächstes erscheinen wird, da die Bildschirmfreigabe immer in Echtzeit passiert.

Kollaborations-Features

Das nächste wichtige Feature in einem Videosoftware-Tool ist die Möglichkeit, dass die Teilnehmer unkompliziert miteinander in Kontakt treten können. Das ist insbesondere bei Workshops von ganz zentraler Bedeutung. Auch in einem Präsenz-Workshop setzen wir vor allem auf die Interaktion und die Kommunikation der Teilnehmer untereinander. Das ist online nicht weniger wichtig. Im Gegenteil: Da online die nonverbale Sprache wegfällt, muss umso mehr kommuniziert werden.

- **Chats** sind eine gute Möglichkeit, ohne einander ins Wort zu fallen oder den anderen zu unterbrechen. Sie können über die Chatfunktionen auch Fragen stellen, die Ihnen gerade einfallen und die Sie anderenfalls womöglich vergessen würden.
- **Online-Whiteboard:** Visuelle Plattformen unterstützen bei der komplexen Problemlösung. Sie bringen die Ideen aus unserem Kopf in die Realität und machen sie so diskutierbar. Ein Online-Whiteboard kann dazu beitragen, das Gefühl der persönlichen Zusammenarbeit auch virtuell stattfinden zu lassen. Diese Whiteboards sind nicht nur nützlich in der Vorbereitung oder für die Icebreaker, sondern kommen auch bei vielen Methoden zum Einsatz, weil sie die Interaktivität und die Kommunikation fördern. Allerdings sind die eingebauten Workshops der meisten Videokonferenz-Tools meistens in ihrer Funktionalität sehr begrenzt.

- **Notizen:** Das Aufschreiben verschiedener Informationen während eines Workshops kann von entscheidender Bedeutung sein: So werden im Design Thinking beispielsweise viele Interviews und Beobachtungen durchgeführt, um daraus Informationen und neue Erkenntnisse zu gewinnen. Diese werden dann im Team geteilt. Damit nichts verloren geht, ist es wichtig, die mitgeschriebenen Notizen so zu verwalten, dass Sie diese zur rechten Zeit auch wiederfinden. Manche Tools bieten eine einfache Möglichkeit, Besprechungsnotizen anzulegen. Wenn das nicht der Fall ist, Sie aber trotzdem mit Notizen und Dokumentationen arbeiten wollen, sollten Sie ein anderes Produkt suchen, das für Ihre Zwecke geeignet ist.

  Bei den meisten Workshops entstehen über kurz oder lang eine Menge an Dokumenten: seien es Notizen, Dokumente oder PowerPoint-Decks. Normalerweise landen solche Dokumente in den jeweils passenden Ordnern auf der persönlichen Festplatte. Wenn Sie aber schnell Zugriff auf diese Dokumente brauchen oder Freigaben erteilen möchten, ist eine toolbasierte Unterstützung zum Austausch von Dokumenten und Dateien sinnvoll.

Moderations-Features

- **Stummschalten:** Die Funktion, die von den meisten Moderatoren als die wichtigste bezeichnet wird, ist die Stummschalte-Taste. Diese sogenannte Mute-Taste sorgt dafür, den Teilnehmern das Wort zu erteilen oder es ihnen zu entziehen. In Workshops mit wenigen Teilnehmern ist diese Funktion nicht wichtig. Im Gegenteil: Wir brauchen die Hintergrundgeräusche, die spontanen Ausrufe und Reaktionen, die mit dem Stummschalten verloren gehen würden. In Meetings allerdings kann Stummschalten helfen, dass unangenehme Störgeräusche auf ein Minimum reduziert werden. Vor allem, wenn Sie viele Teilnehmer haben und diese nicht ganz so gut vertraut mit dem Mikrofon sind, ist es gut, wenn Sie alle Teilnehmer auf „mute" schalten, damit die Zuhörer nicht durch Störgeräusche vom Inhalt abgelenkt werden.
- Die **Aufzeige-Funktion**, die in manchen der Tools enthalten ist, hilft bei der Arbeit mit einer größeren Gruppe. Die Teilnehmer können sich auf diese Weise aufmerksam machen. Allerdings ist es dazu notwendig, dass der Moderator den Chat im Blick hat, sonst wird diese Funktion schnell übersehen. In Online-Workshops mit wenigen Personen ist auch diese Funktion nicht notwendig. Denn dort geht es um die Gruppendynamik und den Flow, der durch das Tun entsteht. Im Workshop wird nur in den seltensten Fällen mit Abfolgen und Reihenfolgen gearbeitet, die Ideen werden spontan miteinander geteilt. Wenn ein Teilnehmer dennoch dem Moderator etwas mitteilen möchte, ist die Chat-Funktion dafür geeigneter.
- **Breakout-Gruppen:** Eine Regel bei Workshops lautet, dass je größer die Gruppe ist, desto mehr Kleingruppen sollten Sie einplanen. Das gilt natürlich auch online: Kleingruppen sorgen für Interaktivität und das richtige Maß an Engagement, aus dem gute Problemlösungen entstehen. Breakout-Räume sind dafür das Mittel der Wahl, denn so können Teilnehmer unterschiedliche virtuelle „Räume" aufsuchen. Diese sind wie physische Räume abgetrennt. Teilnehmer hören und sehen dann nur die Teilnehmer, die sich gerade in diesen Räumen befinden. Solche Breakout-Räume bieten einen einzigartigen und dynamischen Wissensaustausch, der zu einem produktiven und nützlichen Ergebnis führt.
- **Timer:** Eine Funktion, die in Workshops sehr häufig genutzt wird und die auch in Meetings oft zum Einsatz kommt, ist ein Timer, der für alle sichtbar sein sollte. Gerade

Arbeitsgruppen in verschiedenen Breakout-Räumen vergessen oft die Zeit. Timeboxing hilft dabei, fokussiert an eine Aufgabe zu gehen und das Ziel nicht aus den Augen zu verlieren.

- **Musik** im Hintergrund unterstützt das kreative Denken, weil es uns - je nach Wahl der Musik - ablenkt und dafür sorgt, dass die Teilnehmer durch diese „Störgeräusche" nicht ins Grübeln kommen. Je nach Tool gibt es verschiedene Möglichkeiten, wie Sie Musik einspielen können. Entweder spielen Sie als Moderator die Musik direkt über die Soundeinstellung Ihres Computer ein oder Ihr Tool bietet mehrere Audio-Kanäle an, über die Sie Musik abspielen können.

Bedienungsfreundlichkeit

Eine ganz wichtige Thematik ist nun das Bedienkonzept bzw. die Usability einer Software. Die Vorlieben sind zwar ganz unterschiedlicher Natur, aber ein durchdachtes User-Interface-Konzept wird Ihren Workshop bedeutend vereinfachen. Wenn sich die Teilnehmer intuitiv zurechtfinden, bedeutet das weniger Arbeit und Ablenkung für Sie als Moderator.

> **Tastaturkürzel**
>
> Ein kleiner Tipp zum Schluss: Fast alle Tools bieten Tastaturkürzel für die wichtigsten Funktionen wie Stummschalten und Ähnliches an. Wenn Sie sich für ein Tool entschieden haben, speichern Sie sich diese direkt aus dem Tool ab und studieren Sie sie ein. Das spart viel Zeit.

2.3.3 Zoom als Beispiel für ein Videokonferenz-Tool

Früher war Skype *das* Tool der Wahl für Online-Telefonie. Nun wurde Skype mehr oder minder von Zoom abgelöst. Denn eine der Hauptstärken von Zoom ist die einfache Bedienbarkeit, insbesondere bei Gesprächen mit sehr vielen Teilnehmern.

Zoom hat eine Vielzahl an Features und Funktionen, die die Teilnehmenden dabei unterstützen, produktiver zu arbeiten.

Die Grundlagen

Die Plattform Zoom ist kompatibel mit Windows, Mac, Linux, iOS und Android. Für diese Betriebssysteme gibt es native Apps.

Die Teilnahme an einer Video-Konferenz[18] ist jedoch auch mit vielen Browsern möglich, ohne extra die Software installieren zu müssen. Derzeit werden aktuelle Browser-Versionen von Google Chrome, Mozilla Firefox und Safari Internet Explorer unterstützt. Mobile Web-Browser werden nicht unterstützt.

---

[18] *https://youtu.be/-xgl-UofA90*

Sitzungen über den Browser öffnen

Normalerweise versucht Zoom immer die passende Software für das Betriebssystem zu installieren.

Um eine Sitzung über den Browser zu öffnen, gibt es einen einfachen Trick: Sie müssen die Aufforderung, die Applikation herunterzuladen, zweimal abbrechen. Danach erscheint unten eine Informationszeile, dass Sie die Konferenz über Ihren Browser öffnen können.

Der Start: Die Registrierung

Um Zoom zu verwenden, müssen Sie also entweder über den Browser oder über die Anwendung selbst einsteigen.[19] Sie melden sich einfach entweder per Mail-Adresse oder mit einem vorhandenen Google- oder Facebook-Konto an und bestätigen den Anmeldelink.

Tipp:

Für die bloße Teilnahme an einem Zoom-Meeting ist keine Registrierung notwendig.

Danach können Sie mit einem ersten Test-Meeting starten. Sie bekommen einen Bildschirm angezeigt, der die URL des Meetings und die Option zum Einladen anderer Personen enthält.

Der Start: Planung des Meetings

Sie können ein Meeting oder einen Workshop sowohl im Browser als auch in der Zoom-App planen.

- Wenn Sie Zoom starten, sehen Sie als Erstes den Startbildschirm. Mit einem Klick auf den Kalender öffnet sich am Screen „**Meeting planen**". An dieser Stelle können Sie Ihrem Meeting einen Namen geben sowie Datum und Uhrzeit auswählen.
- Eine wichtige Einstellung ist die **Meeting-ID**. Sie können entweder automatisch eine neue erzeugen oder Sie wählen Ihre eigene persönliche Meeting-ID. Es ist sinnvoll an dieser Stelle ein Passwort zu vergeben. Wenn Sie ein Passwort vergeben, stellen Sie sicher, dass niemand zufällig Ihre ID errät oder ungeladen zu der Besprechung kommt. Auch aus Sicherheitsgründen empfehle ich Ihnen dringend ein Passwort zu verwenden.
- Als Host ist Ihr **Video** automatisch aktiv. Diese Einstellung können Sie auch bei Ihren Teilnehmern einstellen. Auf diese Weise erinnern Sie auch gleich die Teilnehmer daran, dass Sie das Video aktivieren sollten. Dasselbe gilt auch für die **Audio-Einstellung**. Theoretisch erlaubt es Zoom, dass sich die Teilnehmenden auch per Telefon einwählen. Ich empfehle Ihnen aber, diese Möglichkeit zu deaktivieren. Die Einwahl per Telefon sorgt meistens nur für Störungen, da die Verbindung dann oft schlecht ist, ein Video gar nicht möglich ist und die Verzögerungen für allgemeinen Unmut im Team sorgen.

[19] Zoom-Website: *https://zoom.us*

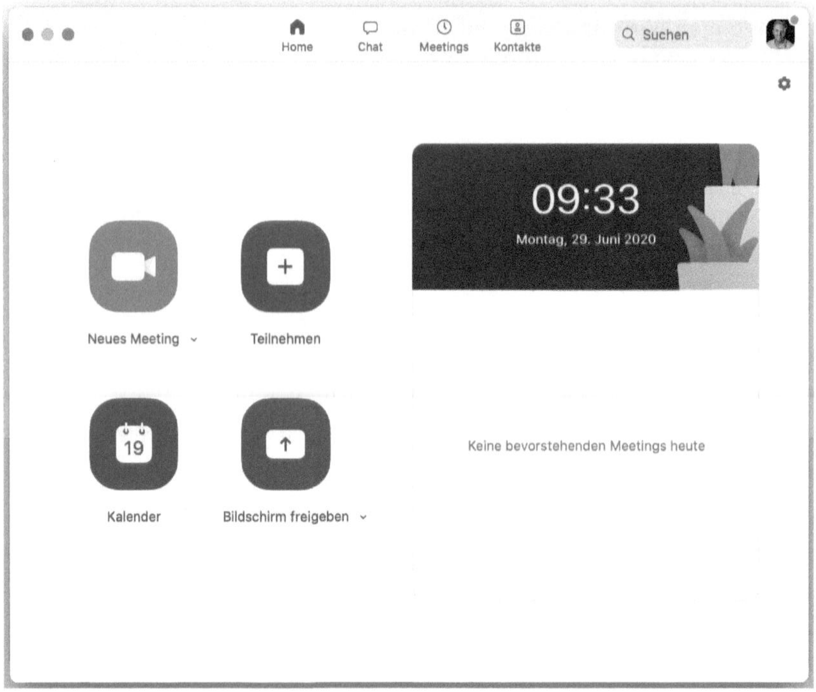

Bild 2.23 Der Startbildschirm des Videokonferenz-Tools Zoom

- Sie können auch noch einstellen, in welchem Format Zoom den Kalendereintrag generieren soll, den Sie dann in Ihrem persönlichen Kalender importieren können.
- Es gibt dann noch ein paar erweiterte Optionen, wie die **Warteraumfreigabe**. Eine Option ist, dass die Teilnehmenden auch vor dem Host eintreten können. Normalerweise ist der Eintritt in ein Meeting nur möglich, wenn der Host bereits da ist. Sie können sich aber überlegen, ob Sie den Teilnehmenden durch einen frühzeitigen Eintritt ermöglichen, die Zeit zu nutzen, um informelle Gespräche zu führen. Gerade wenn Sie mit einem eingespielten Team arbeiten, ist das sinnvoll. Die Teilnehmenden können sich dann ganz natürlich verhalten – eben wie in einem physischen Pausenraum.
- Ebenso wichtig ist die Einstellung „**Teilnehmer beim Eintritt auf Stummschaltung stellen**". Wie bereits erwähnt empfehle ich, dass Sie diese Einstellung nur in Meetings oder bei Webinaren wählen und auch nur dann, wenn Sie weniger Interaktion wollen.
- Eine weitere Option ist die Einstellung, ob Sie eine standardmäßige **Aufzeichnung** Ihrer Meetings aktivieren wollen.

> All diese Einstellungen können Sie auch direkt in Ihren allgemeinen Kontoeinstellungen vornehmen.

Verschicken Sie den Zugang

Sie können nun den Zugang an die Teilnehmenden verschicken. Entweder machen Sie das über einen Kalendereintrag oder Sie kopieren den Link in die Zwischenablage und verschicken diesen über eine normale Mail.

Wenn Sie eine Mail verschicken, dann vergessen Sie nicht, auch einen Link mit den anderen Tools, die Sie ebenfalls verwenden möchten, mitzuschicken. Idealerweise senden Sie hier neben den wichtigsten Infos auch noch eine Anleitung für die Teilnehmenden mit, wie Sie das Tool verwenden. Zoom bietet dazu eigene Tutorials[20] an, die Sie gleich verwenden können.

> Achtung: Vielleicht haben Sie selbst genug Erfahrung, dass ein solches Tutorial für Sie nicht mehr notwendig ist. Aber bitte bedenken Sie immer, dass es auch Menschen gibt, die Online-Tools noch nicht so häufig oder noch nie genutzt haben. In Workshops und Meetings müssen Sie als Moderator das Tempo so anpassen, dass alle produktiv sein können.

Beginnen Sie mit Ihrem Call

Wenn Sie alle Einstellungen getroffen haben und der Zeitpunkt soweit ist, können Sie mit Ihrem Meeting/Workshop starten. Dazu klicken Sie ganz einfach auf „**Starten**" und Zoom baut direkt die Verbindung auf. Die wichtigsten Funktionen finden Sie in der unteren Toolbar:

Bild 2.24 Die Haupt-Toolbar des Videokonferenz-Tools Zoom

- Der erste Schritt ist, die Teilnehmenden einzulassen. Ich empfehle Ihnen, die Sitzung ohne Warteraum und dafür mit aktiviertem Video zu starten. Wenn Sie den Warteraum aktiviert haben, müssen Sie nun die Teilnehmenden einzeln einlassen.
- Unter „**Teilnehmer**" sehen Sie alle Teilnehmer aufgelistet. An dieser Stelle können Sie als Moderator das Audio und das Video ein- und ausschalten sowie die Stummschaltung deaktivieren und aktivieren. Sie können hier auch die Namen der Teilnehmer ändern. Das kann manches Mal notwendig sein, vor allem, wenn die Personen nicht ihren realen Namen oder nur Abkürzungen angegeben haben.
- Sie können in dieser Ansicht auch noch weitere Personen **einladen** und ihnen diese per E-Mail schicken.

[20] *https://support.zoom.us/hc/de/articles/206618765-Zoom-video-tutorials*

Der Chat

Eine wichtige Funktion in der Videokonferenz-Software ist der Chat. Bei Zoom können Sie einfach auf den Button „**Chat**" klicken, woraufhin sich ein Fenster öffnet.

- Als Moderator können Sie dann entweder eine Nachricht an alle senden, auf die alle Teilnehmer antworten können.
- Oder Sie können auch nur einzelne Personen anschreiben. Dieser Vorgang wird als „**privat**" angezeigt. Dieses Vorgehen ist vor allem dann sinnvoll, wenn Sie sich mit einem Co-Moderator beispielsweise kurz austauschen wollen.

> Sie können im Chat auch direkt Dateien hochladen. Diese Funktion müssen Sie aber zuerst noch aktivieren (in den Einstellungen). ■

Die Bildschirmfreigabe

Die Bildschirmfreigabe ist ein ganz praktisches Feature. Sie können den gesamten Desktop freigeben, ein Whiteboard zeigen oder auch nur bestimmte Ausschnitte auf Ihrem Desktop oder Smartphone auswählen und sichtbar machen.

Sie können auch den Screen eines Teilnehmenden sichtbar stellen und sehen, was diese Person gerade macht bzw. die Kontrolle über dessen Maus übernehmen. Das ist sinnvoll, wenn Sie Hilfestellung geben wollen.

Die Aufzeichnung

Die Funktion „**Aufzeichnen**" ermöglicht Ihnen, dass Sie Ihren Workshop oder Ihr Meeting aufzeichnen. Die Datei wird allerdings erst am Ende erzeugt. Das bedeutet, Sie müssen das Meeting zuerst beenden, bevor Sie das Video im MP4-Format herunterladen können.

Die Breakout-Räume

Breakout-Räume sind absolut notwendig, wenn Sie mit mehreren Personen oder auch Kleingruppen wirklich arbeiten wollen. Das heißt, wenn Sie einen Workshop planen, sollten Sie dabei gleich die entsprechenden Methoden auswählen und überlegen, wie viele Kleingruppen Sie haben werden.

> Entsprechend den Kleingruppen haben Sie dann auch Ihre Räume, wobei Sie immer mindestens einen Raum noch dazu geben sollten, nämlich einen sogenannten Pausenraum. ■

Sobald Sie eine Übung starten, für die Sie mehrere Räume eingerichtet haben, sollten Sie als Moderator die Teilnehmenden in den jeweiligen Raum einfügen.

Wenn Sie auf den Namen der Person klicken, können Sie ihr einen Raum zuweisen, den sie dann nur noch bestätigen muss. Hat der Teilnehmer/die Teilnehmerin Ihre Zuweisung bestätigt, erhalten Sie eine entsprechende Benachrichtigung.

Sie können als Moderator auch TeilnehmerInnen von einem Raum in einen anderen verschieben. Die TeilnehmerInnen können selbstständig in den Hauptraum zurückkehren.

Die einzelnen Räume haben dieselben Einstellungen wie der Hauptraum. Es gibt für die TeilnehmerInnen auch einen Button **„Um Hilfe bitten"**, falls etwas nicht so gut klappt.

Host übergeben

Eine weitere praktische Funktion bei Zoom ist die Funktion **„Host übergeben"**. Automatisch ist immer der Teilnehmer der Host eines Meetings, der die Einladung erstellt hat. Verlässt nun diese Person das Meeting, endet normalerweise auch das ganze virtuelle Treffen.

Sie können aber auch einen Teilnehmer auswählen und diesen zum Host ernennen. Dazu wählen Sie „Host wechseln" aus. Der ausgewählte neue Host kann dann entweder alle Einstellungen von Ihnen übernehmen oder andere wählen.

Generelle Standardeinstellungen

Nach dem Meeting ist vor dem Meeting. Damit Sie nicht jedes Mal alle Einstellungen von neuem vornehmen müssen, ist es sinnvoll, **Standardwerte** zu definieren.

Dazu gehen Sie direkt in die Einstellungen von Zoom. Klicken Sie auf dem Registerblatt Allgemein den Punkt **„Mehr Einstellungen ansehen"** an, wodurch sich automatisch der Browser öffnet. Im Browser selbst können Sie dann die entsprechenden Einstellungen vornehmen.

Daneben gibt es noch Ihr persönliches Profil. Hier können Sie Ihr Profilbild einfügen und Ihren Namen, Mailadresse etc. hinterlegen.

Nutzen Sie ein aussagekräftiges Profilbild

Vergessen Sie nicht, dass Sie sich in einem professionellen Umfeld befinden. Das Bild wird immer angezeigt, wenn Sie das Video noch nicht aktiviert haben bzw. bevor Sie online sind. Ein Urlaubsbild oder ein Comic kann für Ihre Kollegen witzig sein, aber wenn Sie ein wichtiges Meeting mit einem einflussreichen Stakeholder oder potenziellen neuen Kunden haben, kann das für einen schlechten Start und ersten Eindruck sorgen.

- Bei **„Besprechungen planen"** können Sie weitere Einstellungen vornehmen. Ich empfehle Ihnen, dass Sie automatisch Ihr Video aktivieren, genauso wie das Teilnehmervideo. Dasselbe gilt für das Audio.
- Bei den **„Meetingeinstellungen"** können Sie den Chat automatisch abspeichern. Das ist eine wichtige Funktion, weil der Chat sonst standardmäßig nach dem Meeting gelöscht wird und somit alle Infos und Links, die Sie im Laufe der Besprechung ausgetauscht haben, im Nirwana verschwinden.
- Bei den **„Audio-Optionen"** können Sie bestimmen, ob Sie einen Ton beim Verlassen oder Ankommen der Teilnehmer hören wollen.

- Aktivieren Sie auch die „**Dateiübertragung**". Gerade wenn Sie doch keine weiteren Tools verwenden wollen, können Sie so schnell wichtige Informationen teilen.
- Bei der Einstellung „**In Meeting (Erweitert**)" können Sie noch die Optionen rund um die Breakout-Räume festlegen. An dieser Stelle können Sie bestimmen, ob Sie bereits bei der Planung Pausenräume aktivieren wollen und vorab die Teilnehmer zuordnen möchten.
- Sie können für unterschiedliche Meeting-Typen auch Vorlagen anlegen. Dazu wählen Sie ein bereits angelegtes Meeting aus, steigen dort ein und wählen ganz unten „**Als Meetingvorlage speichern**" aus. Damit können Sie schnell auf eine Vorlage zugreifen und haben die entsprechenden Einstellungen.

Die Vorteile von Zoom

- Die Teilnahme an einer Online-Konferenz mit Zoom ist immer kostenlos – und das für bis zu 100 Teilnehmende. Ihre Workshop-Teilnehmer müssen sich nicht einmal registrieren, wenn sie Zoom nutzen. Zudem ist die Teilnahme auch über einen Webbrowser möglich.

> Allerdings empfehle ich Ihnen, dass sich trotzdem alle Teilnehmer ein Konto anlegen und möglichst die Software installieren. Selten bleibt es bei einem einzigen Online-Workshop und mit einem eigenen Konto können nicht nur die Einstellungen gleich übernommen werden, sondern auch ein Zugriff auf die Daten etc. eingerichtet werden.

- Manche Unternehmen sperren allerdings den Download und die Installation von Software. Dann ist der Zugang über den Browser ein guter Weg.
- Zoom bietet eine **Galerie-Ansicht** mit bis zu 49 Personen. Oft sitzen in einem Workshop mehr als sechs Personen und dann ist es notwendig, das ganze Team gleichzeitig im Auge zu behalten. Die Galerie-Ansicht ist wirklich gut gemacht.
- Die Teilnehmenden können in Zoom selbstständig die **Hand heben**, den **Chat nutzen**, **Dateien teilen** und sich selbst auf „**mute**" schalten. Das erleichtert die allgemeine Kommunikation und entlastet Sie als Moderator, weil Sie nicht ständig zwischen den Rollen als Organisator und Moderator wechseln müssen.
- Der **integrierte Chat** unterstützt die Kommunikation wirklich optimal. Sie können so private Chats als auch Gruppenchats einrichten. Auch in den jeweiligen Breakout-Räumen sind eigene Chats möglich. Auf diesem Weg können Sie dann auch die Dateien teilen.
- Bei Zoom ist es möglich, bis zu 50 **Breakout-Räume** aufzumachen, sodass Teilnehmende in einzelnen Gruppen ungestört an einem Thema arbeiten oder Interviews im privaten Rahmen führen können. Diese Funktion ist in kaum einem anderen Tool so gut umgesetzt wie in Zoom.
- Der Workshop kann **aufgezeichnet** werden, inklusive Ton und Bild. Das hilft bei der Nachbereitung und man vergisst so nichts Wichtiges. Hier werden sowohl das Video als auch die Präsentation aufgezeichnet – das ist nicht bei allen Tools der Fall.
- Sie können auch Ihren Bildschirm freigeben und ihn so mit anderen Personen teilen (ebenso umgekehrt). Das funktioniert auch für Ihr iPhone, iPad etc.

- Ein einzigartiges Feature ist die **Unterstützung von Video-Clips**. Normalerweise können bei Bildschirmfreigaben keine Videos angezeigt werden, weil sie ruckeln würden. Zoom optimiert in einem speziellen Modus die Wiedergabe, sodass auch Videos inklusive Ton bei jedem Teilnehmer abgespielt werden können.

Die Nachteile von Zoom

Aber alles hat zwei Seiten und so gibt es auch einige Dinge, die Sie wissen sollten, bevor Sie sich für Zoom entscheiden:

- Wenn mehr als zwei Personen an dem Workshop teilnehmen – was fast immer der Fall sein wird –, ist die **kostenlose Version auf 40 Minuten begrenzt**. Danach müssen Sie sich erneut einwählen oder eben ein Abo abschließen. Da im Design Thinking vor allem der Flow wichtig ist und eine Unterbrechung diesen echt stören kann, ist es also notwendig, dass zumindest ein Pro-Account existiert.
- Sie können auch nur in einem bezahlten Abo **verschiedene Rollen** wie weitere Co-Moderatoren bestimmen. Je größer die Gruppen, desto hilfreicher sind aber Co-Moderatoren, vor allem, wenn Sie mit vielen Kleingruppen arbeiten wollen.
- Zoom nutzt noch dazu ein paar „kreative" Wege, die Anwendung zu installieren – und bedient sich dabei Tricks, die normalerweise nur Malware-Anbieter nutzen. All das hat das Vertrauen in das Tool stark beschädigt. Behalten Sie also bitte auch Sicherheits- und Datenschutz-Features in Zukunft genau im Auge.
- Die **deutsche Übersetzung** innerhalb von Zoom ist mangelhaft. Die Worte sind oft abgeschnitten oder eigenartig verkürzt, sodass man nicht genau weiß, was eigentlich gemeint ist.

> Abschließend noch ein paar Worte zu **Sicherheit** und **Datenschutz**. Zoom geriet im März 2020 in die Kritik, Daten an Facebook weiterzugeben, ohne vorab um die Erlaubnis der Nutzer zu fragen. Diese Datenweitergabe wurde von Zoom beendet. Zoom hat leider auch falsche Angaben über die verwendete Verschlüsselung gemacht – aber auch hier wurde bereits nachgebessert. ■

2.3.4 Online-Whiteboards

Mit der Hand zu schreiben, weckt unsere kreativen Geister – das ist sogar durch Studien[21] wissenschaftlich belegt worden. Das Aufschreiben beansprucht unser Gehirn auf vielfältige Weise und fordert es. Das ist der Grund, warum die besten Ideen nicht nur im Team entwickelt werden, sondern vor allem dann, wenn wir gemeinsam vor einem Whiteboard stehen und gleichzeitig zeichnen oder schreiben.

Die Vorteile des visuellen Denkens und der Zusammenarbeit sind auch virtuell verfügbar. Alles, was Sie normalerweise auf einem Whiteboard tun, funktioniert mehr oder minder auf einem Online-Whiteboard – und sogar noch viel mehr!

---

[21] *https://www.wsj.com/articles/SB10001424052748704631504575531932754922518*

Was ist ein Online-Whiteboard?

Ein Online-Whiteboard ist ein Tool, das im Grunde aus einem anfangs leeren Bereich besteht, in dem gleichzeitig in Echtzeit mehrere Personen schreiben, Gedanken und Ideen miteinander teilen und miteinander interagieren können - ohne sich am selben physischen Ort befinden zu müssen. Jede Änderung ist unmittelbar auch für alle anderen sichtbar. Ein Online-Whiteboard braucht auch in den meisten Fällen keine lokale Softwareinstallation auf Ihrem Computer oder umfangreiche Downloads - alles wird eben online in der Cloud gespeichert.

Das Online-Whiteboard ist eines der wichtigsten Schlüsselelemente in Sachen Tools für Online-Workshops, da ein gemeinsamer Raum zum Aufschreiben von Ideen und zum Austausch visueller Elemente so wichtig für eine gute Zusammenarbeit ist. Dinge wie Brainstorming, Ergebnisse clustern und kreatives Denken sind mit einem Online-Whiteboard viel einfacher umzusetzen.

Aber auch in IT-Projekten kommen Online-Whiteboards häufig zum Einsatz, beispielsweise für Kanban-Boards oder andere Techniken aus agilen Frameworks oder dem Projektmanagement und der Software-Entwicklung.

Entsprechend viele unterschiedliche Software und Anwendungsprodukte gibt es auf dem Markt.

Bei uns gibt es fast keinen Workshop, bei dem wir nicht mit einem Online-Whiteboard arbeiten. Warum? Weil es das visuelle Denken vor allem beim Entwickeln, Teilen, Strukturieren und Organisieren von Erkenntnissen und Ideen unterstützt. Es hilft dabei, dass Teams enger zusammenarbeiten und gemeinsam gute Entscheidungen treffen.

Einige der Online-Whiteboards haben praktische Vorlagen, die die Arbeit strukturieren und den Design-Thinking-Prozess optimal begleiten.

Was macht ein gutes Online-Whiteboard aus?

Während die meisten Tools irgendeine Funktion besitzen, die sie Whiteboard nennen, gibt es einige Dinge, die ich als wesentlich erachte, um sinnvoll mit einem Online-Whiteboard arbeiten zu können.

Fangen wir bei dem Board selbst an:

- **Unbegrenzter Raum:** Während physische Whiteboards sehr schnell eine gewisse Größe erreichen und damit beschränkt sind, sollten Sie sich online auf einer unendlich großen Fläche austoben können. Vor allem wenn Sie in Kleingruppen arbeiten, können Sie so sicherstellen, dass Sie gemeinsam auf einem Board arbeiten - aber eben so, dass sich niemand in die Quere kommt.
- **Haftnotizen:** Die Verwendung von Haftnotizen ist nicht nur in einem physischen Workshop wichtig, sondern auch in der Online-Welt. Die Haftnotizen können meistens verschiedene Farben, Größen und Formen haben. Wichtig ist, dass Sie mit nur einem Klick eine Haftnotiz erstellen und sofort losschreiben können. Einige Whiteboard-Anbieter bieten an, dass Sie den Farben Bedeutungen zuordnen, um so auf einem Blick eine Struktur sichtbar zu machen.
- **Freihandschreiben:** Die Möglichkeit, mit der Hand frei zu schreiben, hilft dabei, schnell Ideen zu skizzieren, Informationen zu sammeln, Erkenntnisse zu ergänzen etc. Aber mit

der Maus oder dem Touchpad zu zeichnen ist gar nicht so einfach und bedarf ein wenig Übung.

- Deswegen gibt es immer auch **Beschriftungen und Textboxen:** Das ist vor allem dann hilfreich, wenn jemand unleserlich schreibt. So kann man das Geschriebene einfach besser lesen. Die meisten Textelemente erlauben auch Formatierungen wie Schriftgröße, Stil und Farbe. Dann gibt es natürlich noch allerlei Icons, wie man sie auch aus PowerPoint oder anderen Programmen kennt, z. B. Kästchen, Kreise, Pfeile, Sprechblasen etc.

Vorlagen

Aus diesen Werkzeugen lassen sich durch intelligentes Gruppieren alle möglichen Techniken aus dem Design Thinking nutzen. Die meisten Tools verfügen über Vorlagen wie Personas oder Empathy Maps, die gleich die passende Struktur bieten und so das Team einladen, sofort loszulegen. Sie können aber auch selbst neue Vorlagen anlegen, diese dann abspeichern und mit anderen teilen.

> Einige Methoden aus Kapitel 4 arbeiten mit diesen Vorlagen. Nutzen Sie diese Übungen, um so auch gleich den Umgang mit den Tools zu erlernen.

Inhalte hochladen und einbinden

Um Ihre Ideen besser zu visualisieren oder bereits vorhandene Ideen zu ergänzen, ist es sinnvoll, wenn Sie Elemente **schnell** und **unkompliziert** importieren und einfügen können: Fotos, Screenshots, Textdokumente, PDF-Dateien, Präsentationen oder sogar Videos. Auch Verlinkungen sollten möglich sein, um beispielsweise Quellen und weiterführende Links anzugeben.

Das führt aber auch schnell dazu, dass ein solches Whiteboard unübersichtlich wird. Die Tools müssen deswegen eine Möglichkeit anbieten, die einzelnen Elemente zu organisieren, damit Sie sie auch wiederfinden.

Das funktioniert beispielsweise über das **Taggen von Elementen** oder das Aufnehmen in ein **Inhaltsverzeichnis**.

Mit der Organisierbarkeit ist auch die Bedienung des Boards verknüpft: Es muss möglich sein, sowohl mit einer Maus als auch mit einem Touchpad ganz intuitiv das Board verschieben zu können. Genauso sollte auch das hinein- und hinauszoomen funktionieren - eben so, wie man es von seinem Betriebssystem erwarten würde.

Kommunikations-Features

- Auch bei Online-Whiteboards gilt die Regel: Je einfacher die Bedienung, desto besser klappt die Zusammenarbeit. Vor allem der **Austausch in Echtzeit** (Chat) und die Möglichkeit, Kommentare von anderen zuzulassen, ist wichtig, um darauf aufbauend gute Diskussionen zu führen.
- Da die Teilnehmer auf einem Whiteboard gleichzeitig schreiben können, weisen die meisten Tools den verschiedenen Teilnehmern Namen, Icons oder Farben zu, damit man immer sieht, wer gerade woran zeichnet.

Moderations-Features

- Ein zentrales Feature eines jeden Online-Whiteboards ist die **Freigabe:** Idealerweise gibt es Freigaben für bestimmte Benutzer mit Konto, aber auch anonyme Benutzer, die ebenso Elemente verändern dürfen. Praktisch ist auch eine **Gast-Funktion**, die weniger Rechte hat, beispielsweise nur das Ansehen und Kommentieren von Elementen.
- In der Arbeit mit Gruppen ist es sehr hilfreich, mit einem **Timer** zu arbeiten. Da viele Kleingruppen-Arbeiten meistens auf dem Whiteboard stattfinden, ist ein integrierter Timer eine gute Funktion. Alternativ können Sie als Moderator natürlich auch Ihr Handy als Stoppuhr nutzen, aber durch einen Timer sehen alle Anwesenden den Ablauf der Zeit.
- **Abstimmungen:** Gerade wenn es darum geht, Ideen auszusortieren, um weiterzuarbeiten, oder Entscheidungen zu treffen, sind schnelle Abstimmung notwendig. Einige der Tools unterstützen dieses Vorgehen mit einer passenden Funktion. Dadurch können die Teilnehmer schnell und unkompliziert ihre Stimme geben.
- **Exports:** Da Whiteboards häufig der Mittelpunkt von kollaborativen Prozessen sind, sollten Sie unbedingt in der Lage sein, das Ergebnis online freizugeben oder in diverse Formate zu exportieren: Als Bild oder auch am besten als vektorbasiertes Format, um es nachbearbeiten zu können.

2.3.5 Kollaborations- und Dokumentations-Tools

Mobile Apps, soziale Medien, die Cloud sowie virtuelle Teams verändern die Art und Weise unserer Zusammenarbeit. Die Auswahl der richtigen Kollaborations-Software ist eine wirkliche Herausforderung und führt schnell dazu, dass wir das Wesentliche aus den Augen verlieren: Denn eigentlich geht es nicht wirklich darum, das perfekte Tool zu finden, sondern darum, dass wir ein Tool finden, das uns die Arbeit vereinfacht. Bei der Menge an Tools ist das gar nicht so einfach. Aber was sind Kollaborations-Tools eigentlich?

Wie alles begann ...

Zunächst wurde der Markt für Kollaborations-Software jahrelang von E-Mails dominiert. Mails waren die erste digitale Kommunikationsform, die unternehmensübergreifend sinnvoll verwendet werden konnte. In den frühen 2000er-Jahren begannen Chats und Webkonferenz-Tools die Welt der Kollaboration neu zu formen. Das führte dazu, dass große Unternehmen zwar Tools brauchten, aber diese nur langsam einführten.

Wir befinden uns momentan in einer Übergangsphase: Wir verwenden immer noch E-Mails, es gibt auch interne Chats, aber diese haben sich in Unternehmen noch nicht großflächig durchgesetzt. Deswegen setzen derzeit viele Unternehmen auf mehrere Tools für die Zusammenarbeit. Eine „Einheitslösung“ ist noch lange nicht in Sicht.

Unternehmen verwenden mehrere Softwareplattformen und -tools gleichzeitig: Eines für die Kommunikation innerhalb des Unternehmens, ein anderes für das Teilen von Dokumenten, und wieder ein anderes für den Austausch von Aufgaben.

Eine Studie zeigt, dass Unternehmen für die Zusammenarbeit durchschnittlich 4,4 verschiedene Tools oder Plattformen von drei verschiedenen Anbietern nutzen. Kein Wunder, dass das viele neue Herausforderungen bringt.

Kollaborations-Tools im Einsatz

Es ist auch wirklich nicht einfach, das passende Tool zu finden. Jedes dieser Tools verspricht zwar, dass es alles kann, aber meistens decken sie nur einen kleinen Teil der Gesamtanforderungen wirklich gut ab. Wir unterscheiden vier verschiedene Funktionsgruppen innerhalb der Kollaborations-Software:

1. Nachrichtenaustausch, und zwar für die synchrone und die asynchrone Kommunikation
2. Dokumentenmanagement, um auf Dateien zuzugreifen, die im Laufe eines Projekts entstehen
3. Dokumenterstellung, indem Dokumente gemeinsam erstellt und bearbeitet werden
4. Aufgaben- bzw. Projektmanagement, um gemeinsam an Projekten zu arbeiten und Aufgaben im Team zu verteilen

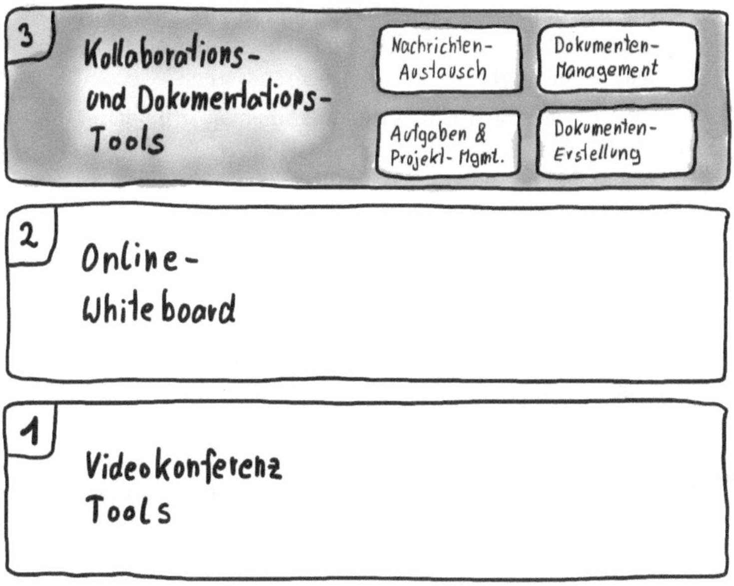

Bild 2.25 Funktionsgruppen von Kollaborations- und Dokumentations-Tools

2.3.5.1 Nachrichtenaustausch

Gute Kollaboration-Tools bieten im Idealfall mehrere Funktionen, damit das Team **synchron** und **asynchron** miteinander kommunizieren kann.

> Echtzeit oder **synchrone Kommunikation** bedeutet, dass Sie mit einer Person oder Personengruppe kommunizieren, die sofort antwortet. Telefonate und Videokonferenzen sind zum Beispiel synchrone Kommunikationswege, aber auch Chats.

Ein typisches Tool, das gerne dafür genutzt wird, ist **Slack**.[22] Slack ist eine Plattform, die die E-Mails ersetzen soll. Das Ziel dabei ist, dass Menschen online genauso effizient mit anderen zusammenarbeiten wie von Angesicht zu Angesicht. Aber Slack lässt sich auch asynchron verwenden.

Bei der **asynchronen Kommunikation** schicken Sie eine Nachricht an eine Person oder Personengruppe, die aber nicht gleich antwortet (oder antworten muss). Ein Beispiel sind E-Mails oder Postings in einem Kollaborationstool, die zunächst einmal nur liegen und erst später gelesen werden. Diese können auch Videos oder Audio-Medien enthalten.

Wenn Sie nun jemandem eine Nachricht schicken, dann sieht er/sie diese im Normalfall, sobald er/sie wieder ins Programm einsteigt, und kann anschließend darauf reagieren. Oder wenn Sie in einem Online-Whiteboard einen Kommentar zu einer Idee schreiben, wird das zwar gleich sichtbar, muss aber nicht sofort gelesen werden.

Unterschiedliche Wege, diese Nachrichten zu adressieren, zu gruppieren und anzuzeigen, helfen dabei, dass jede Person nur die Nachrichten sieht, die auch relevant für sie sind. Das passiert entweder, in dem die Adressanten bewusst ausgewählt werden oder indem Tags, Labels oder Kanäle genutzt werden.

Ein unkomplizierter Nachrichtenaustausch hilft dabei, Fragen zu stellen, Ideen zu teilen oder Fortschritte aufzuzeigen. Kommentarfunktionen erlauben, generelle Fragen und unklare Aufgabenstellungen schnell und problemlos zu diskutieren.

Viele Tools setzen auf ganz unterschiedliche Kommunikationswege, wie Video-Telefonie, Chat und E-Mail-Funktionen. Damit der Zugriff auf Dateien auch gleichzeitig funktioniert, bieten mehrere Tools eine Cloud-Speicherung bzw. eine Schnittstelle zu anderen Programmen an.

Viele Video-Softwareprogramme wie Zoom bieten diese Funktionen gleich direkt mit an. Zoom hat sogar die Möglichkeit, dass Sie Ihren Chat offline speichern und somit auch nach der Videokonferenz darauf zugreifen können. Das führt uns gleich zur nächsten Funktionsgruppe, dem Dokumentenmanagement.

2.3.5.2 Dokumenten-Management

Das Verwalten von Dokumenten aller Art ist eine wichtige Funktion für eine gelungene Kollaboration. Der Grundgedanken ist, dass die Teilnehmer diverse Dateien wie Bilder, Tabellen oder Textdokumente mit anderen teilen können. Und zwar so, dass sie auch wiedergefunden werden.

In unserem Unternehmen nutzen wir dafür z. B. **SharePoint**.[23] Bei diesem Programm von Microsoft laden wir Dateien in einen Ordner hoch, auf den alle im Team zugreifen können und bei dem auch gleich sichtbar wird, wann wer die letzten Änderungen vorgenommen hat.

---

[22] *https://slack.com/*

[23] *https://www.microsoft.com/de-at/microsoft-365/sharepoint/collaboration*

Dazu ist es hilfreich, dass die Dateien einerseits möglichst einfach - z. B. mittels Drag and Drop - in das Tool hochgeladen werden können, sich aber andererseits auch gemeinsam bearbeiten lassen. Viele Tools bieten eine zentrale Speicherung mit der Option, individuelle Zugriffsrechte zuzuweisen. Auch eine automatische **Versionierung** kann hier ein praktisches Feature sein.

Wir nutzen in Workshops noch gerne iCloud[24] von Apple, Dropbox[25] und manchmal, für besonders große Dateien wetransfer.[26]

2.3.5.3 Dokumentenerstellung

Die Dokumentation sorgt dafür, dass die Dinge auch tatsächlich passieren. Jeder hatte bereits großartige Workshops, bei denen tolle Ideen hervorgebracht wurden, die dann letztlich einfach nicht umgesetzt wurden und verloren gegangen sind.

Die Dokumentation setzt Erwartungen, sorgt für Klarheit und weist Verantwortlichkeiten zu. Sie erinnert, verstärkt, verdeutlicht und begrenzt den Umfang des Projekts. Ohne Dokumentation befinden wir uns oft in endlosen Schleifen. Gerade nach einem Online-Workshop sollte es eigentlich selbstverständlich sein, auch Ergebnisdokumente kollaborativ mit dem ganzen Team zu erstellen.

Wir nutzen in unseren Workshops am liebsten die guten alten Microsoft-Office-Tools: Wenn Dokumente in SharePoint abgelegt sind, lassen sich diese kollaborativ und zeitgleich verändern und kommentieren. An einer Markierung sieht man auch, an welchem Teil eine andere Person gerade arbeitet.

Das funktioniert so auch bei Apple iCloud. Das erste Tool, das das wirklich gut umgesetzt hat, war Google Docs.[27] Aber es gibt auch eine Reihe von etwas spezielleren Tools wie beispielsweise Confluence,[28] ein Wiki-basiertes System, oder Cryptpad,[29] das besonders für sicherheitsbewusste Benutzer perfekt geeignet ist.

Wir haben diese Tools häufig eingesetzt, um nach einem Online-Workshop beispielsweise **Anforderungsdokumente** zu erstellen, **Unternehmensabläufe** zu dokumentieren oder auch **Management-Summarys** zu verfassen, die dann Basis für Projektgenehmigungen waren.

[24] *https://www.icloud.com/*
[25] *https://www.dropbox.com*
[26] *https://wetransfer.com/*
[27] *https://www.google.com/intl/de_at/docs/about/*
[28] *https://www.atlassian.com/software/confluence*
[29] *https://cryptpad.fr/*

2.3.5.4 Aufgaben- und Projektmanagement

Kleine und einfache Aufgaben können eigentlich mit einer Nachrichtenfunktion oder auch per E-Mail „auf Zuruf“ verteilt werden. Aber bei größeren Gruppen oder einem längeren Projektzeitraum stößt dies bald an seine Grenzen. Ihre Kollaborations-Software sollte deswegen über eine Aufgabenverwaltung verfügen, mit der Sie Aufgaben über mehrere Workshops hinweg im Auge behalten können.

Meistens erfasst man zu einer einzelnen Aufgabe neben der Bezeichnung eine etwas längere Beschreibung, eine **Zuweisung** zu ein oder mehreren Personen und vielleicht ein Datum, bis wann die Aufgabe erledigt sein sollte, und natürlich den Status der Erledigung.

Natürlich sollten auch Aufgaben ähnlich wie Dokumente organisiert werden können, z. B. nach Gruppen, Status oder Tags. Wenn das Tool dann auch noch eine Übersicht über alle Aufgaben ermöglicht und dadurch die Planung vereinfacht, ist es eigentlich schon fast ein Projektmanagement-Tool, das auch bei großen Projekten hilft, nicht ins Chaos zu stürzen.

Ich nutze dazu gerne **Asana.**[30] Damit können Sie in Gruppen und Teams verschiedene Aufgaben teilen, kommentieren, mit einem Datum und einer Zuständigkeit versehen. Damit Sie wirklich nichts verpassen, können Sie sich auch gleich bei jeder Änderung eine klassische Mail schicken lassen. Was wir bei Asana besonders schätzen, ist die persönliche Inbox: Damit lassen sich zugewiesene Aufgaben gut organisieren.

Man sieht, welche Aufgaben neu hinzugekommen sind, und kann sie in „Heute“, „Demnächst“ oder „Später“ verschieben, um sie dann entsprechend zu bearbeiten. Es muss also nicht irgendein Projektmanager „Mikromanagement“ betreiben, sondern Sie sind selbst in der Verantwortung.

Trello[31] ist auch ein sehr gutes, weil eben einfach zu bedienendes Tool. Es basiert auf dem Kanban-Gedanken, dass Sie nicht zu viele Dinge gleichzeitig erledigen sollten. Sie bekommen mit Hilfe von Trello einen guten Überblick über den Status der verschiedenen Aufgaben.

Tipp

Wenn Sie sich schon vor dem Workshop auf ein Aufgabenmanagement-Tool einigen, können Sie direkt im Workshop die Aufgaben anlegen. Dann brauchen Sie kein eigenes Protokoll mehr und alle Teilnehmenden können sofort nach dem Workshop und voller Energie mit der weiterführenden Arbeit loslegen.

---

[30] *https://asana.com*

[31] *https://trello.com/*

Die wichtigste Frage ...?

Verschiedene Arten von Tools für die Zusammenarbeit bieten unterschiedliche Features. Das Wichtigste, an das Sie denken sollten, ist, was Sie eigentlich mit der Software erreichen wollen: Warum benötigen Sie die Kollaborations-Software? Was möchten Sie mit seiner Hilfe erreichen? Finden Sie heraus, mit welchen Kommunikationsproblemen das Team konfrontiert ist und welche Art von Inhalten Sie teilen und mit Ihrem Team zusammen bearbeiten wollen. Bevor Sie Ihre endgültige Entscheidung treffen, sollten Sie auch prüfen, ob die Kollaborations-Software in die bereits vorhandenen Tools integriert werden kann. ■

2.3.6 Microsoft Teams im Praxiseinsatz

Teams ist ein noch relativ junges Produkt von Microsoft. Die Firma hat es in den letzten 25 Jahren geschafft, die Dominanz bei den Betriebssystemen auch auf ihre Office-Suite auszudehnen. Und möglicherweise gelingt das auch bei Teams. Denn Teams ist eine umfassende Plattform, die sich auch gut für Online-Workshops eignet.

Sie beherrscht neben Online-Besprechungen auch Chats, Dateiaustausch, Notizen und viele weitere Features. Die einzelnen Teil-Features sind allerdings schon viel älter als die Gesamt-Plattform.

Bereits seit 2010 gibt es die Kommunikationslösung Lync, die dann später in „Skype for Business[32]" umbenannt wurde. Nun ist die Technologie zu Teams gewandert. Genauso der Dateiaustausch: Dieser basiert auf Sharepoint, mit dem Sie Dateien hochladen und versionieren können, aber auch Workflows hinterlegen können.

Wie kommen Sie zu Ihrem Account und der Software?

Wenn Sie in einer größeren Firma arbeiten, stehen die Chancen gut, dass Ihr Unternehmen neben einer Office-Lizenz auch eine Teams-Lizenz für Sie gekauft hat. Aber auch viele Freiberufler oder kleine Firmen nutzen mittlerweile Office oder Microsoft 365 - und da ist Teams schon mit dabei.

Wenn Sie Fragen zu Ihrem Konto haben, wenden Sie sich am besten an das IT-Team Ihrer Organisation. Oder Sie verwalten Ihre Lizenzen bereits selbst als Teil der 365-Suite von Microsoft. ■

[32] *https://www.skype.com/de/business/*

Die Struktur in Microsoft Teams

- Innerhalb von Teams können Sie einzelne „**Teams**“ anlegen. Die Namensgleichheit des Produkts mit den einzelnen Gruppen ist anfangs etwas verwirrend. Viele Unternehmen legen pro Abteilung ein „Team“ an, auf das alle Abteilungsmitglieder Zugriff haben. Auch für größere Projekte ist es sinnvoll, ein „Team“ mit allen Projektmitgliedern anzulegen.
- Ein „Team“ wiederum besteht aus mehreren **Kanälen**. Die Unterteilung ist dann sinnvoll, wenn Sie viele Inhalte teilen wollen, die vielleicht nicht für das ganze Team relevant sind. Sie können nämlich jeden Kanal so einstellen, dass Sie extra über Änderungen benachrichtigt werden.
- In jedem Kanal kann es mehrere **Inhaltstypen** geben, die sich über Registerkarten organisieren lassen. Immer dabei ist eine Übersicht über die Beiträge. Ein **Beitrag** kann zum Beispiel eine Unterhaltung sein und aus einem kürzeren oder auch längeren Text mit umfangreicher Formatierung bestehen. Andere Teammitglieder können diesen Unterhaltungen folgen und darin direkt antworten. Eine Unterhaltung kann auch auf eine Datei verweisen oder Links zu anderen Tools beinhalten. Auf diesem Weg können Sie auch Besprechungen erstellen.

Wie organisieren Sie in Teams einen Online-Workshop?

Um in Teams eine Besprechung anzulegen, gibt es gefühlt hundert verschiedene Wege, aber das ist auch der große Vorteil der Lösung: Es lassen sich viele Features geschickt miteinander kombinieren.

- Sie können in Outlook eine Besprechung anlegen und dort die Option „**Teams-Besprechung**“ aktivieren.
  - Sie können in Teams in Ihrem **persönlichen Kalender** eine neue Besprechung anlegen, indem Sie auf „neue Besprechung“ gehen. An dieser Stelle können Sie auch den Kanal wählen, in dem die Besprechung stattfinden soll.
  - Sie können auch direkt im Bereich „**Beiträge**“ eines Kanals eine neue Besprechung starten oder planen.
- So eine Besprechung hat eigentlich alle Optionen, die man aus einer normalen Outlook-Einladung kennt, aber Sie haben eben noch zusätzlich die Möglichkeit, einen Kanal auszuwählen. Im Browser können Sie dazu noch einstellen, ob es einen Warteraum geben soll und wer präsentieren darf.
- Ebenfalls zu der Besprechung gehört ein **Chat**. Dieselben Chat-Kommentare können Sie übrigens auch bei den Beiträgen im Kanal sehen bzw. nach dem Start des Meetings auch im Chat. Das ist ein kleines, aber wichtiges Detail. Denn genau in diesem Chat können Sie die wichtigen Links zum Workshop posten, die von dort aus direkt angeklickt und geöffnet werden können.
- Die **Video-Chat-Funktion** in Microsoft Teams ist relativ simple. Mit einem Klick auf „Teilnehmen“ kommen Sie direkt in den Meeting-Raum. Beim Start können Sie auch noch einstellen, ob Sie bereits mit Audio und/oder Video in den Raum eintreten. Sie können hier auch noch Ihren Hintergrund einstellen.
- Microsoft Teams verfügt über eine **Galerie-Ansicht**, die zurzeit nur neun Bilder gleichzeitig anzeigt (Stand Juni 2020, Erweiterungen sind geplant).

- Sie können die Calls auch aufzeichnen. Die **Aufnahme** wird nach dem Workshop automatisch im Chat gepostet und ist somit für alle Teilnehmer abrufbar.
- Ein interessantes Feature ist die Möglichkeit, dass Sie Präsentationen direkt über das Tool anzeigen können, ohne eine „normale" Bildschirmfreigabe nutzen zu müssen. Die Teilnehmer können dann sogar in der Präsentation selbstständig vor- und zurückblättern, wenn Sie das entsprechend in den Einstellungen so hinterlegen.

Das Online-Whiteboard in Teams

Teams verfügt über ein integriertes Whiteboard, das ich aber nicht empfehlen kann. Wenn Sie noch Microsoft Paint in Windows 95 kennen, werden Sie viele Funktionen wiedererkennen. Mehr ist leider nicht aus dem Feature zu holen.

Auch das standardmäßig integrierte Freehand von InVision ist nicht für die Arbeit in Workshops geeignet.

> Deswegen empfehle ich Ihnen neben Teams eines dieser beiden externen Online-Whiteboards: Miro[33] oder Mural.[34] Beide Programme lassen sich direkt in Teams integrieren.
>
> Das heißt, Sie können direkt in den Registerkarten diese beiden Whiteboards anzeigen. Oder Sie posten einfach den Link auf ein Whiteboard in den Chat und geben so allen Teilnehmern den Zugriff darauf, der im Übrigen auch nach dem Workshop weiterhin existiert.

Die Stärken und Schwächen von Teams

Microsoft hat mit Teams ein sehr umfassendes Produkt geschaffen, das viele bestehende Lösungen relativ geschickt kombiniert, wie beispielsweise die Videokonferenzen aus Lync oder die Dateifreigabe aus Sharepoint. Auch der momentane Preis ist attraktiv: Sie erhalten für 4,20 EUR im Monat mit „**Microsoft 365 Business Basic**" neben Teams auch ein Exchange-Postfach. Wenn Sie den Tarif „Microsoft 365 Business Standard" wählen, erhalten Sie auch noch alle Office-Programme für Desktop, Smartphone und Tablet.

Microsoft Teams kommt allerdings (noch nicht) an die spezialisierten Tools wie beispielsweise Zoom bei Videokonferenzen heran.

2.3.7 Prototyping- und Feedback-Tools

Fehler zu machen ist nach wie vor in vielen Unternehmen verpönt. Wir brauchen aber Experimente, um zu lernen und Produkte oder Services so zu gestalten, dass sie einerseits wirklich Nutzen bringen und andererseits wirtschaftlich realisiert werden können. Diese Tools

[33] *https://miro.com/*

[34] *https://www.mural.co/*

rund ums Experimentieren unterstützen uns dabei, Fragen zu klären, ob unsere Lösung auch wirklich Probleme löst.

Bei der Innovationsmethode Design Thinking geht es in der vierten Phase genau darum: ums „Experimentieren". In diesem Kapitel zeige ich Ihnen, wie das online funktioniert.

Online experimentieren

Wenn wir in einem normalen Workshop Ideen entwickeln, gibt es dazu eine Menge an erprobten Kreativitätstechniken. Im Online-Bereich liegt die Schwierigkeit darin, remote an der Umsetzung einer Idee zu arbeiten.

Die beste Idee wird Ihnen aber nichts bringen, wenn Sie sie nicht testen und auf Praxistauglichkeit prüfen können. Das bedeutet, dass Sie Feedback außerhalb der eigenen Gruppe sammeln müssen. Dazu müssen Sie die Idee aber zuerst einmal erleb- und greifbar machen.

Was ist ein Prototyp?

Ein Prototyp ist ein frühes Modell einer Idee. Wir nutzen den Prototyp, um ein neues Produkt, Service, Prozess oder Konzept auf seine Nützlichkeit in der realen Welt auszuprobieren. Dabei sammeln wir Feedback von potenziellen Nutzern, das wir wiederum in den Prototyp einfließen lassen, um ihn iterativ zu verbessern.

Wir unterscheiden bei Prototypen drei verschiedene Varianten:

1. Low-Fidelity-Prototypen
2. Medium-Fidelity-Prototypen
3. High-Fidelity-Prototypen

1. Low-Fidelity-Prototyp

Projekte, bei denen Sie nur eine Idee testen oder präsentieren möchten, fallen in diese Kategorie. Sie beginnen dabei ganz einfach mit Papier und Bleistift. Die Idee kommt aus dem Kopf in die Realität, aber eben erst einmal ganz grob gezeichnet, um zu sehen, ob die Richtung überhaupt stimmt.

In diesem Stadium brauchen Sie noch keine ausgefeilten Tools. Es reicht, die Skizzen zu fotografieren, oder Sie nutzen ganz einfach ein Online-Whiteboard.

> Wenn Sie in dieser Phase schon ein Tool z. B. für User-Interfaces einsetzen wollen, dann ein ganz simples, mit dem Sie schnell Wireframes erstellen können. Ein gutes Beispiel ist **Balsamiq.**[35] Dabei ist jedes Element mit ein paar Klicks erstellt und auch mit Inhalt gefüllt.

[35] *https://balsamiq.com/*

2. Medium-Fidelity-Prototyp

Von dieser Art Prototyp spricht man, wenn man bereits in der zweiten Iteration des Prototyps ist. In diese Kategorie gehören beispielsweise Projekte, bei denen Sie bereits erstes Feedback eingearbeitet haben. In diesem Fall kennen Sie schon gewisse Details und können so spezielle Informationen sammeln.

In unserer Praxis arbeiten wir bei User-Interfaces für Web und Mobile Apps mit Tools wie **Sketch,**[36] **Justinmind,**[37] **Origami Studio,**[38] **Figma**[39] oder **InVision.**[40]

Mit diesen Tools erstellen Sie ohne Programmierung ganz einfache Prototypen bis hin zu interaktiven Prototypen. Die meisten haben auch eine Drag-and-Drop-Oberfläche, welche auch Anfänger leicht benutzen können.

Einige Tools, wie z. B. Figma, sind Browser-basiert und haben auch Kollaborations-Features integriert, um gemeinsam und zeitgleich an Prototypen zu arbeiten oder auch um Feedback von einem verteilten Team und von Kunden einzuholen.

Manche Unternehmen besitzen eine Lizenz der **Adobe Creative Cloud.**[41] Darin enthalten ist das Prototyping Tool XD. Wo früher viele Designer Photoshop einsetzen mussten, übernimmt XD die Erstellung von interaktiven Designs.

- Aber Medium-Fidelity-Prototypen sind nicht nur für User-Interfaces relevant. Für Prozesse gibt es eigene Tools, um eine Customer Journey zu erstellen. Auch diese können Sie hervorragend mit Hilfe eines Online-Whiteboards erstellen. Diese haben auch Vorlagen für Prozesse oder eben Customer Journeys.
- Eine besonders spannende und neue Möglichkeit, mit physischen Objekten zu experimentieren, sind Virtual-Reality- oder Augmented-Reality-Programme. Dabei wird das Produkt als 3D-Objekt entwickelt, damit User interagieren können.

3. High-Fidelity-Prototyp

In diesem Stadium befinden sich Projekte, bei denen nur mehr das Finetuning fehlt. Dabei konzentrieren Sie sich auf Dinge wie das Grafikdesign des Layouts, Animationen bei virtuellen Prototypen oder Interaktionen im Prozess.

Auch dafür nutzen wir dieselben Tools wie beim Medium-Fidelity-Prototyp, nur wird mehr in die Detailtiefe gegangen. In dieser Phase agieren Sie als Vermittler zwischen der Idee, den Designern und den Entwicklern.

Sie können in dieser Phase auch eine erste Version der „richtigen" Umsetzung entwickeln. Das kann eine funktionsfähige Software oder ein physisches Produkt sein. Letztlich geht es darum, dass Sie das Gelernte in die Perfektion übersetzen, um so mögliche Stakeholder, Sponsoren und Nutzer für Ihre Idee zu gewinnen.

[36] *https://www.sketch.com/*
[37] *https://www.justinmind.com/*
[38] *https://origami.design/*
[39] *https://www.figma.com/*
[40] *https://www.invisionapp.com/*
[41] *https://www.adobe.com/at/creativecloud.html*

Was bringen diese Tools?

Der größte Vorteil von Prototyping-Tools ist, dass Sie so Risiken vermeiden können. Je früher Sie Fehler machen, desto schneller lernen Sie daraus.

Sie können diese Tools verwenden, um Ihre Vorstellungen der Ideen anhand der Anforderungen Ihrer Kunden besser zu verstehen. Durch die interaktiven Prototypen verstehen Sie besser, wie die Ideen aussehen, wenn sie zum Leben erweckt werden.

Das hilft wiederum dem Team dabei, aus mehreren Modellen die beste Idee auszusuchen, die dann direkt bei und mit den späteren Nutzern getestet wird. Auf diese Weise finden Sie schnell heraus, ob Ihre Idee letztlich auch tatsächlich am Markt akzeptiert wird bzw. welche Änderungen notwendig sind, damit sie funktionieren.

Feedback sammeln

Wenn Sie Ihre Idee in einen Prototyp umgesetzt haben, sind Sie schon einen guten Schritt vorangekommen. Aber eben noch nicht am Ende. Denn um wirklich herauszufinden, was Ihre Kunden tatsächlich über Ihre Idee denken, müssen Sie sie auch direkt fragen. Daran führt kein Weg vorbei, auch nicht in der Online-Welt. Sie müssen also nach einer repräsentativen Gruppe von Nutzern Ausschau halten und sie dann nach deren Meinung zu Ihrer Idee fragen.

Ein Usability-Test ist im Grunde nichts anderes, als Ihren potenziellen Nutzern den Prototyp Ihrer Idee zu zeigen und ein Gespräch darüber zu führen.

Bei einem Usability-Test beobachten Sie genau das Verhalten der Person, die den Test durchführt, und stellen danach die Fragen. Es gilt, gut zuzuhören. Achtung: Bei diesem Schritt geht es nicht darum, das Produkt oder Konzept zu erklären oder zu sagen, wie etwas funktioniert. Der Nutzer soll erstmal die Idee kennenlernen, die er in den meisten Fällen noch gar nicht kennt.

Generell gilt, dass die Tests im Idealfall immer persönlich durchgeführt werden sollten. Dafür können Sie die Video-Software nutzen, um die Gespräche von Angesicht zu Angesicht zu führen.

Auch viele der vorhin vorgestellten Prototyping-Tools unterstützen Präsentationen und erlauben das Einholen von Feedback. So können Sie während eines Workshops den Prototyp präsentieren, dann den Link ausschicken und die Testpersonen können in Ruhe ihr Feedback formulieren.

Tools-Empfehlungen fürs Prototyping

Es gibt auch Tools, die sich speziell auf das Einholen von Feedback konzentrieren. Eines davon ist **UserZoom.**[42] UserZoom bietet die Möglichkeit, dass Sie Ihre eigenen Teilnehmer in Studien einladen und mit Ihnen Feedback-Gespräche durchführen. Sie können aber auch auf die 120 Millionen Probanden von UserZoom zurückgreifen und Ihre Tester durch die Zielgruppenanalyse finden.

---

[42] *https://www.userzoom.com/de/*

Es gibt auch Tools wie **Loop11**,[43] mit dem Sie A/B-Tests, Tests von Live-Websites oder Prototypen sowie Heatmaps und Clickstream-Analysen durchführen können. Mit Loop11 arbeitet man mit seinen eigenen Teilnehmern.

Crazy Egg[44] ist ein gutes Tool für Website-Analysen. Es ist bekannt für seine Heatmaps und die Confetti-Snapshots-Funktion.

Machen ist wie Denken – nur krasser!

Aber: Verlieren Sie sich auch hier nicht im Tool-Dschungel, sondern kommen Sie ins Tun! Tools können Sie gut unterstützen, aber sie ersetzen niemals die Handlung selbst.

2.4 Auswahl der Tools

Im Grunde wollen Sie ja Tools, die einerseits jeder zu verwenden weiß und die das Team im Idealfall später weiterhin nutzt. Der beste Weg, dieses zu finden, besteht immer noch darin, die Teammitglieder direkt über ihre persönlichen Bedürfnisse und Ressourcen zu befragen. So erhalten Sie einerseits nützliche technische Einblicke und zeigen andererseits Respekt und Interesse für ihre Erfahrungen.

Diese Umfrage gibt Ihnen einige erste Informationen, mit denen Sie gut starten können. Nutzen Sie die Antworten für Ihre Auswahl, aber achten Sie bei der Befragung auch auf Begeisterung, Vertrauen, Angst oder Skepsis:

- Welche der Tools, die Sie in Betracht ziehen, haben die Menschen eventuell bereits verwendet?
- Was waren ihre Erfahrungen?
- Wie offen sind sie dafür, etwas Neues zu lernen?
- Wie lange könnte es dauern, bis sie auf dem neuesten Stand sind?

Es gibt in jedem Team ganz unterschiedliche Bedürfnisse, die Sie näher betrachten müssen:

1. Die Bedürfnisse, die Sie als Moderator und/oder Gastgeber haben,
2. die Bedürfnisse Ihrer Kollegen und
3. die Bedürfnisse Ihrer Organisation.

[43] *https://www.loop11.com/*
[44] *https://www.crazyegg.com/*

Im Folgenden finden Sie eine Anleitung, wie Sie die Bedürfnisse und Anforderungen sicher ermitteln und darauf basierend das für Sie beste Tool auswählen können.

Schritt 1: Klären Sie Ihre Bedürfnisse als Moderator

- Welche Tools unterstützen die Ziele des Meetings oder Workshops?
  - Wie sollen die Ergebnisse dokumentiert werden? Soll das Meeting aufgezeichnet werden? Wenn ja, in welchem Format?
  - Was passiert mit den Notizen, die jemand mitschreibt? Gibt es eine gemeinsame Plattform?
  - Wo wird gearbeitet? Auf einem Whiteboard?
  - Wie sollen die Teilnehmer untereinander kommunizieren? Brauchen Sie Breakout-Räume für Ihr Vorhaben?
- Benötigen Sie während des Meetings einen zweiten Kommunikationskanal?
  - Wenn ja, wofür genau wollen Sie diesen zweiten Kanal nutzen: Sollen dort Fragen oder Beiträge geteilt werden oder ist das mehr ein privater Ort zum Austausch?
  - Wie werden Informationen und Materialien wie zum Beispiel die Agenda ausgetauscht?
  - Möchten Sie, dass alle diese Dokumente bearbeiten können?
- Was sollen die Teilnehmer nach diesem Meeting tun und welche Tools benötigen sie dazu?
  - Wie können Sie den Fortschritt verfolgen oder Follow-up-Nachrichten veröffentlichen?

Schritt 2: Klären Sie die Bedürfnisse der Teilnehmenden

- Bewerten Sie als Nächstes die Bedürfnisse Ihrer Teilnehmer: Welches Setup ist für die Teilnehmer am einfachsten?
  - Womit können sie produktiv arbeiten?
- Welche Meeting-Tools sind vielleicht schon in Verwendung?
  - Haben die Teilnehmer überhaupt Zeit, die Tools vor dem Workshop/Meeting kennenzulernen?
  - Wollen Sie die Teilnehmer einführen oder sollen sie sich das entsprechende Wissen selbst aneignen?
  - Werden sie ihren Computer, ihr Tablet oder ihr Telefon verwenden?
- Von wo aus werden sie teilnehmen?
  - Wie gut ist dort die Geschwindigkeit und Stabilität der Internetverbindung?
  - Wie kommunizieren die Teilnehmer am liebsten?

> Um diese Fragen zu beantworten, sammeln Sie Input von den Teilnehmern.
>
> Warten Sie damit bis nach der Erstellung Ihrer Agenda, um die Bedürfnisse mit den Techniken und Zielen abzugleichen.
>
> Wenn Sie Ihr Meeting auf einer Plattform abhalten, die niemand bedienen kann, wird der Frust nicht lange auf sich warten lassen und alle Bemühungen, die Sie vorab so intensiv verfolgt haben, waren umsonst. Wenn Sie sich also für ein neues Tool entscheiden, sprechen Sie zuerst mit den Teilnehmern darüber, wie sie sich damit vertraut machen möchten und bieten Sie Hilfe an.

Schritt 3: Klären Sie die Sicherheitsanforderungen, die Ihr Unternehmen stellt

Die Durchführung Ihres Meetings oder Workshops muss aus Sicht des Unternehmens sicher sein. Es gilt dabei, die Risiken zu managen und Unternehmensregeln einzuhalten. Zu den wichtigsten Sicherheitsfragen gehören:

- Wie vertraulich sind die Informationen, die Sie besprechen wollen?
  - Gibt es Regeln rund um die Weitergabe und Speicherung dieser Informationen?
  - Müssen Sie das Meeting aufzeichnen und wenn ja, in welcher Form sollte die Aufnahme sein (Notizen, Audio, Video)?
- Befinden sich die Teilnehmer an einem Ort, an dem sie sicher über sensible Themen sprechen können?
  - Sind sie während des virtuellen Treffens beispielsweise in einem ruhigen, privaten Raum (ein Büro in einer anderen Niederlassung oder Zuhause) oder befinden sie sich an einem chaotischeren und öffentlichen Ort (einem Café, einer Flughafenlounge)?
- Erfüllt die zu nutzende Plattform die Sicherheitsanforderungen?
  - In welchem Land werden die Daten gespeichert?
  - Gibt es Datenschutzvereinbarungen mit dem Betreiber?
  - Wird Verschlüsselung eingesetzt und – wenn ja – welcher Art?
  - Wie wird unautorisierter Zugriff auf die Kommunikation verhindert?

Schritt 4: Die Anforderungsliste

Das Ergebnis dieses Vorgehens ist eine Liste mit verschiedenen Anforderungen und eine Liste mit Einschränkungen. Um die beste Option zu ermitteln, führen Sie eine Bestandsaufnahme der derzeit verfügbaren Software-Tools durch.

> Informieren Sie sich während der Beantwortung dieser Fragen darüber, welche Services der IT-Support zum Einrichten und Ausführen eines virtuellen Meetings bietet. Eventuell kann die IT-Abteilung ein Tool vorschlagen, das die Anforderungen Ihres Meetings erfüllt, und kann Ihre Remote-Kollegen über das Software-Setup informieren.
>
> Selbst wenn Sie keine Mitarbeiter des Unternehmens zur Beantwortung dieser Fragen zur Verfügung haben, lassen Sie sich von einem Spezialisten beraten und durch den Tools-Dschungel führen. Ihre Nerven und Ihre Zeit werden es Ihnen danken.

Ich bin der Überzeugung, dass Menschen nur dann Probleme wirklich lösen können, wenn sie im Team zusammenarbeiten. Studien zeigen, dass Menschen gemeinsam viel effizienter, motivierter und produktiver sind. Digitale Plattformen und Tools sollen uns dabei unterstützen und die Kommunikation mit anderen Kollegen erleichtern. Täglich werden es immer mehr Tools mit immer besseren Features und immer vielfältigeren Möglichkeiten.

Sobald Sie Ihre Tools ausgewählt haben, sollten Sie diese nochmals einige Tage vor dem Meeting ausprobieren, um sicherzustellen, dass Sie am eigentlichen Tag direkt einsteigen können. Dazu führen Sie einen Testlauf durch. Vergessen Sie dabei nicht, auf die Zeit zu achten.

2.4.1 Testen Sie Ihre Tools

> **Checkliste für Ihren Trockendurchlauf**
>
> - Haben die Teilnehmer alle notwendigen Informationen erhalten, die sie für die Besprechung benötigen?
> - Funktionieren die von Ihnen eingesetzten Features wie Bildschirmfreigabe oder der Chat? Stellen Sie sicher, dass auch Ihre Kollegen die Freigabe haben, sodass sie diese Tools verwenden können. Prüfen Sie an dieser Stelle auch, ob Sie bei Bedarf Dokumente oder Materialien während Ihres Meetings verschicken, anzeigen und empfangen können, ohne dass die Audio- oder Videoqualität darunter leidet.
> - Haben Sie alles, was Sie an Hardware benötigen?
>   - Haben Sie ein Headset? Ist das Licht gut eingestellt?
>   - Haben Sie genügend Stromquellen?
>   - Ist Ihre Ton- und Videoqualität wirklich gut?
> - Brauchen Sie eventuell Hilfe von einem IT-Spezialisten?

Wenn Sie bei diesem Testlauf bemerken, dass Ihr Setup zu aufwendig ist, dann sollten Sie überlegen, was Sie weglassen können. Testen Sie aber danach unbedingt auch den überarbeiteten Ansatz!

Überprüfen Sie am Tag vor Ihrem Meeting, dass Sie wirklich einen ruhigen Platz haben und die Hardware einsatzbereit ist. Wenn Sie Unterstützung von der IT brauchen, fragen Sie nach, ob die Abteilung wirklich weiß, was Sie benötigen.

Dies ist auch ein guter Zeitpunkt, um Ihre Teilnehmer an das Meeting zu erinnern und nochmals alle Informationen zu senden. Bitten Sie sie um eine kurze Bestätigung, dass sie alles haben, um produktiv dabei zu sein.

Was tun, wenn die Technik Sie im Stich lässt?

Als Meeting-Leiter müssen Sie mit Problemen sowohl auf Ihrer Seite als auch auf der Ihrer Teilnehmer vorbereitet sein. Verschiedene bewährte Vorgehensweisen helfen Ihnen dabei, möglicherweise auftretende Probleme gut zu bewältigen:

- **Suchen Sie sich einen technischen Helfer:** Bitten Sie einen Teilnehmer als Ansprechpartner zur Verfügung zu stehen, falls technische Probleme auftreten sollten. Wenn jemand nicht auf Materialien zugreifen kann oder die Internetverbindung ausfällt, können sich dann die Teilnehmenden an diese Person wenden.
  - Wählen Sie jemanden aus, der mit den von Ihnen verwendeten Tools vertraut ist, damit er/sie auch wirklich weiterhelfen kann.
  - Wählen Sie niemanden aus, der während des Meetings einen eigenen Agenda-Punkt hat, wie z. B. Inhalte zu präsentieren.
- **Schicken Sie Ihren Teilnehmern vorab Ihre Kontaktdaten**, damit sie Sie im Fall des Falles kontaktieren können: Telefon, Chat, E-Mail, Messenger - was auch immer für Ihr Meeting als zusätzlicher Kommunikationskanal am besten geeignet ist. Wählen Sie aber auf keinen Fall den Kanal aus, den Sie für das Meeting selbst verwenden.
- Bitten Sie den technischen Helfer, an Ihrem **Probelauf** für das Meeting teilzunehmen.
- **Schreiben Sie für sich und Ihren Helfer auf Papier die technischen Informationen auf**, die Sie im Fall des Falles benötigen. Legen Sie diesen Zettel neben sich zu Ihrem Computer, damit Sie schnell darauf zugreifen können. Sie sollten nicht während eines Meetings die Hotline Ihres Internetproviders anrufen müssen. Bei Bedarf sollten Sie diese Dinge Ihrem Helfer überlassen. Deswegen ist es auch so wichtig, dass Sie Ihre Notizen mit den Login-Informationen mit ihm/ihr teilen. Relevante Elemente sind:
  - Name und Telefonnummer des IT-Supports
  - Name Ihres Internetdienstanbieters und Telefonnummer der Hotline
  - Alle Logins für Ihre Tools
  - Name und Version des Betriebssystems, das Sie aktuell verwenden

Wenn Sie trotz all der Vorbereitungen Ihr Meeting trotzdem nicht fortsetzen können, sollten Sie den Teilnehmern offen mitteilen, was gerade passiert, und gemeinsam entscheiden, wie Sie fortfahren wollen: den Termin verschieben? Oder auf einen anderen Kommunikationskanal wechseln? Oder die Besprechung ganz abbrechen?

Sie können in diesem **Backup-Plan** auch schon eine alternative Software notieren und den Personen mitteilen, dass Sie im Notfall zu diesem Kanal wechseln werden.

Wenn nichts mehr funktioniert und Sie Ihr Meeting/Workshop absagen müssen, dann senden Sie am besten eine E-Mail, in der Sie die Situation erklären: „Wir haben gerade technische Schwierigkeiten, die zuerst behoben werden müssen. Es tut mir sehr leid, aber wir müssen unser Meeting auf einen späteren Zeitpunkt verschieben. Ich werde mich so schnell wie möglich bei Ihnen mit weiteren Informationen melden. Ich entschuldige mich für die Unannehmlichkeiten."

Das Absagen eines Meetings ist frustrierend, vielleicht sogar peinlich, aber es ist nicht das Schlimmste, was passieren kann. Viel schlimmer ist zum Beispiel, wenn Sie Ihre Tools nicht gut ausgewählt haben oder diese nicht beherrschen. Aber wenn Sie das Kapitel aufmerksam lesen, sollte Ihnen das nicht passieren.

2.4.2 Tools kommunizieren

Nachdem Sie die Tools Ihres Teams ausgewählt haben, legen Sie klare Regeln für deren Verwendung fest. Auf diese Weise werden die Mitarbeiter zur Rechenschaft gezogen und neue Mitglieder können sich schnell einleben.

Sie müssen nicht für jedes dieser Themen Regeln erstellen – wählen Sie diejenigen aus, die für Sie und Ihr Team am wichtigsten sind. Vermeiden Sie aber auf jeden Fall vage oder nichtssagende Regeln. Wenn Sie diese Regeln aufstellen, verschicken Sie sie und lassen Sie alle wissen, dass es sich nur um einen ersten Entwurf handelt: Mit Hilfe des gesamten Teams können Sie dann dieses lebende Dokument iterieren und verfeinern, um es für Ihre Arbeit zu optimieren.

Achten Sie beim Erstellen von gemeinsamen **Dokumenten** auf folgende Dinge:

- Wie benennen Sie die Dateien?
- Wann sollten Dateien schreibgeschützt sein?
- Wie stellen Sie sicher, dass die Teammitglieder ohne Redundanz oder Ineffizienz arbeiten?
- Wer im Team hat Zugriff auf die verwendeten Tools, Plattformen, Dienste und Datenbanken?
- Wie können Sie sensibles Material sicher freigeben und speichern?
- Welche Dokumente oder Tools müssen synchronisiert werden?
- Wer kümmert sich um eventuelle Probleme, die bei einem Teammitglied auftauchen können?

Bei **Kommunikationstools** gibt es noch ein paar Dinge mehr zu bedenken: Eine gute Kommunikation über mehrere Plattformen hinweg erfordert Disziplin und eine gemeinsame Etikette:

- Ist es in Ordnung, Kollegen für spontane Fragen einfach anzurufen?
- Sollen Sie zuerst eine E-Mail senden?
- Wann sind die einzelnen Personen für dieses Projekt verfügbar?
- Wer ist für die Einrichtung von Videokonferenzen verantwortlich?
- Welche Art von Konversation gehört in eine E-Mail im Vergleich zu einem Telefonanruf, einer Textnachricht oder einem Online-Einzel- oder Gruppenchat?
- Wer und wie wird entschieden, wer an einem Meeting teilnimmt oder in eine E-Mail eingefügt werden soll?
- Wie schnell soll auf E-Mail, Telefon oder über andere Kanäle reagiert werden?
- Welche Abkürzung sollen Sie verwenden, um sich gegenseitig bei der Kommunikation zu unterstützen und vor allem sich zu verstehen? Beispielsweise könnte Ihre Gruppe jeder E-Mail-Betreffzeile den Namen des Projekts in Klammern voranstellen, sodass der Empfänger auf einen Blick sieht, worum es in der Nachricht geht.
- Wer ist für die Pflege eines gemeinsamen Kalenders verantwortlich?
- Gibt es Regeln für die generelle Kommunikation? Ist es beispielsweise in Ordnung, jemanden in BCC in einer Team-E-Mail zu setzen? Sind Nebengespräche am Telefon oder in einem Video-Chat zu irgendeinem Zeitpunkt akzeptabel? Was sind die Regeln für Emojis?

3 So moderieren Sie wie ein Profi

Denken Sie an das beste Meeting zurück, an dem Sie kürzlich teilgenommen haben. Was hat es so erfolgreich gemacht? Es wies vermutlich einige dieser Eigenschaften auf:

- Es gab eine Tagesordnung und vielleicht hielt der Moderator nicht sklavisch daran fest,
- aber er erreichte die vorher festgelegten Ziele.
- Jeder Teilnehmer konnte entweder etwas lernen oder etwas beitragen.
- Es wurde interagiert, es wurden gute Diskussionen initiiert, es wurde mit Wertschätzung gearbeitet. Fragen wurden gestellt und
- es musste nie um Aufmerksamkeit gebuhlt werden.
- Die getroffenen Entscheidungen wurden als legitim und fair getroffen betrachtet, auch wenn vielleicht nicht alle derselben Meinung waren.
- Es wurden Informationen mitgeteilt, Probleme gelöst und Ideen generiert.

Anders gesagt: Das Meeting war produktiv.

Das hört sich doch toll an, oder? Aber solche Ausgänge sind keine Zufallsprodukte. Nichts davon ist einfach so passiert. Interaktionen funktionieren nur dann gut, wenn jeder die Regeln der Kommunikation versteht, sie akzeptiert und befolgt. Die Erwartungen müssen im Vorfeld abgeklärt, die Rollen gut verteilt werden.

Wichtig ist, dass Sie sich selbst bewusst sind, was Sie erwarten und wie das Ziel aussehen soll und diese Erwartungen klar bereits vor dem virtuellen Treffen kommunizieren. Sie können diese Erwartungen Ihren persönlichen „**Verhaltenskodex**" oder Ihre „**Besprechungsregeln**" nennen. Verteilen Sie sie auf jeden Fall in einer E-Mail, die Sie vor der Besprechung an alle Teilnehmenden versenden, damit jeder sich darauf vorbereiten kann und weiß, was er/sie tun muss, um produktiv teilzunehmen.

Wenn Sie Ihre Aufgaben erledigt und die Vorbereitungsarbeit hinter sich gebracht haben, ist es an der Zeit, Ihre Bemühungen in ein großartiges (virtuelles) Treffen mit greifbaren Erfolgen zu verwandeln. Das Ziel ist, dass Sie, nachdem Sie eine produktive Diskussion geführt oder ein schwieriges Problem gelöst haben, alle begeistert von dem Ergebnis und zufrieden sind.

Um zu einem solchen Ergebnis zu gelangen, sind vor allem Sie als Moderator gefragt. Ihre Aufgabe ist es, in der Besprechung „aktiv" zu sein, Konflikte zu vermitteln, Missverständnisse zu klären, Regeln durchzusetzen und die Dynamik der Gruppe aufrechtzuerhalten. Das kann harte Arbeit sein.

In diesem Kapitel lernen Sie Best Practices für jede Phase der Interaktion kennen, um zu wissen, was Sie tun müssen, damit sich Ihr Einsatz auch wirklich lohnt.

3.1 Die Rolle des Moderators

Schlechte Kommunikation, verpasste Fristen, schwierige Stakeholder. Jedes Team kennt solche Probleme. Die Herausforderung gerade in der Online-Welt ist allerdings, dass Sie als Moderator oft nicht viel davon ahnen, bis etwas wirklich schiefgelaufen ist und Sie nur noch reagieren können. So viel von dem, was hinter den Kulissen passiert, zum Beispiel schlechtes Zeitmanagement oder aggressive E-Mail-Kommunikation, ist für Sie nicht sichtbar. Sie erleben in den meisten Fällen nur die Auswirkungen und Ergebnisse davon.

Diese eingeschränkte Sichtweise kann dazu führen, dass Sie unbewusst latent nervös sind und dadurch unbeabsichtigt in den Online-Begegnungen Druck aufbauen, um eben diese Kontrolle zu bekommen. Das spüren wiederum die Teilnehmer und sie beginnen damit, Probleme zu verbergen, weil sie Angst haben, dass sie die Schuld dafür zugewiesen bekommen.

Damit solche Hürden schnell überwunden werden und Schwierigkeiten erst gar nicht auftreten, müssen Sie als Moderator ein besonders feines Gespür für die Menschen, deren Bedürfnisse und Sorgen entwickeln und ein gutes Auge für Probleme haben.

> Trotz all der Vorbereitung wird dennoch das Unerwartete passieren und Sie werden mit großer Wahrscheinlichkeit auch das eine oder andere Mal improvisieren müssen. Dann heißt es durchatmen und weitermachen.

Das dafür notwendige Selbstbewusstsein bauen Sie vor allem auf, indem Sie sich im Vorfeld wirklich gut auf das Treffen vorbereiten. Wenn Sie vorher die Agenda gut durchdacht, die Methoden zumindest einmal durchgespielt und die Stärken und Schwächen der Tools kennengelernt haben, brauchen und werden Sie auch keine Angst vor dem Einsatz derselben haben. Sie werden dann nicht nervös nach Features suchen oder sich nochmals eine Methode durchlesen wollen, sondern Sie werden sich voll und ganz auf Ihr Meeting und die Teilnehmer konzentrieren.

Was können Sie machen, wenn trotzdem etwas Unerwartetes passiert?

Sie haben mehrere Möglichkeiten zu reagieren, wenn etwas nicht nach Plan läuft:

- Wenn zum Beispiel die Teilnehmenden die von Ihnen angesagte Methode nicht verstehen oder sich mit der Umsetzung schwertun, dann können Sie ihnen eine Beschreibung derselben zukommen lassen - vorausgesetzt natürlich, Sie haben diese vorab schon zusammengefasst. Dadurch hat jeder Teilnehmer die Chance in seinem/ihrem eigenen Tempo die Methode geistig durchzudenken und dann umzusetzen. Ein häufiges Problem in der Online-Welt ist, dass viele sich gar nicht nachzufragen trauen, wenn sie etwas nicht verstanden haben, weil sie Angst davor haben, ausgelacht zu werden.

- Sie müssen sich auch unbedingt bewusste Übergänge von der einen zu der anderen Methode überlegen. Eine scheinbar zufällige Anreihung der verschiedenen Übungen steigert nicht das Vertrauen in Ihre Fähigkeiten als Moderator. Sie brauchen einen bewussten Plan und das Wissen, was die nächsten Schritte sein werden (Abschnitt 4.2.1).

Haben Sie Antworten parat auf Fragen wie:

- Was ist das Ergebnis der Übung?
- Wo können die Personen die Ergebnisse teilen?
- Was passiert, wenn eine Übung doch nicht wie erwartet zu dem Ergebnis führt?
- Wie sieht Plan B aus?

All das sind Dinge, die Sie gleich zu Beginn, aber auch immer wieder während der Besprechung mit dem Team besprechen sollten, damit nichts Wichtiges verloren geht.

- Als Moderator fungieren Sie vor allem als Reiseführer durch unsicheres und neues Terrain. Sagen Sie deswegen auch immer jeden Start und jedes Ende einer Methode an, damit alle wissen, an welcher Stelle des Workshops Sie gerade stehen.
- Arbeiten Sie mit Timeboxing, um ein Gefühl der Dringlichkeit zu erzeugen und Dynamik in die Gruppe zu bekommen. Damit die Menschen in die Gänge kommen und nicht in die Passivität bzw. in die Haltung des Berieselns fallen, arbeiten Sie mit vielen Abstimmungen, Umfragen und Einzelarbeiten. Wichtig ist, dass die Menschen engagiert und motiviert sind. Vergessen Sie nicht, ein Online-Workshop lädt dazu ein, sich ganz schnell mit anderen Dingen zu beschäftigen. Es fehlt der physische Raum und dadurch entsteht oft das Gefühl, dass die anderen nicht sehen und dadurch auch nicht wissen, wenn Sie sich mit etwas anderem beschäftigen.
- Behalten Sie immer die Kontrolle und haben Sie auch keine Angst davor, dominanten Stimmen Einhalt zu gebieten. Binden Sie dazu immer alle Personen gleichberechtigt in die Diskussionen ein.

So sorgen Sie für ein Gefühl der Sicherheit und des Vertrauens

Jeder kennt es, wenn es still wird und niemand etwas sagt. Wenn wir nicht sprechen, liegt dies hauptsächlich an der Angst vor Versagen, Spott und Verlegenheit. Das ist aber ein großes Problem für Produktivität, Kreativität und auch das Wohlgefühl. Bei Teams in einer Online-Umgebung kommt noch hinzu, dass die Personen meistens kein oder nur wenig Vertrauen in ihren Umgang mit den neuen Tools oder Methoden haben. Vor allem, wenn sie von Natur aus introvertierter sind, brauchen diese Menschen noch etwas mehr Unterstützung, damit sie sich zu Wort melden und ihre Ideen einbringen.

Folgende Dinge können Sie tun, damit sich alle Teilnehmenden respektiert, verstanden und gut in Ihrer Obhut als Moderator aufgehoben fühlen:

- Fördern Sie bei ruhigeren Menschen deren spezifisches Wissen durch spezifisches Fragen. Adressieren Sie sie mit Namen, damit sie sicher sind, dass Sie sie ansprechen. Versuchen Sie es zum Beispiel mit folgenden Aufforderungen:
  - „Stefan, wie waren deine Erfahrungen mit diesem Problem?"
  - „Irene, du hattest doch am meisten mit diesem Kunden zu tun. Bist du schon mal auf dieses Problem gestoßen?"
  - „Carmen, ich denke, du hast bei deinem letzten Projekt etwas Ähnliches erleben müssen. Was hat bei dir funktioniert?"
- Wenn jemand das Gespräch dominiert, anerkennen Sie kurz den Standpunkt dieser Person und wechseln Sie dann zu einem neuen Thema oder einer neuen Frage:
  - „Ich möchte am Ende des Treffens darauf zurückkommen, wenn wir Zeit haben. Konzentrieren wir uns zunächst auf X."
  - „Okay, ich habe deinen Standpunkt verstanden. Hat jemand jetzt eine Antwort darauf oder können wir das Thema auf später verschieben?"
  - „Wir haben zu dieser Frage bereits gute Antworten gefunden. Vielleicht sollten wir uns noch auf die anderen Dinge konzentrieren? Die Zeit drängt leider."
- Wenn jemand wiederholt andere unterbricht, sollten Sie dieses Verhalten höflich, aber bestimmt unterbrechen:
  - „Bitte einer nach dem anderen, ich verstehe sonst leider kein Wort. Alice, was hast du gesagt?"
  - „Bitte merken Sie sich Ihre Frage bis zum Ende der Präsentation."
  - „Das ist gerade nicht das Thema. Im Moment beschäftigen wir uns mit X."
- Sprechen Sie die Menschen immer direkt und mit ihrem Namen an. Das zeigt ihnen, dass Ihnen ihre Meinung wichtig ist und vor allem, dass Sie wissen, dass sie da sind.

So können Sie gezielt Vertrauen in einem neuen Team aufbauen

- Sprechen Sie darüber, indem Sie den Leuten sagen, dass sie gut in diesem Setting aufgehoben sind und dass es nichts gibt, was sie falsch machen können.
- Nutzen Sie gezielt kurze Icebreaker und Energizer, damit die Menschen voneinander und übereinander lernen.
- Wenn Sie das Gefühl haben, dass jemand unsicher ist, fragen Sie direkt nach. Am besten warten Sie einen ruhigen Moment ab und suchen das Vier-Augen-Gespräch.
- Fordern Sie die Teilnehmer auch aktiv dazu auf, ihre Ängste, Fragen und Bedenken offen oder zumindest mit Ihnen anzusprechen.

Jeder Teilnehmende hat bei dem Treffen etwas zu sagen, deshalb haben Sie ihn oder sie ja auch eingeladen. Die Dynamik zwischen den verschiedenen Persönlichkeiten kann jedoch zu einem Ungleichgewicht führen. Ruhige Menschen ziehen sich zum Beispiel im virtuellen Raum meistens noch mehr zurück, während extrovertiertere Personen die Bühne einzunehmen wissen und das fehlende Feedback (oft in Form von Körpersprache) dazu nutzen, um über alles Mögliche zu sprechen.

Schaffen Sie eine gesunde, offene Atmosphäre

Stellen Sie gezielte Fragen und sorgen Sie dafür, dass alle gleich zum Zug kommen. Achten Sie auch auf regelmäßige Pausen, damit jeder seinen Beitrag leisten und auch im eigenen Tempo agieren kann. Versuchen Sie das bevorzugte Kommunikationsmittel miteinzubeziehen: Wenn Ihre Teilnehmer zum Beispiel lieber schreiben, nutzen Sie öfters den Chat. Aber sprechen Sie auch dort die Personen immer direkt an. Im Laufe des jeweiligen Treffens wird sich eine eigene Dynamik entwickeln, die Ihr Meeting in Bewegung hält.

Hier sind einige hilfreiche Tipps für Situationen, die bei fast jedem virtuellen Treffen auftreten:

- Wenn eine Diskussion stattfindet oder die Stimmung am Kippen ist, müssen Sie schnell reagieren. Schreiben Sie dann das Thema oder die Frage für alle sichtbar auf und fassen Sie das Problem kurz zusammen. Sagen Sie zum Beispiel: „Lassen Sie uns diesen Punkt für einen Moment zusammenfassen. Ich möchte dazu auf Petras Kommentar zu den Problemen zurückkommen, mit denen wir konfrontiert sind. Hat jemand eine Antwort darauf?"
- Wenn die Gruppe still ist und niemand redet, kann das mindestens zwei verschiedene Gründe haben: Die Menschen könnten beispielsweise schweigen, weil sie aufmerksam zuhören. Oder aber sie sind so still, weil sich gerade niemand auskennt und keiner das zugeben will. Um herauszufinden, was gerade in Ihren Teilnehmern vorgeht, halten Sie kurz an und fragen Sie direkt nach dem Problem. Fragen Sie auch nach, was die Teilnehmer brauchen, um weitermachen zu können. Machen Sie auch hier wieder einen kurzen Puls-Check.
- Wenn es eine oder mehrere Personen gibt, die von einem Thema nicht abweichen wollen oder immer wieder auf das Thema zurückkommen, sprechen Sie das an. Vielleicht steckt eine bestimmte Unsicherheit dahinter oder die Person tut sich mit einer Entscheidung schwer. Bieten Sie deswegen an, eine Lösung zu finden, damit diese Hürde überwunden und der Fokus wieder auf das eigentliche Gespräch kommen kann: „Sie scheinen mit dieser Entscheidung nicht sehr glücklich zu sein. Haben wir Ihrer Meinung nach etwas vergessen, übersehen oder nicht angesprochen?"
- Wenn mehrere Personen gleichzeitig sprechen, müssen Sie als Moderator ebenfalls unbedingt die Führung wieder übernehmen. Dann gilt es, dass Sie gezielt eine Reihenfolge herstellen, wer wann spricht: „Hören wir zuerst einmal das Argument von Katharina und dann das von Simon."
- Wenn Sie jemanden beim Multitasking erwischen, sprechen Sie am besten diese Person direkt an: „Wolfgang, können Sie hierzu kurz etwas sagen?"
- Wenn übermäßig viele oder störende Hintergrundgeräusche auftreten, sollten Sie auch das direkt ansprechen. Alleine aus dem Grund, weil es ziemlich sicher nicht nur Sie

alleine betrifft, sondern alle anderen auch ablenkt. Eine Möglichkeit, das anzusprechen ist: „Entschuldigung, aber ich höre gerade so schlecht. Lisa, kannst du dein Mikrofon bitte so lange auf stumm schalten, bis es wieder etwas ruhiger bei dir ist?“

Klarheit schafft Vertrauen und hält Verunsicherung und Angst in Schach – vollkommen unabhängig von den Umständen des Teams. Ohne regelmäßige persönliche Interaktion können die Leute schnell aus den Augen verlieren, was sie als Team erreichen wollen und was von ihnen erwartet wird. Umso wichtiger ist, dass Sie als Moderator aktiv Ihre Rolle übernehmen und die Kontrolle über das Treffen behalten.

So moderieren Sie wirklich erfolgreich

- **Seien Sie sich bewusst, dass es normal ist, zu Beginn nervös zu sein**
  Mit der Zeit werden Sie mehr Selbstvertrauen gewinnen, aber Sie sollten auch wissen, dass es natürlich ist, sich als Moderator vor und während des Workshops oder Meetings nervös zu fühlen. Sie müssen jedoch Vertrauen in den Prozess und das Team entwickeln, auch wenn Sie sich selbst nicht absolut sicher fühlen.

  Es ist als Moderator nicht Ihre Aufgabe, die klügste Person im Raum zu sein. Wenn Sie glauben, dass Sie das sein müssen, setzen Sie sich nur unnötig unter Druck. Sie als Moderator sind da, um sicherzustellen, dass der Workshop stattfindet. Sie schaffen den Rahmen, damit die Teilnehmer erfolgreich sein können. Sie sollen nicht das Problem lösen oder mit Ihren brillanten Einfällen alle begeistern. Sie haben einen sehr wichtigen Job als Moderator, aber Sie sind nicht der Mittelpunkt des Geschehens.
- **Stellen Sie Fragen, schreiben Sie die Dinge auf und achten Sie auf die Zeit**
  Ihre Aufgabe als Moderator besteht aus mehreren Dingen:
  - Fragen stellen: Sie müssen die richtigen Fragen zur richtigen Zeit parat haben, die Sie dabei unterstützen, die wichtigsten Informationen aus den Teilnehmern herauszukitzeln.
  - Notizen mitschreiben: Damit Sie diese Informationen nicht gleich wieder vergessen bzw. um auch sicherzustellen, dass Sie die Informationen richtig verstanden haben, schreiben Sie das Wichtigste für sich gleich mit. Wenn Sie einen Protokollführer haben, kann er/sie die Infos gleich in dem gemeinsamen Dokument eintragen.
  - Timeboxing: Sie müssen auch immer die Zeit im Blick haben. Vergessen Sie nicht, es gibt ein gemeinsames Ziel, das Sie am Ende des Treffens erreicht haben wollen. Damit das auch gelingt, müssen Sie auf die Zeit achten und entsprechend das Tempo vorgeben.

Seien Sie im Workshop selbst für die Teilnehmer eine Unterstützung. Sie müssen nicht mit Wissen glänzen, sondern Ihre Aufgabe besteht darin, den Workshop und das Meeting in Schwung zu halten, sodass das Team das Problem lösen kann.

Ihr Job dabei ist, die richtigen Fragen zu stellen, die Aussagen aufzuschreiben und auf die Zeit zu achten.

- **Sprühen Sie vor Energie und Begeisterung und zeigen Sie das auch**
  Wenn Sie wenig Energie haben, dann wirkt sich das auf das gesamte Team aus. Der Moderator ist die Steckdose für das Team. Die Teilnehmenden brauchen Sie, um optimistisch zu sein und mutig neue Wege zu begehen. Das können sie aber nur, wenn Sie sie auch mit der dazu notwendigen Energie versorgen.

  Damit Sie genügend Energie haben, sollten Sie aber ebenfalls wissen, wie Sie Ihre Batterien auch zwischendurch aufladen. Trinken Sie möglichst viel Wasser und essen Sie vor dem Workshop nur etwas Leichtes.
- **Holen Sie sich im Voraus die Zustimmung aller zu dem von Ihnen gewählten Vorgehen**
  Personen, die zu Ihrem Treffen kommen, aber von dem Vorgehen nicht begeistert sind, werden ihre Unzufriedenheit immer wieder zum Ausdruck bringen. Ich bin zum Beispiel auf Design Thinking spezialisiert. Diese Methode erfordert ein spezielles Vorgehen und ein spezielles Mindset. Ein wichtiger Punkt dabei ist, dass bewusst auf hierarchische Rollen verzichtet wird. Im Fokus steht die Vielfalt der Personen und ein möglichst diverser Erfahrungsschatz. Deswegen wird bewusst das „Du" gewählt.

  Nicht jeder ist mit dieser Regel einverstanden, aber wenn Sie konsequent (und damit erfolgreich) einen bestimmten Ansatz verfolgen wollen, dann sollten Sie auch die volle Unterstützung aller Anwesenden haben. Bekommen Sie diese nicht, sollten Sie sich ernsthaft überlegen, ob Sie Abstriche machen können und wollen oder ob Sie die Moderation unter diesen Bedingungen ablehnen.

> Wenn Sie Ihr Vorgehen erklärt haben, holen Sie sich nochmals das Commitment aller Anwesenden ab. Erklären Sie, dass Sie die volle Rückendeckung und Unterstützung aller brauchen, damit dieses Treffen für alle zum Erfolg wird und Sie gemeinsam das Ziel erreichen.
>
> Verweisen Sie auch während des Treffens immer wieder auf den Zeitplan und rufen Sie so den Beteiligten ins Gedächtnis, wo sie gerade stehen und wie es weitergeht. ■

- **Erklären Sie die Methode, bevor Sie beginnen und zwar so, dass Zeit zum Nachfragen bleibt**
  Apropos Design Thinking: Die Workshops beginnen für alle viel entspannter, wenn Sie den Menschen vorab den Ansatz und das Vorgehen erklären, damit sie wissen und einschätzen können, was sie erwarten wird. Ich sende zum Beispiel in der Woche vor dem ersten Workshop dem Team einen Link zu einem Beitrag von mir, in dem mein Vorgehen beschrieben wird. So können die Teilnehmenden das Wichtigste überfliegen und bei weiterem Interesse auch tiefer in das Thema eintauchen. Am Morgen des ersten Workshops starte ich dann mit einer kurzen Geschichte, die das Mindset von Design Thinking deutlich macht. Danach gebe ich dann nochmals einen kurzen Überblick, wie das Vorgehen aussehen wird. Zu Beginn jedes folgenden Tags schwöre ich das Team auf das Ziel ein, das wir eigentlich erreichen wollen.

Bitten Sie alle um ein kurzes Feedback, ob sie sich mit dem Vorgehen wohlfühlen und ob alles passt (Sie können dazu einen kurzen Puls-Check durchführen). Erwarten Sie aber keinen Chor begeisterter Zurufe, vielmehr ist dieses Vorgehen – die Erlaubnis des Teams zu erhalten – ein symbolischer Akt, um alle wieder an die eigene Verantwortung und Mitarbeit zu erinnern.

Der Puls-Check in der Moderation

Beim Puls-Check fragen Sie die Stimmung der Teilnehmer ab. Stellen Sie sich ein Pulsmessgerät vor, das die Stimmung Ihrer Kollegen misst. Mithilfe dieses „Stimmungsbarometers" können Sie schnell die Zufriedenheit Ihres Teams abfragen und bei Kursabweichung unverzüglich und rechtzeitig reagieren.

Im virtuellen Umfeld können Sie den Puls-Check als kurze Umfrage durchführen. Oder Sie bitten die Teilnehmer, ein entsprechendes Emoji auszuwählen und in den Chat zu stellen.

- **Machen Sie genügend Pausen**
  Wenn Sie selbst genügend trinken, dann werden Sie es auch im Workshop nicht vergessen. Aber denken Sie daran, dass Sie unbedingt spätestens nach 50 Minuten eine Pause einlegen sollten, damit die Personen ihrem natürlichen Bedürfnis nachgehen können.

  Generell gilt: Planen Sie online 20- und 50-Minuten-Einheiten, um dann eine größere Pause einzulegen und den Teilnehmern die Chance zu geben, sich kurz zu erholen.
- **Geben Sie oft und viel positives Feedback**
  Finden Sie Wege, um Menschen positives Feedback für ihre Arbeit und ihr Engagement zu geben. Loben Sie, wenn jemand eine gute Idee einbringt. Sie können dann beispielsweise sagen: „Das ist eine großartige Idee! Ich finde es toll und mir hilft die Erklärung – das hilft, den Kontext besser zu verstehen." Es mag sich übertrieben anhören, aber diese kleinen Einschübe helfen dem Team, denn sie steigern die Dynamik und das Selbstvertrauen aller. Vergessen Sie nicht: Jeder will gebraucht werden und etwas Sinnvolles beitragen.
- **Bleiben Sie authentisch**
  Für die meisten ist Online-Moderation etwas Besonderes. Auch die Personen, die virtuell zusammentreffen, arbeiten nicht jeden Tag auf diese Art und Weise. Sie brauchen sich nicht zu verstellen und superkorrekt zu sein. Versuchen Sie nicht, sich wie im Alltag zu verhalten, wenn es nicht Ihr Alltag ist. Nehmen Sie auch den Teilnehmern die Angst, dass sie perfekt sein müssen. Sagen Sie ihnen lieber einmal zu viel als einmal zu wenig, dass sich der gesamte Prozess oder auch das virtuelle Treffen unangenehm oder ungewohnt anfühlen kann – das ist okay. Sie werden erleben, dass solche Aussagen dazu führen, dass sich die Personen erleichtert fühlen, vor allem, wenn sie erkennen, dass sie nicht die einzigen sind, die sich nicht ganz sicher fühlen. Solche Zusicherungen entschärfen meist schon schwierige Situationen von alleine.

Umgang mit schwierigen Situationen in drei Schritten

Allgemein können Sie zunächst diese drei Schritte durchführen und so die Situation meistern:

- **Schritt 1:** Schreiben Sie die Argumente von der jeweiligen Person auf das Online-Whiteboard oder in ein Dokument auf und machen Sie dann einfach weiter in Ihrem Vorgehen. Erklären Sie dazu, dass Sie sich strikt an den Zeitplan halten müssen und dass Sie später darauf zurückkommen werden, wenn die Zeit das zulässt.

Wenn das nicht funktioniert, dann:

- **Schritt 2:** Erinnern Sie die Person daran, dass Sie als Moderator das Vorgehen im Blick haben und wissen, was zu tun ist. Sie können das zeitraubende Gespräch abkürzen, wenn Sie ein Vorgehen haben, das Sie bereits vorgestellt haben und auf das Sie jetzt verweisen können. Sagen Sie dann, dass es später ohnehin die Möglichkeit geben wird, die Idee, den Vorschlag oder den Einwand noch detaillierter zu betrachten.

Wenn das auch nicht funktioniert, dann geht es weiter zu:

- **Schritt 3:** Lässt die Person trotzdem nicht locker, bleibt Ihnen nichts anderes übrig, als höflich, aber bestimmt (unter vier Augen!) zu sagen, dass die Tür offensteht und sie das Treffen jederzeit verlassen kann, wenn sie mit dem Vorgehen so nicht einverstanden ist. Rufen Sie die Person dazu in einer Pause an und sagen Sie so etwas wie: „Ich schätze Ihren Beitrag sehr und möchte wirklich, dass Sie bei diesem Workshop/Meeting dabei sind. Aber damit dieses Projekt wirklich funktioniert, müssen Sie diesem Prozess eine echte Chance geben/auf Ihre Aussagen achten/respektvoller mit den Meinungen anderer umgehen."

- **Achten Sie auf Ihre Worte**
  Wörter sind in der virtuellen Welt oft das einzige Transportmedium, das Ihnen zur Verfügung steht. Achten Sie daher genau auf das, was und wie Sie etwas sagen. Wörter wie „Pause" anstatt „Ende" ist zum Beispiel passender, wenn Sie eine Einheit, einen Prozessschritt oder auch den Workshop bzw. das Meeting unterbrechen müssen. Es ist vielleicht nur eine Kleinigkeit, aber es macht den Teilnehmern bewusst, dass es nach dem Treffen oder der Übung weitergeht und sie dranbleiben und weiterhin engagiert sein sollten. Oder wenn Sie das Gefühl haben, dass das Wort „Problem" zu sehr polarisiert, dann sagen Sie stattdessen lieber „Herausforderung". Nennen Sie die Dinge aber immer direkt beim Namen und werden Sie nicht schwammig.

In einem Workshop für ein NGO-Unternehmen habe ich gelernt, dass „Spender“ die bevorzugte Bezeichnung war, während die Bezeichnung „Stakeholder“ oder „Kunde“ zu Stirnrunzeln führte. Niemand hat etwas gesagt, aber es war deutlich spürbar, dass das Wording nicht geschätzt wurde.

Das Wort kann für eine Moderatorin vielleicht eine Kleinigkeit oder Haarspalterei sein, sorgt aber für eine ganz andere Atmosphäre und Stimmung bei den Teilnehmenden. Jede Person verbindet etwas Bestimmtes mit dem gewählten Wording. Nehmen Sie das ernst und respektieren Sie es! ■

- **Geduld und Ungeduld in Einklang bringen**
  Gute Moderation erfordert ein Balancieren zwischen Geduld und Ungeduld. Sie müssen Pausen und auch Diskussionen zulassen, dürfen aber trotzdem nicht die Zeit aus den Augen verlieren. Es ist wichtig, dass die Menschen ausreden dürfen und so produktive Themen gefördert werden, aber gleichzeitig gilt es, rechtzeitig die Vielquatscher in die Schranken zu weisen, um nicht die Geduld aller anderen zu strapazieren.

  Dasselbe gilt auch für Ihr Selbstvertrauen: Sie müssen einerseits zuversichtlich genug sein, dass Sie Vertrauen ausstrahlen. Zeigen Sie, dass Sie wissen, was Sie tun, und dass alles gut läuft. Andererseits gilt es, die Dinge fließen zu lassen und das Team selbst die Lösungen finden zu lassen. Das kann bedeuten, dass es manches Mal Abzweigungen und Wege bedarf, die Sie selbst eventuell so nicht gehen würden. Vergessen Sie aber nicht, dass Sie als Moderator für den Rahmen und den Kontext sorgen und die Teilnehmenden selbst auf den Inhalt, die Einsichten, die Lösungen kommen müssen. Manches Gespräch führt unerwartet zu überraschenden Einsichten.
- **Tun Sie so, als wären Sie im Zeitplan – auch wenn Sie es nicht immer sind**
  Bleiben Sie immer die Ruhe selbst, auch wenn nicht alles nach Plan läuft. Es ist vollkommen normal, dass Sie mal hinter der Zeit sind, aber es ist genauso normal, dass Sie die Zeit wieder aufholen. Denn Sie können nie sicher sein, wie das Team an diesem bestimmten Tag arbeiten wird. Das hängt von so vielen unterschiedlichen Faktoren ab, die außerhalb Ihrer Kontrolle liegen – beginnend beim Wetter bis hin zu Vorkommnissen innerhalb des Unternehmens, die nichts mit Ihnen zu tun haben.

  Wichtig ist nur, dass Sie das Team nicht wissen lassen, dass die Dinge aktuell vielleicht nicht ganz planmäßig ablaufen. Denn die Menschen haben Vertrauen in Sie und Ihre Fähigkeiten als Moderator. Manch einer würde eventuell nervös werden, wenn er wüsste, dass Sie im Rückstand sind. Sie werden die Zeit bestimmt wieder aufholen, aber es ist für Sie selbst auch leichter, wenn das Team volles Vertrauen in Sie hat.

Folgen Sie dem Prozess, aber bleiben Sie flexibel: In all den Jahren, in denen ich mit Design Thinking arbeite, gab es noch keine Workshop- oder Meeting-Situation, in der es sich nicht gelohnt hätte, den Design-Thinking-Prozess zu verfolgen. Der Prozess hilft, nichts zu vergessen und fokussiert zu bleiben, ohne vom Weg abzukommen. Das Vorgehen gibt Ihnen die Freiheit, Ihre Arbeit gut zu machen. ■

- **Ermutigen Sie die Menschen, mutig und „verrückt“ zu denken**
  Sie sollten die Menschen immer motivieren und ihnen den Rücken stärken. Sagen Sie Ihnen Dinge wie „Erinnern Sie sich daran, warum Sie dieses Projekt gestartet haben oder warum Sie in diesem Team sind?“ oder „Seien Sie vorerst naiv optimistisch, was kann denn wirklich schief gehen?“ oder „Für wen machen Sie das alles? Was werden Sie in dessen Leben dadurch verbessern?“. Bringen Sie die Menschen wieder auf den optimistischen Pfad, gerade wenn es darum geht, Entscheidungen zu treffen oder Ideen zu generieren. Sie können auch mit Fragen zum Denken anregen: „Was müssen wir tun, *damit* die ganze Sache schief geht?“
- **Üben Sie, damit Sie besser werden**
  Sie werden jedes Mal auch als Moderator besser und selbstbewusster, wenn Sie aus Ihren Fehlern lernen. Selbst wenn Sie alle Tricks, die Sie im gesamten Internet und in diesem Buch finden, auch befolgen, wird es trotzdem etwas geben, das nicht klappen wird. Gerade beim ersten Mal werden Sie bestimmt nicht zum besten Moderator der Welt gewählt werden. Und das ist auch so in Ordnung. Es ist viel wichtiger, dass Sie einfach beginnen und es probieren. Mit den ersten Wiederholungen wird die Lernkurve immer steiler und Sie werden besser und schneller. Selbst nach mehr als 300 Online-Workshops lerne ich noch immer dazu – es gibt immer noch Dinge, die neu sind oder bei dem einen Team gut und bei dem anderen nicht gut laufen. Wichtig ist, dass Sie sich selbst erlauben zu lernen. Bieten Sie deswegen an, ein Teammeeting oder auch mal einen halbtägigen Workshop für ein anderes Team zu moderieren. Versuchen Sie so viel es geht zu üben und zu lernen.
- **Das Wichtigste: Haben Sie Spaß**
  Lachen Sie über sich. Lachen Sie mit der Gruppe. Haben Sie Spaß an dem, was Sie tun. Das Moderieren eines Online-Workshops oder Meetings ist wirklich harte Arbeit, gar keine Frage. Für mich ist es die beste Arbeit der Welt: Ich bekomme ein herausforderndes Problem, ich lerne jedes Mal sehr viel dazu, ich arbeite mit Menschen, die unterschiedlich sind, viel zu erzählen haben, ihr Bestes geben, die konstruktiv sind und respektvoll miteinander umgehen. Tauchen Sie voll ein, geben Sie Ihr Bestes, aber haben Sie vor allem Spaß bei dem, was Sie machen. Dann werden Sie auch erfolgreich sein und alle anderen mitreißen.

> Noch etwas: Denken Sie daran, dass Sie nicht perfekt sein müssen, damit die Moderation funktioniert. Sie müssen nicht alles perfekt erklären, Sie müssen sich nicht an alle Tipps erinnern. Sie werden Fehler machen, Sie werden vom Pfad abkommen – aber es wird trotzdem funktionieren. Vergessen Sie nicht: Ihre Aufgabe ist, die Fragen zu stellen und das Team souverän durch das Treffen zu führen. Stellen Sie einfach Fragen, schreiben Sie Dinge auf und achten Sie auf die Uhr.

3.2 Die Planung

Egal, ob Sie eine Besprechung, einen Workshop oder ein Webinar planen - jedes Format erfordert zuerst einmal einen gewissen Zeitaufwand. Gerade im Online-Bereich rächt es sich, wenn die Treffen nicht produktiv verlaufen. Nicht nur die Ressourcen sind dann verschwendet, sondern auch die Motivation und das Engagement der Mitarbeiter leiden darunter und wirken sich auf die nächsten Treffen aus.

Eine gute Planung und das Design eines virtuellen Treffens sind also entscheidend für den Erfolg Ihres virtuellen Treffens. Wenn Sie diese beiden Dinge vernachlässigen, passiert Folgendes:

1. Ihre Teilnehmer werden sich schnell langweilen, werden unkonzentriert und beschäftigen sich mit anderen Dingen und/oder
2. Sie als Moderator reagieren nicht richtig auf die wichtigen Bedürfnisse der Personen, die letztlich über den Erfolg eines Meetings entscheiden.

Virtuelle Meetings sparen zwar Reisezeit und Kosten, aber sie entziehen auch den Besprechungsbesuchern eine Vielzahl nonverbaler Signale, die sonst dabei helfen, einander gut zu verstehen. Ohne die Körpersprache versiegt der Informationsstrom und die Möglichkeit einer Fehlkommunikation steigt immens.

Dabei fehlen nicht nur die visuellen Hinweise. Die Qualität von digitalen Leitungen ist häufig ziemlich schlecht, sodass auch Informationen aus Ton und Bild verloren gehen. Der daraus resultierende Verlust an Nuancen macht virtuelle Besprechungen in der Folge noch weniger zufriedenstellend und schwieriger.

Versuchen Sie bei Ihrer Planung, sich auf drei grundlegende Elemente zu konzentrieren

1. **Bedürfnisse der Teilnehmer:** Damit Sie Ihre Teilnehmer überzeugen können, müssen Sie Ihnen bewusst machen, warum Sie dieses Meeting überhaupt einberufen und diese Personen eingeladen haben. Stellen Sie sicher, dass Ihre Inhalte den Bedürfnissen der einzelnen Personen entsprechen und Sie vorab klar formulieren, was jede Person am Ende des Treffens wissen sollte.

   Stellen Sie sich daher diese Fragen, wenn Sie Ihr Treffen planen:

   - Warum sollte jemand aufmerksam sein?
   - Wieso ist gerade seine/ihre Hilfe notwendig?
   - Wie wirkt sich seine/ihre Teilnahme direkt aus?
2. **Interaktion:** Mit Blick auf Ihr Publikum können Sie interaktive Methoden und Kleingruppenarbeiten wählen, die Ihre Teilnehmer zur Aktivität bringen. Indem Sie immer wieder Fragen, Kommentare und Rückmeldungen einholen, stellen Sie sicher, dass die Beteiligten fokussiert sind und ihre Bedürfnisse im Moment berücksichtigt werden. Unabhängig davon, ob Sie eine Umfrage öffnen, eine Entscheidung in Frage stellen wollen oder um Feedback bitten, dauert es manchmal etwas und es herrscht Stille. Es gibt nichts, was in einem virtuellen Meeting unangenehmer ist als lange Perioden der Stille. Jeder Übergang, der zu lange dauert, führt Ihre Teilnehmer direkt zum Abrufen Ihrer E-Mails oder zu anderen Beschäftigungen.

3. **Gewünschte Ergebnisse:** Obwohl es so offensichtlich zu sein scheint, ist es absolut wichtig zu definieren, was der Erfolg des Online-Meetings sein soll und woran Sie ihn erkennen werden: Worum geht es genau? Brauchen Sie eine Entscheidung? Brauchen Sie eine Genehmigung für ein zusätzliches Budget? Muss eine Lösung für ein Problem erarbeitet werden? Geht es um eine neue Initiative? Das Erkennen und Kommunizieren des gewünschten Ergebnisses im Vorfeld hilft allen Personen zu verstehen, warum sie überhaupt eingeladen sind und worauf sie alle gemeinsam hinarbeiten.

Virtuelle Meetings werden niemals vollständig emotionale und unbewusst gesendete nonverbale Informationen durch persönlichen Austausch ersetzen. Aber Online-Treffen können trotzdem so großartig sein, da sie die Vielfalt der verschiedenen Menschen zusammenbringt, was sonst aufgrund von Entfernungen oder anderen Hindernissen gar nicht möglich wäre.

3.2.1 Das Team

Das Wichtigste – online wie offline – sind die Menschen. Mit der Auswahl des Teams treffen Sie schon die wichtigste Entscheidung über Erfolg und Misserfolg des Workshops. Deswegen sind diese Überlegungen so wichtig.

Egal ob virtuell oder physisch: Ein Team ist ein Team und besteht aus verschiedenen Menschen, die verschiedene Bedürfnisse, Erfahrungen, Ziele und Vorstellungen haben. Ein Team ist aber nicht eine Gruppe.

Umgangssprachlich wird der Begriff Gruppe oft synonym für ein Team verwendet.

Definition einer Gruppe in den Sozialwissenschaften

Nach Kozlowski[1] umfasst eine Gruppe folgende Kriterien:

- Eine Gruppe besteht aus mindestens zwei Personen,
- die miteinander interagieren und kommunizieren.
- Diese handeln nach bestimmten Normen, die das Verhalten definieren und auch regulieren.
- Die einzelnen Personen nehmen innerhalb einer Gruppe verschiedene Funktionen und Rollen ein.
- Sie verfolgen eine gemeinsame Aufgabe.
- Nach außen hin grenzt sich eine Gruppe über einen Zeitraum von anderen ab. D. h. die einzelnen Mitglieder wissen, wer zu der Gruppe gehört und wer nicht.
- Die Gruppe lebt eine gemeinsame Identität, die auch für Stabilität sorgt.

Dank dieser Merkmale lassen sich verschiedene Gruppen definieren und kategorisieren. Die Merkmale können unterschiedliche starke Ausprägungen aufweisen.

---

[1] *https://digitalcommons.ilr.cornell.edu/cgi/viewcontent.cgi?article=1396&context=articles,* abgerufen am 20.04.2020

Ein Team verfolgt ein bestimmtes **Ziel:** Es gilt letztlich eine gemeinsame **Aufgabe** zu lösen. Ist dieses Ziel erreicht, löst sich das Team im Normalfall wieder auf und jeder geht seiner Wege. Der Fokus bei einer Gruppe wiederum liegt bei den Menschen und dem Gefühl der Zusammengehörigkeit. Auch nach dem Lösen einer Aufgabe oder dem Erreichen eines Ziels besteht eine Gruppe weiterhin.

Ein Team besteht aus mehreren Personen, die sich zusammengeschlossen haben, um eine bestimmte Aufgabe zu lösen. ■

Wenn Sie nun virtuell mit Menschen zusammenarbeiten, ist es wichtig, dass Sie sich bewusst machen, zu welchem Ziel und Zweck Sie aufeinandertreffen. Das hilft Ihnen bei der Planung eines effizienten virtuellen Meetings.

Dabei können Sie auch überprüfen, ob alle wichtigen und notwendigen Rollen vertreten sind und auf welche Dynamiken und Stolperfallen Sie achten müssen.

- Die Ziele eines Teams orientieren sich immer an der Aufgabe und dem Ergebnis, das Sie erreichen wollen. Soziale Interaktionen sind untergeordnet bzw. dienen ebenfalls dem Erreichen des Ziels.
- Auch die Zusammensetzung, die verschiedenen Rollen und die hierarchische Struktur sind einzig an der Aufgabe ausgerichtet.
- Nach Erreichen des Ziels ist die Aufgabe abgeschlossen und das Team löst sich wieder auf.
- Eine Gruppe ist eine soziale Struktur, bei der sich die einzelnen Mitglieder nicht nach einer Aufgabe orientieren, sondern nach der Interaktion. ■

Ein virtuelles Team ist „[...] ein Team, das sich aus Personen zusammensetzt, die sich nicht am selben Ort befinden und/oder unterschiedliche Arbeitszeiten haben und/oder gleichzeitig in mehreren Teams arbeiten“[2] (Pitagorsky, 2007).

Nicht selten setzen sich virtuelle Teams aus Menschen von verschiedenen Kulturen zusammen.

Damit ein Team gut zusammenarbeitet, ist es wichtig, dass Sie als Moderator die Synergien fördern. Gerade im virtuellen Bereich bedeutet das, dass Sie vor allem auf eine gute Kommunikation achten müssen. Sie müssen Konflikte bereits bei den ersten Anzeichen erkennen und die Erwartungen sichtbar und bewältigbar machen. Wie bereits erwähnt, gibt es in einem Team genau definierte Rollen und Verantwortlichkeiten mit entsprechenden Funktionen.

[2] Pitagorsky, G. (2007): Managing virtual teams for high performance. North America, Atlanta, GA. Newtown Square, PA: Project Management Institute.

Sie sehen, Ihre Arbeit als Moderator eines Teams ist durchaus herausfordernd, aber nicht unmöglich. Bei einem virtuellen Team kommen noch weitere Herausforderungen hinzu, die Sie vor allem bei dem Entwickeln der Agenda im Hinterkopf haben sollten:

- Die meisten Personen arbeiten gleichzeitig an verschiedenen Projekten in verschiedenen Zeitzonen. Sie sind also vielfach eingespannt und ihre Zeit muss entsprechend gut eingesetzt werden.
- Es gilt ein gemeinsames Verständnis angesichts der kulturellen und eventuell auch sprachlichen Unterschiede herzustellen, ohne dass Sie sich auf Hinweise aus Körpersprache, Mimik und Tonfall verlassen können.

> Teams funktionieren effektiver, wenn sich die Mitglieder kennen. Dies kann schwierig sein, wenn einige Personen sich noch nie persönlich getroffen haben, weit voneinander entfernt wohnen und sich nicht jeden Tag im Büro sehen.
>
> Wenn Mitarbeiter physisch anwesend sind, wachsen Freundschaften organisch oder mithilfe von Mitarbeiterveranstaltungen. Für Teams, die durch Zeitzonen und möglicherweise sogar Ländergrenzen und Kulturen getrennt sind, ist es wichtig, vor dem Einstieg in das Meeting etwas Zeit für Smalltalk einzuplanen.

Identifizieren Sie die Teilnehmer

Da Sie bereits wissen, warum Sie ein virtuelles Treffen planen, haben Sie ziemlich sicher auch schon die Namen der entsprechenden Personen dafür im Kopf.

Jeder der Teilnehmenden sollte in eine dieser vier Kategorien fallen:

1. Wichtiger Entscheidungsträger.
2. Person mit Informationen darüber, was zur Diskussion steht.
3. Person, die an dem Thema beteiligt ist.
4. Person, die von den getroffenen Entscheidungen betroffen ist und sie umsetzen muss.

Die Anzahl der Teilnehmer ist fast genauso wichtig wie ihre Identität, insbesondere in einer virtuellen Umgebung. Einerseits ermöglicht Ihnen die Kommunikationstechnologie, große Gruppen mit minimalem organisatorischem Aufwand zusammenzubringen. Denn Sie müssen keinen großen Konferenzraum buchen oder Ihre Gäste bewirten, um sie bei Laune zu halten. Sie benötigen lediglich eine Plattform, die Ihre Zielgruppengröße unterstützt (einige Tools haben eine Obergrenze für die Personenanzahl). Andererseits ist es schwierig, eine Diskussion zwischen Gesichtern in Briefmarkengröße auf Ihrem Computerbildschirm zu moderieren.

Zur Größe von Gruppen

- Wenn Sie ein Problem lösen oder eine Entscheidung treffen wollen, laden Sie maximal sieben Personen ein. Meiner Erfahrung nach sind sieben Personen eine gute Zahl, bei der die Gruppendynamik positiv verläuft. Je mehr Teilnehmer Sie einladen, desto mehr Informationen bekommen Sie, die dann im schlimmsten Fall immer widersprüchlicher werden. Noch dazu wird es meistens durch die steigende Anzahl der Personen schwieriger, das eigentliche Problem zu lösen oder die vorliegende Entscheidung zu treffen.
- Wenn Sie Informationen oder Updates in einem Meeting teilen möchten, laden Sie alle Personen ein, die die Informationen für ihre weitere Arbeit brauchen. Es ist immer besser, wenn die Involvierten direkt von Ihnen die Informationen erhalten und so bei Fragen auch gleich nachfragen können.
- Wenn Sie ein Webinar abhalten wollen, bei dem Sie etwas präsentieren, können Sie so viele Personen einladen, wie die Plattform zulässt. Da die Interaktion sich in diesem Bereich meistens auf Umfragen reduziert, ist die Größe der Gruppe nicht hinderlich für den Informationsfluss.
- Je mehr Personen teilnehmen, desto kürzer sollten die Sitzungen sein. Generell gilt: 1- bis 2-stündige Sitzungen funktionieren am besten. Planen Sie bei Bedarf lieber mehrere Sessions ein und arbeiten Sie nach Möglichkeit parallel auch immer asynchron. Durch die Vorarbeiten können Sie die gemeinsame Zeit im Workshop optimal nutzen.

Verschiedene Rollen definieren

Diejenigen, die am Aufbau des Projekts teilnehmen, sind oft viel engagierter. Wenn Sie verschiedenen Teilnehmern Rollen zuweisen, werden mehr Personen ihre Energie in die Ergebnisse des Meetings stecken.

Einige Tools wie Zoom bieten die Möglichkeit, parallel zur Hauptsitzung geschlossene Chats zu führen. Die Verwendung eines Slack-Kanals in der Videokonferenzsoftware für die Kommunikation von Moderatoren während des Meetings oder Workshops ist ebenfalls eine praktikable Lösung.

Einige Rollen, die Sie in Betracht ziehen könnten, sind:

- **Co-Moderator:** Gerade wenn Sie viele Interaktionen und Kleingruppenarbeiten planen, ist es von unschätzbarem Wert, wenn Sie zumindest eine Assistenz haben, die mögliche Fragen selbstständig beantworten kann. Diese Person kann Sie auch darauf aufmerksam machen, wenn zum Beispiel die Dynamik in eine unerwünschte Richtung geht.
- **Zeitaufpasser:** Bitten Sie eine Person, die idealerweise in Ihrer direkten Nähe ist, auf die Zeit zu achten und den Timer im Auge zu behalten. Das ist wichtig, um sicherzustellen, dass der Zeitplan eingehalten wird und alle die Zeit optimal nutzen können.
- **Protokollführer:** Die Person, die von Anfang an mitschreibt, sollte auch unbedingt am Ende des Meetings nochmals die wichtigsten Erkenntnisse aus dem Treffen zusammen-

fassen, die Aufgaben wiederholen und die Verantwortlichkeiten ausdrücklich ansprechen. Auch wenn Kommentare auf später verschoben wurden, ist der Protokollführer von unschätzbarem Wert, weil er/sie daran erinnert.

- **Die technische Unterstützung:** Wenn eine Person (oder je nach Gruppengröße auch mehrere Personen) bereitsteht, um anderen bei möglichen technischen Schwierigkeiten weiterzuhelfen, läuft jedes virtuelle Treffen viel reibungsloser und die Stimmung ist bereits zu Beginn wesentlich entspannter. Wenn der Moderator diese Rolle zusätzlich übernimmt, kostet das viel Zeit und der Fokus auf den Workshop oder das Meeting geht vermutlich öfters verloren.
- **Die Chatüberwachung:** Bitten Sie eine Person, dass sie sich ausschließlich um Fragen und Kommentare, die im Chat auftauchen, kümmert.

Wichtig ist, dass Sie die verschiedenen Personen in Ihre Planung einbeziehen. Stellen Sie auch gleich zu Beginn des virtuellen Treffens die Rollen samt ihren Funktionen vor. Erklären Sie, wann welche Person für welche Fragen den Teilnehmern zur Verfügung steht und wie die Teilnehmer diese am besten erreichen.

3.2.2 Das Ziel definieren

Bevor Sie direkt mit der Planung Ihres virtuellen Treffens beginnen, klären Sie, ob ein Meeting, Webinar oder Workshop überhaupt notwendig ist.

Die Gründe, warum Sie ein virtuelles Treffen abhalten sollten, haben wir ja bereits im Kapitel 1 besprochen.

An dieser Stelle will ich Ihnen ein paar Denkanstöße mitgeben:

- Virtuelle Besprechungen sind im Normalfall nicht der beste Weg, um Meinungsverschiedenheiten zu lösen oder Menschen zu motivieren. Unsere emotionale Investition in ein virtuelles Treffen ist geringer als in ein persönliches Treffen. Der Mangel an visuellen und auditiven Informationen macht es viel schwieriger, wichtige Botschaften zu vermitteln.
- Vermeiden Sie Meetings, bei denen es nur um Macht und Hierarchie geht. Die Kommunikation sollte immer über den kürzesten Weg erfolgen, der für die Erledigung der Aufgabe erforderlich ist – nicht über eine Befehlskette.
- Achten Sie darauf, dass die Meetings immer ein Ziel haben und nicht nur aus Gewohnheit stattfinden (Ausnahmen sind Jour-Fixe oder Stand-up-Meetings, bei denen es darum geht, den Status quo kurz (!) zu besprechen).
- Besprechungen, bei denen Sie selbst keinen Beitrag leisten oder keinen Mehrwert schaffen, sollten erst gar nicht stattfinden.

Beginnen Sie immer mit der Frage nach dem Warum

Wenn Sie sicherstellen wollen, dass Ihr Online-Treffen erfolgreich ist, sollten Sie mit dem Ende beginnen. Überlegen Sie im Vorfeld, warum Sie sich eigentlich treffen und was das gewünschte Ergebnis sein soll.

> Die besten Moderatoren sind die, die bereits im Vorfeld wissen, mit welchem Ergebnis sie aussteigen werden.

Es geht nicht darum, zu wissen, wie genau das Ergebnis aussieht, sondern welche Aufgaben Sie für den nächsten Workshop erledigt wissen wollen. Sie sollten sich bewusst überlegen, was Sie tun müssen, damit vor allem das Engagement und der Einsatz des Teams hoch ist.

Als Online-Moderator müssen Sie das Team bereits im Vorfeld so einschätzen können, dass Sie wissen, wie weit Sie kommen werden und welche Phasen eines Workshops, welche Entscheidungen bei einem Meeting, welche Inhalte bei einem Webinar Sie wirklich abschließend behandeln können.

Halten Sie sich vor Augen, wie wichtig es ist, dass Sie die Ergebnisse auch visuell widerspiegeln, um den Menschen etwas Greifbares und vor allem Vorzeigbares mitzugeben.

> Produktive Online-Meetings beginnen mit klaren Ergebnissen. Selbst einem unerfahrenen Moderator wird es gelingen, einen Konsens herzustellen, wenn die Teilnehmer des Meetings das Ziel kennen.

Selbst die besten Moderatoren werden scheitern, wenn sie nicht wissen, wohin sie eigentlich wollen. Unerfahrene Moderatoren hingegen werden selbst dann erfolgreich sein, wenn das Ergebnis von Anfang an klar definiert wurde. Wenn sich die Besprechungsergebnisse direkt positiv auf die Teilnehmer auswirken, helfen die Teilnehmer dem Moderator dabei, produktiv und effizient zu arbeiten. Und sie sind auch viel engagierter.

Zu wissen, wohin die Reise gehen soll, hilft den Menschen, sich auf die Inhalte auch tatsächlich einzulassen. Es gibt ihnen ein gutes Gefühl und sie können so einfacher dem Moderator vertrauen und folgen. Strahlt der Moderator andererseits Unsicherheit aus und weiß er nicht, was er tun soll oder wie etwas funktioniert, wird die Unsicherheit steigen und die Menschen werden nicht mehr folgen.

> Einen wirklich guten Online-Moderator macht aus, dass er oder sie weiß, welche Schritte notwendig sind, um die Gruppe zu aktivieren und die Stärken jedes einzelnen zu fördern. Er weiß, welche Methoden die Gruppe braucht und wie sich welche Methode auf das gesamte Treffen auswirken wird.
> Er kennt die Abfolge der Phasen und kann mit Sicherheit sagen, wann eine Iteration sinnvoll ist oder wann es eine gute Idee ist, vom Plan abzuweichen.

Bevor Sie Ihr Online-Meeting überhaupt starten, fragen Sie sich deswegen immer, wie jedes einzelne Ergebnis aussehen soll. Danach planen Sie rückwärts Schritt für Schritt. Die Ergebnisse sollten stehen, noch bevor Sie die genauen Inhalte definieren. Am Ende kann dann eine Entscheidung getroffen werden, z. B. über das weitere Vorgehen in einem Projekt.

Egal, was Sie machen, es sollte niemals passieren, dass Sie nicht wissen, was am Ende des Treffens als Ergebnis herauskommen soll.

Fragen Sie nach dem Was

Sobald klar ist, was das Ergebnis eines Workshops sein soll und in welche Richtung sich alle bewegen werden, können Sie sich auf die Inhalte im Detail konzentrieren.

Ein erfolgreiches Online-Meeting erfordert von einem Moderator vor allem zwei Dinge: aktives Zuhören und Reflexion der Aussagen. Sie sollten also immer auf das hören, was die Teilnehmer sagen, und vor allem überlegen, warum sie es sagen. Dazu müssen Sie sich auf Ihre Rolle als Moderator besinnen. Es gilt, eine gewisse Neutralität einzunehmen und darauf zu achten, nicht irgendwas unhinterfragt hineinzuinterpretieren oder gar die Dinge von Anfang an zu beurteilen.

Deswegen nehmen Sie genau das auf, was die Teilnehmer auch wirklich sagen. Sammeln Sie schnell alle wesentlichen Aussagen ohne viel Diskussion ein und kehren Sie dann zurück, um die ursprünglichen Aussagen zu klären, Inhalte zu hinterfragen und gegebenenfalls auch zu ändern.

Kombinieren Sie niemals das Sammeln und Diskutieren von Inhalten in einer unstrukturierten Diskussion.

Fragen Sie nach dem Wie

Selbst ein großartiger Moderator, der weiß, wohin die Reise geht, braucht auch ein gewisses Know-how über sein Vorgehen. Sie müssen wissen, wie Sie einen Konsens herstellen und eine Gruppe von Menschen gewinnen können. Während es viele verschiedene Möglichkeiten für ein sehr gutes Meeting-Design gibt, gibt es einen Weg, der bestimmt ins Abseits führt: Wenn der Moderator nicht weiß, wie das Treffen ablaufen wird.

Selbst wenn Sie wissen, wohin Sie gehen, brauchen Sie also trotzdem auch eine Abfolge der Phasen, der Schritte, der Methoden oder der Fragen, denen Sie folgen wollen. Sie brauchen ein Design Ihres Meetings, mit dem Sie Ihrem Team wichtige Leitplanken bieten und zwischen denen sie sich dann bewegen können.

- **Sie sollten Ihren Plan im Voraus gut bedenken**
  Nehmen Sie sich Zeit, um Ihr Vorgehen im Vorfeld gründlich zu erarbeiten, und dokumentieren Sie dieses auch für sich. Denn sobald die Besprechung oder der Workshop gestartet ist, benötigen Sie Ihre volle Energie, um sich auf die Inhalte zu konzentrieren, Ihren Teilnehmern zuzuhören und die Beteiligten sicher zu führen. Dann sind Planänderungen nur mehr für alle Beteiligten stressig und nicht zielführend.

- **Sie als Moderator sollten wissen, was am Ende als Ergebnis steht**
  Die meisten Menschen tun sich schwer, sich ein Ergebnis vorzustellen, wenn sie mitten auf der Reise sind. Viel leichter ist es, den Inhalt zu entwickeln, der die Ergebnisse erst denk- und umsetzbar macht.
- **Sie sollten wissen, was Ihnen im Weg stehen könnte**
  Eine hervorragende Moderation hängt von einer gründlichen Vorbereitung, aber auch vom Vorabkennenlernen des Teams ab. Es ist besonders stressig, wenn die Zusammenarbeit nicht klappt und Konsens nicht möglich ist. Solche Dinge lassen sich aber bereits im Vorfeld abklären. Welche Menschen, Themen oder Komponenten der Unternehmenskultur könnten der Zusammenarbeit und dem Konsens eventuell im Wege stehen? Ihre Antworten liefern Einblicke, die erforderlich sind, um ein optimales Vorgehen und die entsprechenden Aktivitäten für Ihre spezielle Besprechung zu erstellen.

3.2.3 Die Tools auswählen

Die ganzen Features und Möglichkeiten der verschiedenen Video- und Kollaborations-Software-Produkte machen es nicht leicht, das richtige Tool auszusuchen. Es gibt viele verschiedene Kombinationen, Sie haben in diesem Bereich wirklich die Qual der Wahl.

Unabhängig von Ihren Vorlieben sind die meisten virtuellen Plattformen (Zoom, Webex, GoToMeeting, Microsoft Teams und viele andere) mit Funktionen wie Whiteboards, Umfragen, Chats, Bildschirmfreigabe und Breakout-Räumen ausgestattet, um die Interaktivität zu fördern. Das sind alles bewährte Funktionen, die die Beteiligung des Teams erhöhen und Ihnen als Moderator direktes Feedback geben.

Wählen Sie niemals ein Tool zufällig aus oder nehmen Sie einfach das Tool, das gerade da ist. Jedes Tool verfolgt einen bestimmten Zweck in der Art der Interaktion, die es fördert. Wenn Sie wissen, welches Tool die gewünschten Aktionen und auch Informationen liefert, können Sie Ihre Ziele vorantreiben und die Bedürfnisse der Teilnehmer in Echtzeit berücksichtigen.

Überlegung für die Planung

- Müssen Sie Meinungen zu einem Thema einsammeln oder wollen Sie das Verständnis überprüfen? Dann achten Sie unbedingt darauf, dass das Tool über eine Umfrage-Funktion verfügt.
- Müssen Sie viele Informationen ausschicken oder wollen Sie gar an einem gemeinsamen Dokument arbeiten? Dann achten Sie auf Chats und Dokumentenfreigaben.
- Müssen Sie in Echtzeit ein Brainstorming durchführen und Ideen entwickeln? Dann achten Sie darauf, dass Ihr Tool Breakout-Räume ermöglicht und Sie auch ein Online-Whiteboard haben.

Egal, welche Funktion Sie brauchen: Das Tool sollte immer so einfach wie möglich zu bedienen sein. Es geht nicht darum, dass Sie als Moderator mit Ihren technischen Fähigkeiten überzeugen, sondern dass Sie als Team gemeinsam etwas erarbeiten. Je einfacher die Bedienung, desto größer ist auch das Engagement und die Interaktion der Teilnehmenden.

Die Features richtig einsetzen

Virtuelle Meetings brauchen viel mehr Aufwand und Energie, um die Teilnehmer zu aktivieren und zu motivieren, als es in Präsenzsitzung der Fall ist. Im Gegensatz zu persönlichen Besprechungen müssen Sie wissen, wie Sie Funktionen in der virtuellen Umgebung verwenden – aus technischer und strategischer Sicht –, um zum richtigen Zeitpunkt zu überzeugen.

Die erste Überlegung bei der Tool-Auwahl ist, welches Tool Ihre Ziele am besten unterstützt. Wenn Sie bereits ein bestimmtes Tool ins Auge gefasst haben, dann sollten Sie es auch vorab testen, ob es wirklich für Ihre Zwecke taugt. Theorie und Praxis liegen häufig weit auseinander.

Wenn das Tool den Test aufs Exempel bestanden hat, sollten Sie auch gleich die verschiedenen Arbeitsbereiche einrichten. Beim Festlegen der Arbeitsbereiche ist es wichtig, dass Sie verschiedene Bereiche für verschiedene Zwecke haben. So brauchen Sie zum Beispiel bei der Videosoftware mindestens zwei Räume: Einen, in dem der Workshop stattfindet, und einen, den Sie für gemeinsame Pausen nutzen. Es ist wichtig, dass Sie die Leute wirklich zwischen den Arbeitsbereichen wechseln lassen. Das hilft ihnen, dass sie sich bewusstwerden, was gerade von ihnen erwartet wird.

Ein weiteres wirklich hilfreiches Setup für die Teilnehmer ist ein gemeinsames Dashboard. Auf diesem Dashboard sollten sie jederzeit alle Links, Informationen und eine Zusammenfassung der Methoden finden können.

Achten Sie auch darauf, dass der Bildschirm den Teilnehmern immer anzeigt, was gerade passiert und was gerade wichtig ist. Erinnern Sie das Team gleichzeitig mündlich daran, was gerade passiert. Das gleichzeitige Sehen und Hören der Nachricht hilft den Menschen, das Gefühl zu haben, zu wissen, was passiert.

Betrachten Sie die Features Ihrer Tools als virtuelle Körpersprache.

Die richtig eingesetzten Features der Tools helfen Ihnen zu verstehen, ob Ihre Ideen Resonanz finden, ob Ihr Tempo funktioniert und ob Ihre Teilnehmer ebenfalls Beiträge haben. Ein Meeting, eine Präsentation oder ein Webinar ohne die passenden Features bedeutet, dass der Moderator im Wesentlichen blind für die Reaktion der Teilnehmer auf die Inhalte ist. Wenn Ihre Inhalte nicht begeistern, wird nicht nur die Zeit aller ineffizient genutzt, sondern vor allem bewegt sich das Gespräch nicht in Richtung Ihrer gewünschten Ergebnisse (z.B. einer Entscheidung).

> Fordern Sie die Teilnehmenden unbedingt vor dem virtuellen Treffen auf, sich vorab wirklich mit den Tools auseinanderzusetzen. Das allgemeine Tempo in Online-Workshops oder Meetings wird immer langsamer, wenn bereits eine einzige Person die Tools nicht effektiv nutzen kann.

Video, Telefon oder doch Chat?

Wenn Sie Ihre Ziele definiert und Ihre Teilnehmer für Ihr virtuelles Meeting identifiziert haben, ist es an der Zeit zu entscheiden, welche Plattform Sie nutzen sollen. Und hier gibt es einen Ratschlag, bei dem sich ausnahmsweise alle Experten einig sind: Verwenden Sie Video.

- Video: Videos sollten immer die erste Wahl sein. Wann immer es möglich ist, sollten Sie aus mehreren Gründen das Video dem Telefon oder Chat vorziehen:
- Körpersprache und Gesichtsausdruck geben Ihnen wichtige Informationen über die Reaktionen und Stimmungen der Menschen.
- Jeder in der Besprechung wird von dieser zusätzlichen Detailebene profitieren
- und es ist wahrscheinlicher, dass Sie Missverständnisse und verletzte Gefühle vermeiden.
- Wenn Sie dann in die Gesichter anderer Teilnehmer sehen und ein wenig in ihr Leben hineinschauen können, werden Rapport und Empathie stärker („Stefan, du siehst wirklich müde aus. Du hast bestimmt einen anstrengenden Tag hinter dir, oder?").

Aber zugegeben, es ist manches Mal wirklich schwierig, ein virtuelles Meeting mit Videotechnologien zu leiten - wenn beispielsweise ein Mitarbeiter von seinem Auto aus anruft oder wenn ein schlechter Internetdienst an einem Ende bedeutet, dass Sie alle einer abgehackten Verbindung ausgesetzt sind.

> Die visuelle Stimulation erleichtert die Aufmerksamkeit. Wenn alle Teilnehmenden unter einem sozialen Druck stehen, nicht abgelenkt zu wirken, sind die Mitarbeiter engagierter und Ihre Besprechungen werden produktiver.

Trotzdem funktioniert Video nur, wenn alle Teilnehmer über eine starke, schnelle Internetverbindung verfügen. Sie benötigen außerdem eine gute Webcam (siehe Abschnitt 2.2.4) und sie müssen bereit sein, diese auch einzuschalten. Einige Menschen fühlen sich unwohl, wenn sie ihren Kollegen ihre Arbeitsbereiche zeigen, andere erstarren alleine bei dem Gedanken, vor der Kamera zu stehen. Überlegen Sie sich also schon beim Erstellen der Agenda, wie Sie die Menschen davon überzeugen können, sich auf die Kamera auch wirklich einzulassen.

- **Online-Whiteboard**

  Wie wir bereits schon im vorherigen Kapitel besprochen haben, sollten Sie neben einem Video unbedingt auch immer weitere Kanäle für die Zusammenarbeit auswählen. Bei mir ist das zweitwichtigste Tool das Online-Whiteboard. Ohne dieses geht gar nichts. Schließlich will ich, dass die Menschen miteinander interagieren und gemeinsam an einem Projekt arbeiten. Vielleicht wollen Sie auch Ergebnisse visualisieren. Vergessen Sie nicht, das Visuelle ist gerade in der Online-Welt eines unserer stärksten Organe!

- **Telefon**
  Das Telefon ist nützlich für schnelle Diskussionen in kleinen Gruppen und einen einfachen Informationsaustausch. Verwenden Sie es aber nur im Notfall (z. B., wenn ein Teilnehmer sich wirklich nur von unterwegs aus einwählen kann oder die Internetverbindung sehr schlecht ist). Auch wenn Sie viele Diskussionen zwischen den Teilnehmern erwarten oder wenn Sie über etwas emotional Aufgeladenes sprechen müssen, können Sie zum Telefon greifen. Die einzig effektive Möglichkeit, dass die Beteiligten einer Präsentation zum Beispiel folgen oder einen Bericht überprüfen, besteht darin, dass Sie Dokumente im Voraus freigeben. Dann braucht es aber wiederum Teilnehmende, die organisiert, diszipliniert und selbstverantwortlich arbeiten.
- **Chat**
  Ein Chat ist für mich niemals ein Ersatz für Video oder Telefonie, sondern immer ein wichtiges ergänzendes Feature. Vor allem in der asynchronen Kommunikation ist ein Chat unbedingt notwendig.

Ich nutze den Chat, um schnell eine Umfrage durchzuführen, um Informationen zu teilen, um gezielte Fragen zu stellen und Antworten zu geben, die wenig Diskussion erfordern. Das ist praktisch für unterwegs, insbesondere wenn Sie eine Anwendung mit einer guten mobilen Oberfläche auswählen. Mobile Tastaturen erschweren es jedoch, an einem längeren Gespräch teilzunehmen.

Sie können Chats auch für viele Icebreaker einsetzen, da sie auch zu einer weniger formalen Stimmung führen. Menschen zeigen so einfacher einen Teil ihre Persönlichkeit, indem sie zum Beispiel zu Emojis oder GIFs greifen und so ihre Gefühle ausdrücken.

Zusammenfassung

- Als Meeting-Plattform hat jedes dieser Tools seine Vor- und Nachteile.
- Sie müssen entscheiden, welche Benutzeranforderungen für Ihr Meeting am wichtigsten sind und wie Sie die Mängel der einzelnen Modi umgehen können. Wenn Sie beispielsweise eine große Besprechung in einer Telefonkonferenz abhalten, sollten Sie einen Chat-Thread einrichten, in dem die Teilnehmenden Fragen in die Warteschlange stellen können, ohne die Besprechung zu unterbrechen.

Breakout-Gruppen oder Kleingruppendiskussionen

Eine erfolgreiche Denkweise für das Designen und Abhalten eines Online-Workshops besteht darin, dass Präsenz-Workshop-Erlebnis so weit wie möglich nachzuahmen. Denken Sie an den letzten ganztägigen Workshop oder die letzte Konferenz, an der Sie teilgenommen haben: Wie viel produktives Gespräch fand in den Pausen, zwischen Aktivitäten oder beim Kaffee statt? Waren Gruppendiskussionen genauso effektiv wie kleinere Gruppen?

All diese Möglichkeiten, in Gruppen unterschiedlicher Größe zu kommunizieren, tragen zu einem erfolgreichen Workshop bei, insbesondere wenn der Workshop per se schon langwierig ist, profitiert die Gruppe von Variationen. All das ist in einer Online-Umgebung schwierig zu erreichen. Gerade deswegen sollte es früh im Entwurfsprozess berücksichtigt werden.

Denken Sie daran, dass Online-Workshops nicht das gleiche Maß an nonverbaler Kommunikation ermöglichen wie ein Präsenz-Meeting: Das Lesen der Körpersprache ist viel schwieriger bis unmöglich online zu erreichen. Informelle Gespräche während der Pausen oder die Möglichkeit, in kleineren Gruppen zu arbeiten, sind ebenfalls schwer umzusetzen. Beides ist aber unglaublich wichtig und bestimmt den Erfolg eines virtuellen Treffens.

Die Lösung liegt darin, möglichst viel in Breakout-Gruppen zu arbeiten und so für viel Interaktion und Abwechslung zu sorgen.

Die Herausforderung besteht darin, Platz auf der Tagesordnung für diese Art von Breakout-Gruppen oder Diskussionen in kleinen Gruppen zu schaffen und in der Praxis umzusetzen.

Möglicherweise stellen Sie fest, dass Ihr Workshop sich für Online-Breakout-Sitzungen nicht eignet und Sie stattdessen andere Wege finden müssen. Denken Sie daran, dass eine gute Moderation immer im Dienste der Gruppe und des zugrunde liegenden Zwecks erfolgt. Verwenden Sie also Breakout-Gruppen nur, wenn sie wirklich passen.

3.3 Die Vorbereitung

Wenn wir ehrlich sind, will niemand noch mehr Meetings oder Workshops. Viele von uns befinden sich bereits jede Woche mehrere Stunden in Workshops oder Meetings und kommen gar nicht dazu, die Aufgaben, die dort besprochen werden, überhaupt ansatzweise abzuarbeiten. Die meisten Besprechungen führen normalerweise zu noch mehr Arbeit.

Ein Teufelskreis, den Sie aber leicht durchbrechen können, wenn Sie sich gut und richtig vorbereiten und bereits im Vorfeld Ihre Hausaufgaben machen. Das spart nicht nur Ihnen Zeit, sondern insbesondere auch den Teilnehmern Ihrer Workshops, die die gewonnene Zeit zu schätzen wissen.

3.3.1 Agenda

Das Ziel von allen Besprechungen und Treffen ist letztlich, dass wir in den Meetings, Workshops oder Webinaren Ergebnisse liefern und unsere Ziele erreichen. Deswegen ist es so wichtig, dass Sie Ihre Agenda so schreiben, dass sie vor allem die erwünschten Ergebnisse beschreibt.

Nutzen Sie diese Formel: Beginnen Sie damit, das Endziel eines Treffens aufzuschreiben (Beispiel: Wir wollen in diesem Meeting eine Entscheidung zu XYZ treffen).

Die einzelnen Schritte, die zu diesem Ergebnis führen, sollten Sie dann mit Verben beschreiben (Beispiel: Frau Kofler präsentiert die Ergebnisse aus 2019).

Auf diese Weise halten Sie auch alle Teilnehmer auf das Ziel konzentriert.

3.3.2 Der Detaillierungsgrad einer Agenda

Als Moderator sollten Sie immer mit zwei verschiedenen Agenden arbeiten:

1. Eine, die Sie für sich und Ihr Helfer-Team nutzen, und
2. eine zweite, die Sie an die Teilnehmenden ausschicken.

Die Agenda, die Sie für sich und Ihr Team schreiben, hat das Ziel, Ihnen Schritt für Schritt aufzuzählen, was Ihre Aufgaben als Moderator sind, welche Methoden und Techniken Sie nutzen, wie lange Sie dafür brauchen und was das Ergebnis davon sein soll. Diese Anweisungen enthalten Details, damit Sie nichts Wesentliches vergessen und die Sie daran erinnern, Ihre Teilnehmenden zu aktivieren.

Die Agenda, die Sie an das Team aussenden, ist nicht so detailliert, sondern konzentriert sich im Grunde auf die Ergebnisse. Sie zeigt, was Sie planen und welche Vorbereitungen das Team vorab treffen sollte. Wenn die Teilnehmer ein hohes Maß an Vertrauen in Ihre Fähigkeiten als Moderator haben, reicht Ihnen eine Agenda, die klar und einfach geschrieben ist und die sich nicht im Detail verliert. Wichtig ist den Teilnehmenden, dass sie Fortschritte sehen und erkennen können, dass sie ihre Zeit sinnvoll einsetzen.

Denken Sie in kurzen Abschnitten

Planen Sie das virtuelle Meeting in 10-Minuten-Abschnitten. Jüngste Erkenntnisse deuten darauf hin, dass die Aufmerksamkeitsspanne in diesem informationsüberfluteten Zeitalter etwa 10 Minuten beträgt. Planen Sie deswegen nur kurze Abschnitte und machen Sie viele Pausen. Die Pausen ermöglichen es den Menschen, sich wieder zu erholen und dann mit neuer Energie fortzusetzen.

Wenn Sie mehrere Themen behandeln wollen, teilen Sie diese lieber in mehrere Sessions auf. Online zu arbeiten, ist anstrengend und erfordert einfach eine ganz andere Energie.

Auch die einzelnen Aktivitäten und Übungen innerhalb eines Workshops sollten kurz sein - auf keinen Fall länger als zehn Minuten.

3.3.3 So erstellen Sie eine gute Agenda

Die Agenda sollte im Wesentlichen all jene Punkte aufführen, die Sie der Reihenfolge nach besprechen möchten.

> Je komplizierter ein Thema ist, desto wichtiger ist es, dass Sie es in kleinere Teile zerlegen, die wiederum logisch aufeinander aufbauen. Jeder Punkt sollte in etwa ein Zeitlimit von 5 bis 10 Minuten haben, damit das Meeting kurzweilig bleibt und Sie schnell Fortschritte sehen können. Dadurch wird auch eine mögliche Ablenkung vermieden.

Beantworten Sie vor allem diese Frage in Ihrer Agenda: Warum sind wir hier?

Ich kann es nicht oft genug sagen: Das Format, die Wahl der Teilnehmer und der Plattform – all das hängt davon ab, *was* Sie eigentlich erreichen wollen. Sie müssen eine gemeinsame Mission finden, die Sie an alle schicken: Warum treffen sich genau diese Menschen? Was ist das gemeinsame Thema? Was soll das Ergebnis sein?

> Liefern Sie gleich in der Agenda die Antworten und Gründe für das Treffen.

Antworten auf diese Frage werden häufig als Werte oder Leitprinzipien bezeichnet und fassen die Situation zusammen, die die Teilnehmer betrifft oder teilweise sogar belastet. Menschen, die zusammenhalten, erhöhen die Erfolgschancen der gemeinsamen Arbeit um ein Vielfaches. Wählen Sie deswegen mit Bedacht eine gemeinsame Sicht, die ihre Richtung bestimmt.

> Wenn Sie bei der Aussendung Ihrer Agenda gleich einen solchen motivierenden Text schreiben, steigt die Wahrscheinlichkeit um ein Vielfaches, dass Sie Menschen von Beginn an motivieren und aktivieren.

Folgende Punkte helfen bei der Erstellung der Agenda

- **Fügen Sie alle Informationen ein**
  Überlegen Sie, welche Informationen die Personen benötigen, um an der virtuellen Besprechung oder dem Workshop teilzunehmen. Übernehmen Sie diese Informationen direkt in Ihre Agenda und geben Sie auch gleich den Ort an, wo die Personen generell diese Informationen finden (Chat-Kanal, Dashboard etc.). Fügen Sie auch die Details, die Tools, die Links etc. hinzu, damit die Teilnehmenden alles, was sie benötigen, an einem Ort finden.
- **Berücksichtigen Sie die Verfügbarkeit aller Teilnehmenden so gut es geht**
  Die Auswahl einer für alle Teilnehmenden geeigneten Zeit ist besonders schwierig, wenn sie sich in verschiedenen Zeitzonen befinden. Senden Sie eine Umfrage (z. B. mit dem

Chat, den Sie später in der virtuellen Besprechung nutzen wollen, damit die Leute sich gleich damit vertraut machen) oder verschicken Sie eine E-Mail an das Team, um die allgemeine Verfügbarkeit zu ermitteln.

Wenn Sie sehr kurzfristig planen müssen, können Sie möglicherweise nur ein bestimmtes Zeitfenster auswählen und hoffen, dass die Leute ihre Zeitpläne neu ordnen, um teilnehmen zu können. Aber wenn Sie ein wenig Spielraum haben, nehmen Sie sich die Zeit, um einen Slot zu finden, der für die Mehrheit gut geeignet ist und in der sich die Leute wirklich auf die Diskussion konzentrieren können.

Wenn Sie Zugriff auf die Kalender der eingeladenen Personen haben, überprüfen Sie, welche Tage bereits mit wichtigen Meetings versehen sind und wann wichtige Fristen anstehen. Fragen Sie andernfalls im Voraus nach ihren Zeitplänen, wenn Sie Personen einladen: „Ich möchte in den nächsten zwei Wochen einen Termin finden, um mich mit dir und anderen zu treffen. Ich schätze, dass wir ca. eine Stunde für dieses Thema brauchen werden. Wann ist es für dich am besten?"

- **Verteilen Sie einige Tage vor dem Treffen Ihre Tagesordnung mit einem Informationspaket**
  Um sicherzustellen, dass die Teilnehmenden die Informationen wirklich lesen, wählen Sie ein Format aus, das diese mit großer Wahrscheinlichkeit täglich verwenden. Wenn Sie beispielsweise wissen, dass sich einige Teilnehmer von unterwegs einwählen werden, dann achten Sie darauf, dass die Informationen nicht im internen Wiki zu finden sind, das sie nur im Unternehmen selbst anwählen können, sondern senden Sie die Informationen lieber per Mail aus, auf die sie von überall aus zugreifen können.
- **Planen Sie ein Zeitfenster für bestimmte Teilnehmer ein**
  Wenn jemand nur zu einem bestimmten Teil des Meetings teilnehmen kann, planen Sie die für ihn wichtigen Elemente in diesem Zeitfenster. Technologie beeinflusst auch Ihre Agenda. Wenn die Teilnehmer ein kompliziertes Tool verwenden müssen, um eine Präsentation anzuzeigen oder auf eine Datenbank zuzugreifen, gruppieren Sie diese Aktivitäten, damit Sie nicht an Dynamik oder Aufmerksamkeit verlieren, wenn sich Personen anmelden oder zwischen Bildschirmen wechseln.

> Die meisten Moderatoren sind von physischen Workshops gewohnt, dass es kein Problem ist, einige Dinge laufend zu erledigen. Die Kommunikation ist viel einfacher, unangenehme Pausen können schnell mit ein wenig Humor überspielt werden und technische Fehler können wir schnell beheben. Nur davon funktioniert leider nichts in der Online-Welt. Die gute Nachricht ist, dass Sie dem entgegenwirken können, wenn Sie einen gut durchdachten Plan aufgesetzt haben.

3.3.4 Wählen Sie geeignete Aktivitäten

Der Moderationsprozess erfordert die häufige Einbeziehung mehrerer interaktiver Übungen oder Aktivitäten, um Teams effektiv durch den Prozess zu führen und ihnen dabei zu helfen, dass sie innovativ und kreativ denken. Übungen, Spiele und Methoden sind fantastische Mittel dazu.

Verwenden Sie die entsprechenden Methoden, die sowohl kreative als auch analytische Ansätze verfolgen.

Wichtig: Nicht alles, was in einem Präsenz-Workshop gut funktioniert, entfaltet dieselbe Wirkung im Online-Bereich. Gruppenspiele, bei denen sich jeder im selben Raum befinden und bewegen muss, sind zum Beispiel gar nicht geeignet. Andere Übungen wiederum müssen Sie nur ein wenig abwandeln und schon funktionieren sie online ganz wunderbar. Eine Auswahl an geeigneten Online-Methoden finden Sie im nächsten Kapitel.

- Übungen, die Diskussionen und/oder Bewegungen in großen Gruppen erfordern, sind in einer Online-Umgebung unpraktisch. Übungen oder Methoden, bei denen die Teilnehmer in Breakout-Räumen arbeiten, müssen gut im Voraus geplant werden, denn sie sind für Sie als Moderator herausfordernder. Es ist auch für die Teilnehmer anstrengend zwischen den einzelnen Räumen zu wechseln und erfordert für Sie als Moderator dadurch mehr organisatorischen Aufwand als andere Einzelarbeiten.
- Achten Sie deswegen bei der Auswahl Ihrer Aktivitäten auf eine gute Mischung zwischen Kleingruppen- und Einzelarbeiten mit kurzen Präsentationen und Gruppenfeedback zwischendurch.

Es mag auf den ersten Blick schwierig sein, passende Übungen für Ihren individuellen Zweck zu finden, die online gut funktionieren. Aber: Je mehr Aktivitäten Sie einplanen und je mehr Sie Ihr Team motivieren, desto erfolgreicher wird letztlich das gesamte Treffen sein und desto besser werden auch die Ergebnisse.

- Denken Sie daran, dass Aufgaben in einem Online-Workshop oft länger dauern als in einem Präsenz-Treffen. Planen Sie das entsprechend ein. Es dauert einfach, bis die Leute wirklich verstanden haben, was sie tun sollen und sich zurechtfinden. Oft fühlen sie sich in einer Online-Umgebung unbehaglich und trauen sich nicht nachzufragen.
- Auch das Ansagen von Angaben und dem Vorgehen kann schwieriger sein, weil Sie die Dinge oftmals nicht vorzeigen, sondern nur erklären können. Suchen Sie deswegen Aktivitäten und Übungen, die einfach zu verstehen und leicht zu erklären sind.

> Wenn für Ihre Aktivitäten Utensilien wie zum Beispiel Papier und Bleistift oder die Kamera eines Smartphones notwendig sind, dann teilen Sie das den Teilnehmenden unbedingt bereits vor dem Workshop mit.

- Teilen Sie auch die Aktivitäten selbst in kurze Schritte auf (jeweils fünf bis zehn Minuten) und vergessen Sie nicht die Pufferzeiten. Meiner Erfahrung nach braucht es immer eine Anlaufzeit, bis alle soweit sind und starten können.
- Ein Tipp zur Wahl der Methoden: Planen Sie immer mehrere Methoden ein, die Sie im Notfall dann auch weglassen können. Wenn die Zeit dann doch schneller vergeht, ist es kein Problem, die eine oder andere Methode dann stillschweigend ausfallen zu lassen.
- Solange Sie sich die Zeit nehmen, Ihren Online-Workshop oder Ihr virtuelles Meeting geschickt zu planen und zu gestalten, gibt es keinen Grund, warum Sie nicht kreativ sein und lustige Übungen verwenden sollten, um Ihre Teilnehmer zu motivieren!

3.3.5 Beispiel-Agenda

Hier finden Sie eine Beispiel-Agenda von einem Online-Workshop, den wir mit sechs Personen abgehalten haben. Diese Agenda haben wir für uns intern erstellt – sie wurde in dieser Form nicht an die Teilnehmenden verschickt.

Die Teilnehmer haben mit der Einladung die Vorbereitungsaufgaben (mit Abgabedatum!), generelle Infos und Links bekommen.

> Die Aufgabe für das Team besteht in den allermeisten Fällen – unabhängig von den Themen oder dem Ziel – darin, einerseits für den Workshop Informationen zu sammeln und Fragen zu beantworten, andererseits sich vorab mit den Tools vertraut zu machen, sodass beim Start keine (oder nur wenige) technische Fragen auftauchen.

Aufgabenstellung

„Wie kann das Remote-Team in Zukunft besser zusammenarbeiten?“

Setup:

- Videokonferenztool Zoom
- Online-Whiteboard Miro
- Papier und Bleistift
- Handy, um Fotos zu machen
- gutes Headset
- Team unbedingt erinnern, dass sie die Kamera einschalten müssen!

Vorbereitung für Sie als Moderator

Ziel	Vorgehen	Dauer
Icebreaker	Fragen erarbeiten, die die Teilnehmenden vorab zur ihrer eigenen Person beantworten sollen (unbedingt mit Foto!), wie Wohnort, Aufgaben, momentane Probleme und Hindernisse, Chancen, Erwartungen etc.	ca. 10 min
Zusammenfassung der Vorbereitung	Vorarbeiten und weitere Dokumente vorab auf eine gemeinsame Plattform laden	ca. 10 min
How to	Ansehen der Links und Tools, die im Workshop eingesetzt werden	ca. 15 min

Der Workshop

Tag 1 (ca. 4,5 Stunden)

Ziel	Vorgehen	Dauer
Einführung in das Thema	▪ Moderator, Team und das Thema kurz vorstellen ▪ Abfragen der individuellen Erwartungshaltung ▪ Vorstellung der einzelnen Rollen (vorab mit Betroffenen abgesprochen): Schriftführer, Co-Moderator ▪ Kleingruppenzuteilung	ca. 20 min
Icebreaker	Icebreaker „Zeigt her eure Schuhe" (siehe Abschnitt 4.1.9)	ca. 10 min
Start	▪ Kurze Besprechung der Links und Tools, die im Workshop eingesetzt werden ▪ Fragen klären	ca. 15 min
Phase 1: Einfühlen	Vorstellen des Themas, der Zielgruppe und Ergebnisse aus den Vorarbeiten	ca. 30 min
Kurze Pause		ca. 5 min
Phase 1: Einfühlen	Personas (siehe Abschnitt 4.2.2) entwickeln (in Zweier-Teams)	ca. 20 min
Phase 1: Einfühlen	Vorstellung der einzelnen Personas und Ergänzung durch die Gruppe	ca. 30 min
Phase 1: Einfühlen	Verfeinerung in den Kleingruppen	ca. 5 min
Kurze Pause		ca. 5 min
Phase 1: Einfühlen	Insights vorstellen in der Großgruppe	ca. 15 min
Phase 1: Einfühlen	Gemeinsames Clustern in der Matrix (siehe Abschnitt 4.2) inkl. Abstimmung in der Großgruppe	ca. 5 min
Phase 2: Definieren	„Wie können wir"-Frage (siehe Abschnitt 4.3) entwickeln (ca. 5 Minuten in Zweier-Teams, dann ca. 15 Minuten in der großen Gruppe)	ca. 20 min
Phase 2: Definieren	Abstimmung mittels Online-Whiteboard-Feature	ca. 3 min
Warm-up	Kurze gemeinsame Pause	ca. 5 min
Phase 3: Ideen generieren	▪ Nochmalige Zusammenfassung der einzelnen Erkenntnisse bis zu diesem Punkt ▪ Puls-Check	ca. 5 min

Ziel	Vorgehen	Dauer
Phase 3: Ideen generieren	Wortassoziationstechnik (siehe Abschnitt 4.4) in der Großgruppe	ca. 10 min
Phase 3: Ideen generieren	Kopfstandtechnik (siehe Abschnitt 4.4.2) in einer Kleingruppe von drei Personen (inklusive Umkehren)	ca. 10 min
Phase 3: Ideen generieren	▪ Vorstellen der Ergebnisse und gemeinsame Diskussion ▪ Erfolgskriterien bestimmen	ca. 20 min
Phase 3: Ideen generieren	▪ Stille Punkteabstimmung (siehe Abschnitt 4.4.8.1)	ca. 2 min
Kurze Pause		ca. 5 min
Phase 3: Ideen generieren	▪ Kreative Matrix in Großgruppe (siehe Abschnitt 4.3.2)	ca. 10 min
Phase 3: Ideen generieren	▪ Abstimmung in Kleingruppe für Ideenauswahl (siehe Abschnitt 4.4)	ca. 3 min
Phase 3: Ideen generieren	▪ Ideen vorstellen, die umgesetzt werden sollen (in Großgruppe)	ca. 10 min
Abschluss Tag 1	▪ Kurze Zusammenfassung ▪ Ausblick auf den nächsten Tag	ca. 3 min

Tag 2 (ca. 3 Stunden)

Ziel	Vorgehen	Dauer
Warm-up	Kollegen zeichnen	ca. 5 min
Zusammenfassung und Einstimmung	▪ Zusammenfassung der Ergebnisse des vorherigen Tags ▪ Abfragen der Bedürfnisse und Fragen	ca. 10 min
Phase 4: Experimentieren	▪ Storyboard (siehe Abschnitt 4.5.1) ▪ Werbung erstellen (siehe Abschnitt 4.5)	ca. 20 min
Phase 4: Experimentieren	Think-Aloud in Dreiergruppe (siehe Abschnitt 4.5.7)	ca. 10 min
Kurze Pause		ca. 5 min
Phase 4: Experimentieren	Vorstellung der Ergebnisse in Großgruppe	ca. 20 min
Abschluss	▪ Zusammenfassung der Ergebnisse ▪ Zuteilung der Aufgaben und Verantwortlichkeiten ▪ Weitere Schritte besprechen	ca. 30 min
Feedbackrunde	Blitzlicht (siehe Abschnitt 4.5.7.3)	ca. 10 min
(nur für Moderator) Dokumentation	▪ Interne Reflexion ▪ Zusammenfassung des Workshops ▪ Dokumente und weitere Infos an alle Teilnehmenden ausschicken	ca. 60 min

3.3.6 Die Meeting-Etikette

Virtuelle Meetings sind zu einem wesentlichen Faktor für die Produktivität und Effektivität moderner Unternehmen geworden. Sie sind eine einfache und kostengünstige Möglichkeit, um mit anderen zusammenzuarbeiten. Das klingt alles so einfach, aber in der Realität warten in der virtuellen Welt ganz viele Fettnäpfchen auf Sie.

> Was sollen Sie tun, wenn zwei Kollegen gleichzeitig sprechen oder wenn die schlechte Videoverbindung einer Person den Gruppenfluss stoppt? In gewissem Maße hängen die Antworten auf diese und ähnliche Fragen von Ihrer speziellen Situation ab: Wie gut kennen sich die Teilnehmer, wie formell oder informell sind ihre Arbeitsstile, wie erfahren sind sie in der virtuellen Zusammenarbeit?

Wenn Sie möchten, dass Ihr Team produktiv arbeitet, müssen sich alle an die Regeln halten. Aber davor müssen sie sich erst darauf einigen, welche das überhaupt sind und wie sie diese einsetzen wollen. Viele Unternehmen haben zwar solche Regeln - meistens sogar schriftlich fixiert in ihrem Intranet - aber dort liegen sie und harren der Dinge. Wenn Sie jedoch Regeln haben, die Sie konsequent durchsetzen, kann dies die Art und Weise, wie Ihr Team Probleme löst und Entscheidungen trifft, erheblich verbessern.

Es gibt verschiedene Arten von Grundregeln. Einige betreffen den Ablauf und Prozess - wie zum Beispiel, dass die Treffen immer pünktlich starten und pünktlich enden - oder dass die Smartphones während des Meetings auf stumm geschaltet sein müssen. Solche Regeln sind zwar wichtig und auch nützlich. Sie helfen Ihrem Team jedoch nicht dabei, produktives Verhalten zu entwickeln.

Andere Regeln sind sehr abstrakter Natur und konzentrieren sich auf ein gewünschtes Ergebnis. Es sind Regeln wie „Behandle alle mit Respekt“ und „Übe Kritik nur konstruktiv aus“. Auch diese Art der Regeln helfen Ihnen nur bedingt dabei, spezifisches Verhalten zu fördern, das dann auch wirklich respektvoll und konstruktiv ist.

> Je abstrakter die Regeln sind, desto schwieriger ist es, ein gemeinsames Verständnis herzustellen. Denn jeder Mensch hat unterschiedliche Vorstellungen davon, wie eine respektvolle Handlung beispielsweise in der Umsetzung aussieht.

Gute Regeln sind immer so einfach wie möglich formuliert. Und sie sind vor allem nützlicher Natur. Im Idealfall beschreiben Sie mit Ihren Regeln alle spezifischen Maßnahmen, die das Team ergreifen soll, um effektiv zu handeln.

3.3.7 Vorschläge für Ihre persönliche Meeting-Etikette

Einige grundlegende Tipps für die Online-Etikette sind:

- Schaffen Sie einen ruhigen Ort, von dem aus Sie teilnehmen.
- Stellen Sie sicher, dass Sie gut ausgeleuchtet sind und dass die Webcam eingeschaltet ist, sodass die anderen Teilnehmer Ihr Gesicht sehen können.
- Achten Sie darauf, was im Raum vor sich geht und
- beantworten Sie selbst auch keine E-Mails zwischendurch.

So wie alle Kommunikationsfähigkeiten entwickelt und verbessert werden müssen, muss auch die Online-Kommunikation geübt werden. Wenn Sie intern oder mit einem fremden Team arbeiten, seien Sie geduldig und helfen Sie auch den anderen dabei, online besser zu kommunizieren. Leichter wird es für alle Beteiligten, wenn Sie bereits im Voraus einige Grundregeln festlegen und mögliche Szenarien durchdenken. Dann kann (fast) nichts mehr schief gehen.

In jedem Zusammentreffen mit Menschen müssen Höflichkeit und Respekt die Norm sein. Das gilt auch für virtuelle Treffen. Regeln helfen dabei, dass alle ein gleiches Verständnis haben und vor, während und nach einem virtuellen Meeting gut kommunizieren.

Das bedeutet auch, dass Sie sich an zwei Grundprinzipien halten sollten:

1. Respektieren Sie die Zeit anderer und
2. seien Sie präsent.

Andernfalls werden dem Team wertvolle Stunden gestohlen, die niemals wieder eingeholt werden können. Teams, die sich am selben Ort befinden, haben schon genug Schwierigkeiten, Offenheit und Vertrauen aufzubauen. Teams, die nur virtuell miteinander verbunden sind, haben es noch um einiges schwieriger.

Zur Höflichkeit gehört auch, dass die Teilnehmenden wirklich präsent sind - das bedeutet auch, dass sie sichtbar sind. Manche Teilnehmenden wollen sich von unterwegs einwählen und können das nur über ihr Handy. Zu Ihrer Aufgabe als Moderator gehört es auch, das - wenn möglich - zu vermeiden. Bieten Sie diesen Personen an, dabei zu helfen, einen Raum zu suchen, wo sie sich zurückziehen können und wo auch die Technik entsprechend gut funktioniert. Nichts nervt mehr, als wenn ein Teilnehmer nicht mitkommt oder durch die Technik ständig rausgeworfen wird.

Die Webcam ersetzt zwar kein direktes Gespräch, aber sie sorgt dafür, dass wir zu dem gesprochenen Wort zumindest ein Bild bekommen.

Wenn ein Teilnehmer keine Kamera nutzen will, erklären Sie ihm eindringlich, wie wichtig das Bild für den gesamten Erfolg des Workshops ist. Es ist auch unkollegial, wenn er als einziger keine Kamera hat. Schließlich setzen Sie sich auch nicht vermummt hinter eine Topfpflanze und nuscheln in einem physischen Meeting Ihre Kommentare hervor ...

Wenn die Menschen kein Bild zu den Personen haben, die anwesend sind, verschwinden diese auch sehr schnell aus deren Vorstellung. Es ist, als wären sie nicht mehr anwesend oder Teil des Geschehens. Ganz nach dem Motto „Aus den Augen, aus dem Sinn". Vielen Personen ist das gar nicht bewusst - sie vergessen, dass sie sich eigentlich in einem Workshop oder Meeting befinden und nicht in einem Hotelzimmer, Wohnzimmer, Lokal etc.

> Wenn Sie einmal nicht wissen, wie Sie reagieren sollen, dann seien Sie einfach freundlich. Jeder Mensch will während eines Online-Meetings gehört, gesehen und respektiert werden - genau wie überall sonst auch.

Andere wichtige Dinge, an die Sie bereits bei Ihrer Planung denken sollten und die maßgeblich auf den Erfolg Ihres Treffens Einfluss nehmen werden:

Dos

- **Verbannen Sie in Workshops die Stummschalt-Taste:** Sagen Sie Ihren Teilnehmern, dass sie ihre Mikrofone oder Telefone eingeschaltet haben sollen. Menschen wenden sich von der Aufgabe ab, wenn sie wissen, dass niemand zuhört. Zusätzlich zur Rechenschaftspflicht der Teilnehmer über ihre Anwesenheit trägt die Einbeziehung von Ton dazu bei, alle zu humanisieren. Auch wenn das Baby schreit oder der Hund bellt: Diese Geräusche brechen das Eis und helfen den Menschen, sich ein Bild davon zu machen, dass am anderen Ende der Leitung ein Mensch ist.

> In diesem Zusammenhang ist es wichtig zu erwähnen, dass Sie die Teilnehmenden dennoch bitten sollten, die Tastatur in Ruhe zu lassen. Erstens entsteht durch Tippen schnell der Eindruck, dass Sie etwas anderes tun, zweitens kann das Geklapper schnell zu laut werden.
>
> Wenn Sie einen Teilnehmer auffordern, sich einzubringen oder wenn ein Teilnehmer etwas sagen will, dann bitten Sie ihn, die Hand zu heben und - im Falle, dass viele Personen anwesend sind - zunächst den Namen zu nennen und dann zu sprechen. Das hilft den anderen, die Stimme zuzuordnen und sich auf das Gesagte zu konzentrieren.

- **Geben Sie Regeln für Unterbrechungen vor:** Die Leute werden immer wieder unterbrochen. Dinge wie Übertragungsverzögerungen und der Mangel an Augenkontakt machen Telefon, Video und Chat zu einem fruchtbaren Boden für Missverständnisse. Sagen Sie den Leuten, wie sie sich höflich einmischen können. Möchten Sie, dass wenn jemand etwas sagen oder fragen will, er oder sie zunächst die Gedanken festhält und erst im Anschluss fragt? Oder soll er/sie um Erlaubnis bitten weiterzumachen? Trauen Sie sich auch als Moderator anzusagen, wer spricht.

Virtuelle Technologien können die **Unterbrechungstendenzen** der Menschen verschlimmern. Bedenken Sie daher bereits bei der Planung, was Sie tun können, damit alle Teilnehmer - auch die introvertierteren Personen - sich wohlfühlen und ihren Platz finden.

- **Klären Sie, wie sekundäre Kommunikationskanäle verwendet werden:** Es bringt nichts, wenn die Teilnehmenden ihre Ideen oder Erkenntnisse nur mit Ihnen teilen. Auch Fragen, die alle betreffen, sollten unbedingt offen gestellt werden. Damit Sie nicht während des Workshops oder Meetings damit beschäftigt sind, direkte Nachrichten zu beantworten oder sie ignorieren müssen, besprechen Sie gleich zu Beginn, wie Fragen, Kommentare oder Aktualisierungen kommuniziert werden sollen. Helfen Sie den Menschen dabei, dass sie die verschiedenen Kommunikationskanäle auch so einsetzen, dass sie zielführend Fragen stellen, Kommentare abgeben oder Aktualisierungen vornehmen können.
- **Kommunizieren Sie, wie Entscheidungen getroffen werden:** Einige Themen, die Sie diskutieren, erfordern möglicherweise eine kollektive Entscheidung. Andere können dem Urteil einer oder mehrerer Personen unterliegen. Gibt es so etwas wie ein Vetorecht? Wer übernimmt die Verantwortung, dass die Entscheidungen dann auch umgesetzt werden? Welche Stimme zählen? Planen Sie auch, wie Sie die Meinung jeder Person einholen: eine Umfrage oder per Chat? Wollen Sie die Leute einzeln befragen? Braucht es dazu extra Erklärungen? Wenn Sie sich nicht mit einem Team treffen, das bereits über einen langjährigen Entscheidungsprozess verfügt, klären Sie im Voraus, wer was entscheiden darf.

Wenn Entscheidungen in diesem Treffen von großer Bedeutung sind, dann bereiten Sie sich im Vorfeld auch eine Liste mit den Besprechungsteilnehmern vor, um niemanden zu vergessen.

- **Definieren Sie, welche Art von Teilnahme Sie sich wünschen:** In physischen Besprechungen haben Extravertierte oft einen Vorteil gegenüber Introvertierten: Sie denken laut und speisen ihre Energie aus der sozialen Interaktion. Introvertierte neigen dazu, sich zurückzuhalten und empfinden Interaktionen mit ihren Kollegen möglicherweise als anstrengend. Lassen Sie nicht zu, dass die Technologie dieses Ungleichgewicht verschlimmert, indem Sie Tools wählen, die zum Beispiel nur auf Reden und weniger auf Schreiben basieren. Das hängt natürlich immer von den Menschen ab, mit denen Sie arbeiten wollen. Haben Sie daher immer die Menschen vor Augen, mit denen Sie ein Treffen durchführen wollen und überlegen Sie, was deren bevorzugtes Kommunikationsmittel ist.

Gerade in virtuellen Treffen sind die Menschen verunsichert und wissen nicht, wie sie sich verhalten sollen. Kommunizieren Sie daher klar, dass Ihnen Interaktion wichtig ist und dass Sie erwarten, dass jeder der Anwesenden sich auch wirklich einbringt.

Don'ts

- **Wiederholungen wie Projektstatusbesprechungen einplanen:** Die soziale Distanz, die die Technologie mit sich bringt, bedeutet, dass Ihre Treffen so ansprechend wie möglich sein müssen. Zwingen Sie Ihre Kollegen nicht, sich gegenseitig zuzuhören, um Projektaktualisierungen zu rezitieren - sie werden sich schnell langweilen. Das führt dazu, dass Sie es schwer haben werden, ihre Aufmerksamkeit wiederzugewinnen. Nehmen Sie diese Informationen stattdessen in die Vorab-Kommunikation auf oder verwenden Sie einen anderen Kanal wie z.B. ein Team-Wiki, um sie zu teilen.
- **Multitasking zulassen:** Sie können Kollegen nicht daran hindern, ihre E-Mails zu lesen oder ein Spiel auf ihrem Handy zu spielen. Sie können jedoch klarstellen, dass ein solches Verhalten nicht erwünscht und vor allem respektlos ist. Bitten Sie die Menschen auch, das Essen auf später zu verschieben. Niemand findet es toll, wenn jemand seinen Mund mit Chips füllt, während er oder sie wichtige Themen besprechen will. Das lenkt nicht nur andere ab, sondern auch einen selbst, weil man darauf achten muss, nicht alles vollzubröseln.
- **Themen zulassen, die nicht Teil der Agenda sind:** Online-Teilnehmer verpassen durch das Fehlen von Körpersprache schneller Hinweise, die darauf hindeuten, dass ihre Fragestellung für die gesamte Gruppe nicht relevant ist. Bleiben Sie deswegen konsequent bei Ihrer Agenda. Sonst kann es schnell passieren, dass auch andere ihre persönlichen Themen einbringen, die nichts mit dem eigentlichen Vorhaben zu tun haben und Sie so immer weiter vom Weg abkommen. Lassen Sie alle wissen, dass Sie Ihre Agenda ernst nehmen und Sie gerne an anderer Stelle dann die offenen Fragen und Themen ansprechen werden.
- **Körperliche Abwesenheit tolerieren:** Es ist wirklich verlockend, kurz aufzustehen und ein Glas Wasser zu holen oder schnell ein Paket entgegenzunehmen, wenn das Gespräch gerade langweilig ist. Aber die Wahrscheinlichkeit, dass Sie dadurch etwas Wichtiges verpassen, ist einfach zu groß. Bitten Sie daher alle, auch mit ihrer Körpersprache zu zeigen, dass sie anwesend sind. Viele verschwinden während eines Online-Treffens einfach wortlos vom Bildschirm, weil er oder sie denken, dass das gar nicht auffällt. Aber das tut es.

So sprechen Sie Themenabweichungen an

Einige Teams weisen beispielsweise darauf hin, wenn ein Thema nicht dazu gehört, indem sie das direkt ansprechen („Das ist jetzt nicht das Thema.") oder auch ein Wort verwenden wie „Kirsche". Damit solche **Stopp-Wörter** oder Aussagen tatsächlich funktionieren, müssen Sie diese vorab definieren und von allen absegnen lassen.

Untersuchungen haben gezeigt, dass das Ausrufen eines solchen Stopp-Worts unerwünschte Konsequenzen haben kann, wenn es falsch verwendet wurde. So wird die andere Person das Problem weiterhin ansprechen oder für den Rest des Treffens gar nichts mehr sagen und sich zurückhalten. Das kann sich wiederum negativ auf das gesamte Team auswirken, weil so Dinge nicht angesprochen und dadurch womöglich Entscheidungen erst gar nicht getroffen werden können.

Damit das nicht passiert, sollten Sie das Team dazu ermutigen, bei Unsicherheiten nachzufragen, ob das Thema dazugehört oder nicht. Ein guter Weg ist, die Annahmen und Schlussfolgerungen höflich zu hinterfragen: „Ich verstehe den Zusammenhang nicht ganz. Kannst du mir das bitte erklären oder können wir einen anderen Zeitpunkt finden, an dem wir das Thema besprechen, wenn es nicht dazu passt?" Vielleicht zeigt sich, dass genau dieser eine Kommentar ein wichtiges Problem identifiziert hat, an das sonst niemand gedacht hätte.

Wenn der Kommentar aber doch nicht zu dem Thema passt, führt das offene Ansprechen der Bedenken zu einer besseren Atmosphäre und letztlich zu einem besseren Treffen.

3.4 Auf die Plätze, fertig, ...

Die wichtigste Rolle in jedem virtuellen Treffen ist die des Gastgebers bzw. Moderators. Die Gruppe verlässt sich darauf, dass Sie sie souverän und sicher durch den Workshop oder das Meeting führen. Dazu müssen Sie das Selbstvertrauen und die Zuversicht ausstrahlen, dass Sie das auch können.

Wenn Sie Ihre Vorbereitungsarbeit hinter sich haben, ist es an der Zeit, ein produktives und erfolgreiches virtuelles Treffen zu starten. Das Ziel ist, dass alle am Ende dieses Tages das Gefühl haben, zielführende Diskussionen geführt oder ein schwieriges Problem gelöst zu haben. Sie haben Ihr Ziel dann erreicht, wenn alle zufrieden, motiviert und mit einem guten Gefühl aus dem Online-Treffen gehen.

Wie bei einem normalen Präsenz-Termin gilt es, dass Sie Ihren physischen Raum einnehmen und alles vorbereiten, um den Komfort und die Kommunikationsfähigkeit der Teilnehmer zu maximieren. Denn Menschen transportieren durch die verbale und nonverbale Kommunikation, wie sicher und wohl sie sich fühlen, und übertragen das auf alle Beteiligten.

- **Richten Sie den Raum ein**
  Egal, ob Sie sich von Zuhause aus einwählen, von einem Hotelzimmer aus agieren oder gemeinsam mit Ihren Kollegen im Büro sitzen, geben Sie alle möglichen Ablenkungen aus Ihrer Sichtweite und bereiten Sie die Materialien vor, die Sie für die Durchführung der Besprechung brauchen.
  - Überprüfen Sie auch die Raumtemperatur, damit Sie nicht zu schnell müde werden oder sich unwohl fühlen.
  - Wenn andere zu Ihnen ins Zimmer kommen, sorgen Sie dafür, dass diese Personen ebenfalls genug Platz haben, um ihre Gegenstände abzulegen.
  - Wenn Sie gemeinsam eine Freisprechanlage nutzen, um an der Besprechung teilzunehmen, positionieren Sie das Gerät so, dass jeder leicht hören kann und gehört wird.

Wenn Sie den Raum für eine Videokonferenz vorbereiten, brauchen Sie eventuell etwas mehr Bastelgeschick. Überlegen Sie, ob wirklich alle Personen von der Kamera gut erfasst werden:

- Werden alle Personen gut ausgeleuchtet?
- Wie ist das Objektiv der Kamera ausgerichtet? Wählen Sie einen Winkel, der visuelle Ablenkungen für andere Betrachter minimiert. Wenn sich beispielsweise hinter Ihnen ein Fenster mit viel Aktivität befindet, wählen Sie einen anderen Hintergrund.

- **Melden Sie sich früh an und seien Sie für Fragen ansprechbar**
  Egal, ob Sie eine Video- oder eine Telefonkonferenz planen, melden Sie sich unbedingt mindestens 30 Minuten vor dem offiziellen Beginn in dem System an. Seien Sie aber dann auch wirklich körperlich und geistig anwesend, falls Fragen auftauchen oder auch, damit jeder ankommt und sich zurechtfindet. Schließlich fungieren Sie in Ihrer Rolle als Gastgeber.
  - Vor allem wenn es sich um eine kleine Gruppe handelt, nutzen Sie diese Gelegenheit, um ein wenig die Stimmung zu lockern. Sie müssen keine brillanten Gespräche führen - nur Smalltalk, das Sie auch führen würden, wenn sich alle in einem Raum versammeln würden. Diese Höflichkeiten geben nicht nur den Ton an, sondern geben Ihren Teilnehmern auch die Möglichkeit, ungezwungen miteinander zu interagieren.
- **Kleiden Sie sich angemessen**
  Eines der tollsten Dinge, remote zu arbeiten, ist, dass Sie Zuhause sind. Sie können sich benehmen, wie Sie wollen, essen, wann Sie wollen, tun, was Sie wollen und auch alles tragen, was Sie wollen - auch Ihr drei Wochen lang durchgängig getragenes T-Shirt. Schließlich ist es Ihr Zuhause. Aber wollen Sie wirklich, dass Ihre Kollegen sehen, was Sie gestern gegessen haben? Oder Ihren „Hello Kitty"-Pyjama kennen?
  - Vor jedem virtuellen Treffen sollten Sie sich deswegen ein paar Minuten Zeit nehmen, um ein frisches Hemd anzuziehen und sich zumindest einmal durch die Haare zu fahren. Wie Sie auftreten, ist auch immer eine Frage der Höflichkeit anderen gegenüber und ein Zeichen, wie ernst Sie das Treffen nehmen.
  - Online gibt es allerdings ein paar Dinge, die Sie beachten sollten, wenn es um die Wahl Ihres Outfits geht: Gestreifte Hemden sind nicht gut, genauso wenig wie große, glänzende Schmuckstücke. Beides kann visuell ablenken. Und schließlich wollen Sie mit Ihren Ideen glänzen und nicht andere mit Ihrer Kleidung verwirren.
- **Nutzen Sie unbedingt eine Webcam und achten Sie auf die Umgebung**
  Wie wichtig es ist, die Webcam oder Kamera nicht nur zu besitzen, sondern auch wirklich einzusetzen, wurde in diesem Buch ja schon an vielen Stellen angesprochen. Aber Ihre Kollegen werden Ihre Ideen nicht ganz so ernst nehmen, wenn sie den Haufen dreckiger Kleidung in der Ecke sehen. Oder wenn sie glauben, dass Sie in einer Höhle wohnen, weil die Beleuchtung so schlecht ist. Passen Sie deswegen die Arbeitsumgebung so an, dass Sie genügend Licht haben und dass der Hintergrund halbwegs gesittet aussieht. Das bedeutet, dass Sie ungemachte Betten im Hintergrund oder offene Schränke, aus denen die T-Shirts herausquellen, vermeiden sollten.

Ein Tipp zum Schluss: Gehen Sie beim Betreten des virtuellen Raums immer davon aus, dass bereits irgendjemand zuhört und online ist. Passen Sie also gut auf, was Sie sagen und wie Sie sich verhalten. Bewegen und sprechen Sie immer so, als wären Sie in einem gemeinsamen Raum - schließlich sind Sie das ja auch.

3.5 ... los! Das Online-Treffen kann beginnen!

„Auf die Plätze, fertig, los!"

Das ist das Startsignal. Welcher Athlet würde zu Beginn eines Rennens dem Publikum erst einmal den geplanten Ablauf der Überholmanöver erklären? Eben. Die ersten Minuten sollten Sie dazu nutzen, die Teilnehmer zu begeistern.

3.5.1 Die ersten Minuten zählen

Die ersten Momente eines jeden Treffens sind extrem kraftvoll. Verschwenden Sie sie also nicht mit Monologen über Organisatorisches oder vollkommen Uninteressantes. Natürlich ist es gerade in der Online-Umgebung wichtig, dass Sie viele Informationen gut kommunizieren, noch bevor Sie mit dem Meeting oder Workshop starten können. Gerade deswegen ist es wichtig, dass Sie gut darüber nachdenken, wie Sie beginnen.

Der Schlüssel zum Aktivieren eines engagierten Online-Teams und damit eines erfolgreichen Online-Treffens besteht darin, ein Vorgehen zu entwickeln, das interaktiv, abwechslungsreich und auf die Bedürfnisse der Beteiligten zugeschnitten ist.

Als Moderator ist es Ihr Hauptziel, Bedingungen zu schaffen, unter denen gute Kommunikation stattfinden kann. Das ist im Normalfall schon schwierig, aber noch größer wird die Herausforderung, wenn sich die Rahmenbedingungen ändern. Dies erfordert eine Änderung der Denkweise.

Die digitale Zusammenarbeit muss zum Ausgangspunkt all Ihrer Überlegungen werden. Gemeinsam Probleme auf kreative Art und Weise in einem Team in einer physischen Umgebung zu lösen, ist nicht dasselbe wie die Unterstützung von Gruppen, die online kreativ arbeiten. Sie sind deswegen gefordert, über die Grenzen hinausschauen, um alle Beteiligten miteinzubeziehen - egal, wo sie sich gerade befinden.

- **Geben Sie den Ton vor:** Wenn Sie Ihre Ziele für die Besprechung festlegen, ist es in Ordnung, Ihren emotionalen Zustand offen zu diskutieren. Wie geht es Ihnen mit dem Problem, der Entscheidung, dem momentanen Stand der Dinge? Sind Sie optimistisch und voller Hoffnung? Oder aber frustriert und dennoch entschlossen etwas zu ändern? Teilen Sie Ihre Stimmung und Erwartung mit den anderen. Wenn Sie eine gute Atmosphäre erzeugen wollen, dann müssen Sie auch authentisch sein. Wenn Sie sich demotiviert fühlen, sprechen Sie das also an. Die Wahrscheinlichkeit, dass es anderen ebenso geht, ist sehr groß und so können Sie eine Verbindung herstellen, ohne gleich in eine negative Spirale zu geraten.

Wenn Sie ambivalente oder negative Emotionen ausdrücken wollen, nehmen Sie eine zukunftsorientierte, aktive Denkweise an: „Diese Situation ist schwierig, aber ich glaube, wir können konkrete Maßnahmen ergreifen, damit es besser wird. Und darum soll es doch heute gehen. Wer, wenn nicht wir?"

- **Verbinden Sie die Menschen miteinander:** Im Idealfall haben Sie vor dem offiziellen Beginn des Treffens ein informelles Gespräch zwischen den Teilnehmern geführt. Zu Beginn des Online-Zusammentreffens gehört aber die Zeit allen Teilnehmern. Es gilt, die einzelnen Rollen zu erklären und ein Verständnis aufzubauen, warum genau diese Personen da sind und miteinander arbeiten sollen. Nutzen Sie Icebreaker dazu (siehe Kapitel 4). Wenn die Menschen zum ersten Mal aufeinandertreffen, bitten Sie sie, sich kurz vorzustellen. Beides sind eine sehr einfache, aber wirkungsvolle Möglichkeiten, um Beziehungen aufzubauen. Tun Sie das unbedingt, bevor Sie sich mit wichtigeren Angelegenheiten befassen. Geben Sie vor allem jedem die Möglichkeit, von Anfang an aktiv an der Unterhaltung teilzunehmen.
- **Starten Sie mit der Erwartungshaltung:** Sie sollten immer zu Beginn eines Workshops oder Meetings die Erwartungshaltungen abklären. Das ist für den Erfolg von entscheidender Bedeutung. Sie stellen so sicher, dass die Erwartungen an Verhalten und Etikette vor oder zu Beginn eines Treffens jedem Teilnehmer bewusst sind.

Diese Erwartungshaltung in einer Online-Umgebung abzufragen, ist umso wichtiger, denn wenn die Leute etwas falsch verstehen, kann das sehr schnell zu einem Problem führen und wertvolle Zeit in Anspruch nehmen. Machen Sie das daher allen Teilnehmern gleich zu Beginn klar.

- **Beginnen Sie mit Icebreakern.** Gerade bei größeren Gruppen ist ein Austausch über einen Gruppenchat nicht wirklich praktikabel. Es wird schnell unübersichtlich und wichtige Informationen gehen zwischen den Alltagsdingen verloren. Planen Sie gleich nach dem Eintreffen der Menschen ein kurzes Aufwärmen ein, das die Teilnehmer stillschweigend und sofort nach ihrem Eintritt durchführen können – noch bevor das eigentliche Treffen beginnt.

Da die Teilnehmer in der Realität häufig die Vorbereitungsmaterialien nicht im Voraus gelesen haben, können Sie die Zeit vor dem Meeting gut dafür nutzen. Geben Sie dem Team die Aufgabe, dass sie sich die Zeit nehmen sollen und das von Ihnen vorab per E-Mail verschickte Material zu lesen. Oder nutzen Sie die Zeit, um Updates zu teilen: Bitten Sie vor dem Meeting alle, einen Satz über ihre Arbeit einzusenden, und teilen Sie die Liste unmittelbar vor Beginn des Meetings digital, damit die Teilnehmer sie lesen, ihre eigenen Updates hinzufügen und sie diskutieren können, während noch Nachzügler hereinkommen.

- **Machen Sie weiter mit dem Grund des virtuellen Zusammentreffens:** Erklären Sie nochmals, warum Sie sich hier zusammengefunden haben und was die gemeinsamen Ziele sind:
  - Was wollen Sie am Ende erreicht haben?
  - Was ist das eigentliche Problem, das Sie lösen wollen, und wem helfen Sie damit?
  - Welche Motivationen teilen Sie?

  Das Ansprechen dieser Themen schafft ein Gefühl der Dringlichkeit und rahmt die folgende Diskussion ein.
- **Wiederholen Sie die wichtigsten Punkte der Agenda und der allgemeinen Regeln:** Gehen Sie gemeinsam zu Beginn die Agenda gemeinsam durch. Fragen Sie die Anwesenden, ob sich in der Zwischenzeit noch etwas geändert hat oder Themen aufgetaucht sind, die Sie noch einplanen und besprechen sollten.
  Wenn alle mit dem Ablauf einverstanden sind, gehen Sie über zu der Etikette und den allgemeinen Regeln, die Sie ebenfalls bereits im Vorfeld geteilt haben. Rufen Sie diese Informationen den Anwesenden nochmals kurz in Erinnerung.

Unterstützen Sie die Diskussion

In virtuellen wie in physischen Treffen ist aktive Moderation das Allerwichtigste. Wenn Sie die Menschen ohne Führung lassen oder Sie als Moderator den roten Faden verlieren, verlieren Sie auch gleichzeitig die Aufmerksamkeit der Gruppe.

Das bedeutet, dass Sie sich als Moderator auf das Gespräch einlassen müssen. Sie sind dafür verantwortlich, dass die Regeln auch eingehalten werden. Sie sind das Vorbild und geben den Ton vor:

- Achten Sie darauf, dass auch Sie selbst niemandem zu früh das Wort abschneiden. Das unterdrückt ganz schnell das Engagement und wirkt sich negativ auf die Moral und die Motivation aus.
- Um eine gute Gruppendynamik zu entwickeln, setzen Sie Zeitgrenzen aktiv durch und fordern Sie Gruppenregeln ein.

3.5.2 Es kann weitergehen ...

Es ist schon schwierig, Menschen dazu zu bringen, aufmerksam in einem Meeting zu sein, wenn sie sich im selben Raum befinden. Noch viel schwieriger ist es, wenn sie nicht einmal einen physischen Raum teilen. Wenn das Team gemeinsam in einem Raum sitzt, wird Aufmerksamkeit automatisch über Augenkontakt hergestellt. Die Anwesenden fühlen sich dann verpflichtet, Interesse zumindest vorzutäuschen. In virtuellen Meetings sind Sie als Moderator gezwungen, freiwilliges Engagement aufzubauen.

In einer Studie,[3] in der die Erfahrungen von 200 Teilnehmern eines Präsenzmeetings mit 200 Teilnehmer einer virtuellen Veranstaltung verglichen wurden, konnte festgestellt werden, dass 86 % der Teilnehmer ein höheres Engagement angeben, wenn Sie folgende Muster anwenden:

1. Die 60-Sekunden-Regel

Beginnen Sie niemals ein Meeting oder einen Workshop, um ein Problem zu lösen, bis die Gruppe auch selbst das Problem als solches wahrgenommen hat! Tun Sie in den ersten 60 Sekunden etwas, damit die Menschen den Inhalt tatsächlich auch erleben. Sie können schockierende oder provokative Statistiken, Anekdoten oder Analogien teilen, die das Problem visualisieren. Sie können die Erfahrung eines verärgerten Kunden aufgreifen und die Geschichte nacherzählen.

Unabhängig von der Wahl Ihrer Methode ist das Ziel, dafür zu sorgen, dass das Team auch tatsächlich das Problem als solches wahrnimmt, um die Dringlichkeit zu spüren und es gemeinsam lösen zu wollen.

2. Definition der Rolle

Wenn Menschen in ein soziales Umfeld treten, nehmen sie unbewusst gleich eine gewisse Rolle ein. Wenn Sie zum Beispiel in eine Kirche treten, verhalten Sie sich automatisch leise und bedächtig und gehen in eine demütige Haltung. Wenn Sie in eine Disko gehen, nehmen Sie vielleicht die Rolle des tanzenden Besuchers ein. Die größte Gefahr besteht also darin, dass das Team bei einem virtuellen Treffen die Rolle des Beobachters einnimmt und sich dann entsprechend verhält. Oft fällt die (unbewusste) Entscheidung eines späteren Verhaltens bereits dann, wenn Menschen die Einladung zu einem virtuellen Zusammenkommen erhalten und annehmen. Schreiben Sie also gleich in die Einladung, was Sie von den einzelnen Personen erwarten.

3. Menschen in die Verantwortung bringen

In Studien[4] ließ sich ein spannendes Phänomen nachweisen: Je mehr Personen sich in einem Zug befinden, desto weniger wahrscheinlich wird einer Person geholfen, die in dem besagten Zug einen Herzinfarkt erleidet. Sozialpsychologen bezeichnen dieses Phänomen

---

[3] *https://embed.widencdn.net/download/vitalsmarts/a9skhqeh6v/Live-Online-Position-Paper.pdf?u=ha2xdo,* abgerufen am 10.03.2020

[4] *http://www.psychwiki.com/wiki/Darley,_J._M.,_%26_Latan%C3%A9,_B._(1968)._Bystander_intervention_in_emergencies:_Diffusion_of_responsibility._Journal_of_Personality_and_Social_Psychology,_8,_377-383,* abgerufen am 17.04.2020

als **Verantwortungsdiffusion**. Wenn jeder verantwortlich ist, fühlt sich niemand verantwortlich.

Vermeiden Sie dieses Phänomen in einer Online-Besprechung, indem Sie den Anwesenden Aufgaben zuteilen, bei denen sie sich aktiv einbringen müssen. Sie müssen es schaffen, dass Ihre Teilnehmer sich nicht verstecken und im Nirgendwo verschwinden können:

- Geben Sie zu Beginn den Personen gleich ein Problem, das zu einem schnellen Erfolgserlebnis führt.
- Verteilen Sie die Anwesenden auf Gruppen von zwei bis drei Personen.
- Wenn Sie ein Videokonferenztool nutzen, achten Sie darauf, dass Sie Breakout-Räume einrichten und diese auch viel genutzt werden.
- Verwenden Sie die Chat-Funktion und machen Sie viele Umfragen.

Versuchen Sie, das Team zu aktivieren, sodass es gar nicht erst möglich ist, unerkannt abzutauchen.

4. Die wenigsten Daten

Vergessen Sie nicht: Das Ziel Ihrer Online-Besprechung ist immer, dass die Anwesenden sich auch tatsächlich einbringen und die Ideen und Gedanken miteinander austauschen. Das schaffen Sie, indem Sie einerseits mit vielen interaktiven Elementen arbeiten, andererseits indem Sie Geschichten und Fakten miteinander verknüpfen. Aber vor allem: *Nutzen Sie immer die geringste Menge an Daten und Fakten, die Sie brauchen, damit die Gruppe informiert ist.*

5. Die 5-Minuten-Regel

Achten Sie darauf, dass die Gruppe niemals mehr Zeit als fünf Minuten ohne eine Problemstellung hat. Die Teilnehmer befinden sich in den meisten Fällen in Räumen, die nur so von Ablenkungen strotzen. Wenn Sie nicht ständig dafür sorgen, dass die Personen etwas zu tun haben, verschwinden sie bei der ersten Gelegenheit wieder zurück in ihre Rolle als Beobachter.

Zusammenfassung

- **Nutzen Sie immer die Videofunktion:** Ich kann es nicht oft genug wiederholen: Durch Videos fühlen sich die Menschen engagierter, da die Teammitglieder die Emotionen und Reaktionen des anderen sehen können, was den Raum sofort belebt. Wenn Menschen nicht nur Stimmen sind, sondern auch Gesichter bekommen, ist die Interaktion schon viel einfacher. Wenn Sie die Videofunktion nicht nutzen, sehen Sie auch nicht, ob die Person überhaupt noch physisch anwesend ist oder nebenbei die Mails zum Beispiel erledigt. Sie können auch nicht erkennen, ob jemand vor Verzweiflung die Hände über den Kopf zusammenschlägt oder zustimmend nickt. Wenn Sie Empathie aufbauen wollen, müssen Sie alles nützen, was Sie haben, um die nonverbale Kommunikation miteinbeziehen zu können.
- **Bereiten Sie wirklich eine Agenda vor und schicken Sie sie vorab aus:** Eine Agenda hilft den Teilnehmern bei der Vorbereitung des Meetings. Sie können dadurch über den Inhalt nachdenken, Ideen formulieren oder andere Mitglieder der Gruppe kennenlernen, was die Motivation bereits um ein Vielfaches im Voraus heben kann.

- **Bleiben Sie auf Kurs:** Ihre Agenda weist jedem Punkt eine bestimmte Zeit zu. Halten Sie sich an diesen Plan. Wenn ein wichtiges, zeitkritisches Problem komplexer ist als erwartet und zusätzliche Diskussionen erforderlich sind, brauchen Sie möglicherweise mehr Zeit für dieses Problem. Planen Sie dann lieber ein Follow-up ein.
- **Nutzen Sie einen „Themen-Parkplatz“:** Wenn sich in einer Diskussion neue Themen ergeben, nehmen Sie diese auf, um sie zu einem geeigneten Zeitpunkt weiterzuverfolgen. Nutzen Sie dazu eine Liste, die für alle sichtbar ist. Ich nenne das „unseren gemeinsamen Parkplatz“. Hier werden die Dinge geparkt, die nicht vergessen werden sollen, aber deren Zeit noch nicht gekommen ist. Dokumentieren Sie hier auch eventuell unbeantwortete Fragen, nicht verfolgte Ideen, ungelöste Meinungsverschiedenheiten sowie etwaige Versprechen der Teilnehmer wie: „Peter schickt gleich nach unserem Meeting die Unterlagen durch.“

So verwalten Sie Ihren Meeting-Parkplatz und Ihre Aktionselemente

Bitten Sie die Teilnehmenden nach Ihrem Treffen, die Aufgaben aufzulisten, denen alle zugestimmt haben oder die nicht zum Zug gekommen sind. Listen Sie diese Elemente auf, klären Sie sie nochmals ab und bitten Sie dann jemanden, die Verantwortung zu übernehmen.

- Weisen Sie jedem Punkt eine ganz bestimmte Frist (Tag, Monat, Jahr) zu.
- Denken Sie auch unbedingt bei der Zuweisung der Verantwortlichkeiten daran, die Personen miteinzubeziehen, die sich nicht zu Wort melden oder die nicht mehr anwesend sind.
- Wenn eine Person eine Aufgabe zugeteilt bekommt, muss sie dieser aber auch zustimmen und auch offiziell die Verantwortung dafür übernehmen. Das kann auch im Nachhinein passieren, muss dann aber entsprechend auch in der Nachdokumentation für alle vermerkt werden bzw. darf nicht vergessen werden, mit der abwesenden Person die Aufgaben anschließend kurz durchzugehen.

- **Machen Sie dieses Dokument für alle sichtbar:** Sie können sich auch überlegen, ob die Teilnehmer selbst ihre eigenen Themen hinzufügen können. Wichtig ist, dass Sie den Parkplatz und das Dokument von allen Personen absegnen lassen. Wenn Sie das Gefühl haben, dass ein Teilnehmer jedoch Probleme hat oder sich mit einem Thema oder eine Entscheidung nicht wohlfühlt, sprechen Sie das gleich an - noch bevor das gesamte Gespräch entgleisen kann. Wenn Sie die Themen und eventuelle Bedenken erfasst haben und sich alle darauf einigen konnten, dass Sie sie angemessen dokumentiert haben, können Sie die Diskussion vorantreiben.
- **Sorgen Sie für Wertschätzung und Respekt:** In einer virtuellen Umgebung kommt es schneller zu respektlosem und unhöflichem Verhalten, weil wir die Menschen nicht direkt spüren und Augenkontakt viel schwerer herzustellen ist. Das bedeutet aber noch lange nicht, dass ein solches Verhalten auch akzeptabel ist. Wir sprechen über Höflichkeit und Respekt gegenüber Menschen. Wenn Sie in einem physischen Meeting nicht am Tisch telefonieren würden, dann sollten Sie das auch nicht im virtuellen Raum tun.

- **Verbieten Sie Multitasking:** Multitasking funktioniert einfach nicht. Studien haben gezeigt, dass Menschen, die glauben, gut im Multitasking zu sein, im Grunde nur schnell zwischen verschiedenen Aufgaben hin- und herspringen. Das führt dazu, dass gleichzeitig viele Aufgaben nur unzureichend bzw. schlecht erledigt werden.

Hier sind drei Möglichkeiten, um sicherzustellen, dass das Multitasking-Verbot eingehalten wird:

1. **Verwenden Sie das Video:** Multitasking kann im Wesentlichen eliminiert werden, wenn Ihre Kollegen Sie sehen können und umgekehrt. Das Bild schafft eine gewisse Verantwortung und sorgt dafür, dass wir darauf achten, als aufmerksam zu erscheinen.
2. **Rufen Sie immer wieder Personen beim Namen auf:** Wenn Menschen überrascht werden, wird der Rest besser aufpassen, weil niemand als unvorbereitet gelten will.
3. **Geben Sie den Personen Aufgaben:** Wechseln Sie aber auch während des Treffens die Aufgaben und sorgen Sie so für Abwechslung und Überraschung. Bitten Sie z. B. verschiedene Personen mitzuschreiben. Achten Sie aber darauf, dass dieses Vorgehen der Situation und den Anwesenden gerecht ist und nicht für Verwirrung sorgt.

3.5.3 Der Abschluss

Sie müssen das Meeting oder den Workshop am Ende nicht nochmal im Detail durchgehen. Es ist nicht wichtig, wie Sie zu den Ergebnissen und Entscheidungen gekommen sind. Es ist viel wichtiger, sich auf die weiteren Aufgaben zu konzentrieren und die nächsten Schritte entsprechend zu planen.

Die Teilnehmenden brauchen auch keine wörtliche Transkription, sondern sie sollen sich an ihre Aufgaben erinnern. Bieten Sie den Teilnehmern die Möglichkeit, vor Ende des Meetings zusätzliche Informationen oder Erläuterungen anzufordern.

Der beste Weg, um ein Meeting gut und für alle zufriedenstellend abzuschließen, ist ein pünktliches Ende. Trotzdem sollte es mehr sein, als ein schnelles „Danke! Bis nächste Woche“.

Schließen Sie die Besprechung

Verwenden Sie die folgenden Taktiken, um das Team nochmals einzuschwören und einen starken Schluss zu haben.

- **Vereinbaren Sie die nächsten Schritte:** Fragen Sie das Team, was jeder einzelne bis zum nächsten Meeting oder Workshop tun wird, damit Sie gemeinsam schnelle Fortschritte erzielen. Überprüfen Sie bei der Festlegung der nächsten Punkte wiederholt, ob alle mit den Vereinbarungen und nächsten Schritten einverstanden sind.

- **Dokumentieren Sie die jeweiligen Verpflichtungen** und erstellen Sie eine Liste mit den Aufgaben und Verantwortlichkeiten. Weisen Sie jedem Punkt eine Person und ein Datum zu.

> Es ist wichtig, solche Dinge während eines Online-Treffens zu klären. Die virtuelle Umgebung macht es erheblich schwieriger, mit Menschen in Kontakt zu treten. Die wenigsten melden sich gerne freiwillig, um Aufgaben zu übernehmen, aber eine mündliche Verpflichtung aktiviert bei den meisten Menschen ein Gefühl der Verpflichtung.

- **Stellen Sie direkte Fragen und sprechen Sie die Personen auch direkt an:**
  - „Will vielleicht noch jemand etwas sagen oder gibt es Fragen zu den Punkten, die wir gerade besprochen haben?"
  - „Fühlen sich alle mit diesem Ergebnis wohl?"
  - „Was braucht es, damit wirklich alle einverstanden sind?"

Formulieren Sie den Wert dessen, was Sie erreicht haben

So wie Sie Ihr Meeting eröffnet haben, indem Sie Ihren gemeinsamen Zweck besprochen und den Grund des Zusammentreffens allen nochmals ins Gedächtnis gerufen haben, erinnern Sie die Teilnehmer abschließend daran, warum diese Arbeit wichtig ist: „Wir haben gerade eine gute Strategie für die Neubesetzung der fehlenden Rollen entwickelt. Die neuen Rollen, die wir gerade definiert haben, werden sicher einen großen Unterschied in der Arbeit innerhalb unseres Unternehmens machen. Wir werden dadurch auch die anderen Kollegen motivieren können und gemeinsam das gesamte Unternehmen wieder auf Kurs bringen. Lasst uns also gleich loslegen!"

Die Arbeit in der virtuellen Welt führt dazu, dass wir schnell das Erlebte ausblenden, wenn wir wieder in unserer „normalen" Umgebung sind. Oft ist es sogar so, dass gerade, wenn es dem Ende zugeht, die Aufmerksamkeit rasend schnell auf den Nullpunkt sinkt und einige nur mehr darauf warten, dass sie das Programm schließen können.

Lassen Sie das nicht zu, sondern nutzen Sie diese Gelegenheit, um alle nochmals einzuschwören und die Motivation zu stärken. Wiederholen Sie stattdessen kurz das gerade Erlebte und bitten Sie alle darum, nochmals ihre Zustimmung zu geben. Sie können auch eine schnelle Feedbackrunde machen und beispielsweise jede Person bitten, eine Sache zu sagen, die ihr besonders gut gefallen hat oder die für sie das Meeting zu etwas Speziellem gemacht hat.

Nachverfolgen

Schreiben Sie während des Meetings die offenen Aufgaben und Fragen auf, sobald welche auftreten. Überprüfen Sie dann die offenen Fragestellungen und stellen Sie sicher, dass diese überhaupt noch offen sind. Oft erledigen sich im Verlauf einer Besprechung einige Dinge ganz von alleine. Diese können Sie dann gleich löschen oder entsprechend als erledigt markieren.

Wenn offene Aufgaben in dem Workshop oder dem Meeting entstanden sind, fügen Sie diesen folgende Informationen hinzu:

- Welche Aufgabe soll wirklich erledigt werden?
- Wer ist verantwortlich und bis wann?
- Welchen Zweck oder Nutzen soll diese Aufgabe erfüllen?

Das DRI-Konzept

Steve Jobs bezeichnete die Zuordnung der Aufgaben als das Herzstück eines Meetings. Für jedes Projekt und jede Aufgabe in diesem Projekt wollte er jemanden, der zur Rechenschaft gezogen wird.

Mit einem DRI (Directly Responsible Individual) in einem Meeting oder Workshop haben Sie alle Verantwortlichkeiten geklärt und sind damit einen sehr großen Schritt vorangekommen. Häufig hilft Ihnen ein DRI in folgenden Situationen:

- Wenn unklar ist, bei wem die Aufgabe liegt und wer verantwortlich ist, dass eine Aufgabe weiterverfolgt wird, kann der DRI den Ball wieder ins Rollen bringen.
- Wenn es einen DRI gibt, muss sich niemand Sorgen machen, dass nichts passiert. Es wird hinter den Kulissen an etwas weitergearbeitet, das sich später als nützlich erweisen wird. Dies ist nicht nur beruhigend für andere Personen, die an demselben Thema arbeiten, sondern hilft auch dem Moderator, Klarheit darüber zu gewinnen, wer was wann machen wird.
- In einem schnell wachsenden Unternehmen mit vielen Aktivitäten bleiben wichtige Dinge oft auf dem Tisch liegen, weil einfach viel zu viel zu tun ist und jeder sehr beschäftigt ist. Wenn wir aber das Gefühl haben, dass etwas unser „Baby" ist, dann kümmern wir uns auch ganz anders darum. Das „Baby" eines DRIs ist eben die Erfüllung der Verantwortlichkeiten des Projekts. Er oder sie wird alles dafür tun, dass die Dinge auch wirklich erledigt werden.
- Ein DRI ist für das Team effizient, da sich nicht jeder bzw. keiner um die gleichen Dinge kümmern wird.

Senden Sie den Teilnehmenden kurz nach Ihrem Treffen eine E-Mail (idealerweise spätestens am nächsten Tag). Bei virtuellen Teams können Sie nicht an den Schreibtischen der Teilnehmenden vorbeischauen oder sie auf dem Weg zum Pausenraum abfangen. Diese E-Mail macht Ihre Erwartungen nochmals für alle greif- und sichtbar und hilft, die Menschen in die Verantwortung zu nehmen.

- Dokumentieren und teilen Sie in dieser Mail die spezifischen Entscheidungen und Ergebnisse, zu denen Sie gelangt sind.
- Schreiben Sie auf, wer für Folgeaufgaben verantwortlich ist und
- klären Sie, bis wann die Aufgaben abgeschlossen sein müssen.

- Fügen Sie eine Kopie der Notizen des Protokollführers oder eine Aufzeichnung des Meetings bei, falls vorhanden.
- Fragen Sie nach einer gewissen Zeit bei den Personen nach, ob alle ihre Verpflichtungen erfüllt haben.
- Nutzen Sie dazu die verschiedenen Kanäle wie Mail, Chat oder Telefon – je nachdem, was Sie glauben, dass der Lieblingskanal der jeweiligen Person ist.

Bleiben Sie dabei immer positiv

Sie wollen ja nicht so klingen, als würden Sie alle kontrollieren und genau darauf achten, dass jeder nach Protokoll handelt. Es geht nicht um ein Mikromanagement, sondern darum, dass Sie zu weiteren Ergebnissen finden. Schließen Sie Ihre Gespräche im besten Fall mit einem Hilfsangebot: „Benötigen Sie etwas von mir, damit Sie diese Aufgabe erledigen können? Kann ich noch irgendwie helfen?“

Wenn jemand auf Ihre Nachfrage nicht reagiert oder sich keine Fortschritte einzustellen scheinen, ist es am besten, Ihr Anliegen offen anzusprechen. Die räumliche Distanz macht diese Art von Direktheit notwendig, aber Sie können einen negativen Ton vermeiden, indem Sie Unterstützung anbieten. Wenn Sie wissen, dass diese Person gerade viel zu tun hat oder auch in etliche anderen Projekte involviert ist, sollten Sie das auch ansprechen: „Ich weiß, dass du gerade bei einem wichtigen Abschluss bist. Ich finde es großartig, dass du uns trotzdem hilfst und uns mit deinem Wissen so toll unterstützt. Du bist sehr wertvoll für dieses Team. Ich mache mir aber Sorgen, weil ich letzte Woche keine Antwort von dir auf meine E-Mails bekommen habe. Ist irgendwas los? Kann ich dir irgendwie helfen, um vorwärts zu kommen?“

Kommunikation nach außen

In einem letzten Schritt des Abschlusses geht es darum, dass sich das Team einigt, was es anderen Stakeholdern mitteilen bzw. wie die Kommunikation nach außen aussehen soll. Es ist wichtig, dass sicht- und spürbar ist, dass die Teilnehmenden auch tatsächlich im selben Meeting/Workshop waren und nicht jeder etwas anderes davon erzählt:

- Nehmen Sie sich einen Moment Zeit, um die Ergebnisse nochmals kurz zu besprechen, und einigen Sie sich darauf, was Sie den Leuten sagen, die danach fragen.
- Berücksichtigen Sie dabei mindestens zwei Zielgruppen (beispielsweise Ihre Vorgesetzten und Kunden).

3.6 Icebreaker und Energizer

Wir sind nur allzu vertraut mit dieser müden Stimmung nach dem Mittagessen. Wenn das passiert, brauchen wir etwas, das uns aus unserem Dämmerzustand befreit. In physischen Räumen können das Körperbewegungen sein, die den Teilnehmenden helfen, aufzuwachen, und sie ermutigen, die ausgeflippte Seite zu zeigen bzw. sich selbst weniger ernst zu nehmen. Das Gleiche gilt auch für die Stimmung im Online-Bereich, obwohl die Stimulation dort mehr auf unsere Vorstellungskraft und Visualisierung ausgerichtet ist. Icebreaker und Energizer sind daher ein ganz wichtiger Erfolgsfaktor.

Was sind Icebreaker und Energizer?

Ein Icebreaker ist ein unterhaltsames, interaktives Spiel, mit dem Ziel, eine persönliche Verbindung zwischen den Teilnehmenden herzustellen, also das Eis zu brechen.

Sie können statt eines Icebreakers auch einen Energizer einsetzen. Dieser eignet sich hervorragend zur Steigerung der Interaktion. Energizer setzen vor allem auf Schnelligkeit und Dynamik, was für eine positive Energie sorgt.

> Wenn das Team sich gut kennt und viel zusammenarbeitet, braucht es meistens keine Icebreaker mehr - dann ist es an der Zeit, einen passenden Energizer zu wählen.

Icebreaker und Energizer im Einsatz

Jeder will die Zeit in einem Workshop optimal nutzen, Icebreaker und Energizer sollten gerade deswegen öfters zum Einsatz kommen. Denn in der Online-Welt gibt es einige Dinge, die noch erschwerend dazu kommen und die Sie beachten sollten:

- Die Fokussierung der Teilnehmenden aufrechtzuerhalten, ist online wesentlich schwieriger,
- online zu arbeiten, ist anstrengend und daher sind Pausen wichtig und
- Sie als Moderator können nicht so schnell auf Änderungen reagieren wie in physischen Meetings.

Szenario 1: Wenn sich das Team noch nicht kennt

Gerade am Anfang eines neuen Projekts, wenn sich das Team noch nicht gut kennt oder die Personen sich noch kein Bild davon machen können, wie und ob die zukünftige Zusammenarbeit funktionieren wird, gibt es oft verzerrte oder falsche Vorstellungen über die anderen Personen. Wir tun uns dann schwer, den ersten Schritt zu gehen, und sind schüchtern und gehemmt.

> Der Einsatz eines Icebreakers hilft dabei, Voranahmen und falsche Vorstellungen abzubauen, indem wir eine Verbindung zu den anderen Menschen herstellen. Icebreaker helfen dabei, neue Seiten an den jeweils anderen kennenzulernen und auf neue Weise miteinander zu arbeiten.

Szenario 2: Wenn sich das Team bereits gut kennt

Wenn Sie Icebreaker in einem Team durchführen, in dem die Menschen schon lange und intensiv miteinander zusammenarbeiten und sich daher gut kennen, ist es unbedingt notwendig, alle über die Wichtigkeit des Spielens zu informieren. Andernfalls kann es passieren, dass die Teammitglieder diese Spiele für Zeitverschwendung oder Bevormundung halten.

Bei Online-Teams liegt die größte Herausforderung darin, dass Zeit für Smalltalk vor dem Meeting oder Workshop fehlt. Diese Zeit nutzen wir meistens dafür, miteinander warm zu werden, Empathie aufzubauen und Unsicherheiten abzubauen.

> Vielleicht sehen wir mit Icebreaker nicht direkt mehr mit unseren Augen. Aber wir können dank des Einsatzes dieser Spiele das Lachen der anderen hören und die Stimmung deutlich besser einschätzen. Außerdem bauen wir so eine persönliche Beziehung zueinander auf, weil wir neue Perspektiven einnehmen.

Vorteile von Spielen im Online-Workshop

„Spiele sind etwas für Kinder", „Wir haben keine Zeit für so etwas!", „Muss das wirklich sein?!". Das sind nur ein paar der Aussagen, die ich höre, sobald ich von einem Spiel spreche. Erwachsene neigen dazu, Spiele als ein unnötiges Vergnügen anzusehen, das - wenn überhaupt - nur hinter verschlossenen Türen stattfinden sollte. Sie sind ein verstohlener Genuss, gefüllt mit dem kulturellen Äquivalent von leeren Kalorien.

Das hängt zum Teil damit zusammen, wie Spiele in der Pädagogik in den letzten 50 Jahren vermarktet wurden. Die Arbeitswelt hat uns gelehrt, Spiele als etwas Kindisches anzusehen. Aber in den letzten Jahren erlebte der Einsatz von Spielen in der Arbeitswelt eine Renaissance. Die Demokratisierung der Spiele hat neue Ideen gebracht und so gezeigt, welche Dynamik und welche Dinge passieren können, wenn wir es zulassen, wieder Spaß zu erleben und nicht mehr nur im Keller zu lachen.

Hier ein paar Gründe, warum Sie unbedingt Icebreaker, Energizer und andere Warm-up-Spiele in Ihrem Online-Treffen einsetzen sollten:

- **Sie lernen Ihre Kollegen besser kennen:** Viele Spiele decken neue Perspektiven und Sichtweisen auf. Sie öffnen Türen zu Persönlichkeitsaspekten, die wir sonst nicht mit anderen teilen - einfach, weil wir keine Notwendigkeit sehen.
- **Menschen fühlen sich vor der Kamera oft unwohl:** Spiele helfen, die Schüchternheit zu reduzieren und das Medium Kamera zu vergessen.

- **Sie können mit Spielen den Teilnehmern helfen, sich mit digitalen Tools vertraut zu machen:** Denn wenn jemand im Spiel das Tool falsch bedient, wird das nicht als Fehler wahrgenommen, für den man sich schämen müsste. Trotzdem ist der Lerneffekt da.
- **Das Team entwickelt Empathie und die Teamdynamik wird gestärkt:** Spiele verbinden und zeigen allen die menschlichen Seiten.
- **Sie regen das kreative Denken an:** Die Teilnehmer werden wieder aufgeweckt, wenn die Energie weggefallen ist.
- **Sie sind ein guter Übergang:** Von einer Übung zur anderen zu wechseln, kann schwierig werden, weil sie womöglich die Aufmerksamkeit der Teilnehmenden verlieren. Wenn Sie ein Spiel als Lückenfüller einsetzen, können Sie so auch gleich in ein neues Thema einführen.
- **Spiele helfen gegen soziale Isolation:** Lachen verbindet, schafft eine positive Atmosphäre und hilft dabei, dass wir uns nicht mehr einsam fühlen.

Wann sollten Sie Spiele besser nicht einsetzen?

Nicht immer sind Spiele für jedes virtuelle Treffen geeignet. Vermeiden Sie Spiele besser in folgenden Situationen:

1. **In Krisensituationen:** Wenn Sie zum Beispiel das Meeting oder den Workshop einberufen haben, um eine Krisensituation zu besprechen, kann ein lustiges Spiel fehl am Platz wirken.
2. **Unter Zeitdruck:** Wenn das Team unter starkem Zeit- oder Lieferdruck steht, kann es belasten, Zeit für eine lustige Aktivität aufzuwenden. Dann stresst ein Icebreaker nur zusätzlich und führt zu Spannungen.
3. **Bei Sponsoren:** Auch wenn sich Stakeholder oder Sponsoren eines Projekts einschalten, ist es verlockend, die großartige Arbeit und den Zusammenhalt Ihres Teams zu demonstrieren. Aber viel wichtiger ist es, die wahrscheinlich begrenzte Zeit der eingeladenen Stakeholder zu respektieren. Dann ist es das A und O, schnell auf den Punkt zu kommen.

Im Kapitel 4 finden Sie noch weitere Icebreaker und Energizer, die sich für die Arbeit mit virtuellen Teams eignen.

3.7 Kommunikation in der Online-Welt

Es gibt verschiedene Handlungen und Verhalten, die gerade in der Online-Welt ständig auftauchen. Im Grunde lassen sich diese Handlungen leicht in jedem Meeting oder Workshop vermeiden.

Schauen wir uns jede dieser Verhaltensweisen im Detail an. Sie sehen auf den ersten Blick einfach aus und klingen absolut klar und logisch. Aber sie werden in der Praxis oft übersehen.

Teams, die diese simplen Strategien anwenden, werden erfolgreicher, motivierter und engagierter sein.

Passen Sie die Tools an die Aufgabe an und nicht umgekehrt

Die meisten Unternehmen haben zahlreiche Kommunikationstechnologien, von E-Mail- und Chat-Plattformen bis hin zu Videokonferenzen. Menschen verwenden häufig standardmäßig das Tool, das am bequemsten ist oder mit dem sie am vertrautesten sind. Wie ich in Abschnitt 2.3 beschrieben habe, eignen sich manche Tools besser für bestimmte Aufgaben als andere. Die Auswahl der falschen Tools führt schnell zu Problemen. Der Zweck der Kommunikation sollte den Übermittlungsmechanismus bestimmen.

- **Überlegen Sie sich Ihre Ziele genau.** Je weniger Tools Sie einsetzen, desto einfacher wird die Arbeit mit ihnen. Videokonferenzen setzen zum Beispiel auf umfangreichere, interaktivere Tools als Webinare. Mit Online-Whiteboards können Sie einfacher komplexe Aufgaben, Problemlösungen und Entscheidungslösungen finden. Wenn Sie unterschiedliche Ideen und Perspektiven gegeneinander abwägen wollen, sollten Sie unbedingt auf ein Tool mit einer integrierten Umfrage-Funktion setzen.
- **Vermeiden Sie es, Probleme per E-Mail oder Chat zu lösen.** Entscheiden Sie sich in solchen Fällen lieber für Medien, bei denen Sie eine direkte Verbindung mit der Person aufbauen können. Stimme, Mimik und Gestik helfen dabei, den anderen besser zu verstehen und sich schneller einzufühlen.

> Je komplexer die Aufgabe ist, desto näher sollten Sie an der persönlichen Kommunikation sein. Und meistens ist ein persönliches Treffen die beste Option.

Kennen Sie die tatsächlichen Absichten einer Nachricht

Wenn die Tools zu viel Raum für Interpretation lassen, können häufig auftretende Vorurteile und Annahmen zu Missverständnissen und Konflikten führen, die die Teamleistung maßgeblich beeinträchtigen. Menschen neigen dazu, beim Schreiben weniger zurückhaltend und negativer zu sein. Wenn wir die Reaktion der Person, die die Nachricht erhält, nicht sehen können, ist es einfacher, Dinge zu sagen, die wir persönlich so nie sagen würden. Die Technologie und Distanz ermutigten auch dazu, sich zu beschweren, Wut auszudrücken oder sich sogar gegenseitig zu beleidigen. All das geht einfacher als von Angesicht zu Angesicht.

Dazu kommt, dass Personen, die eine schriftliche Nachricht erhalten, dazu neigen, diese Nachricht auch negativer zu interpretieren, als dies vom Absender beabsichtigt ist. Emotionen werden durch nonverbale Hinweise ausgedrückt und empfangen. Das geht in der textbasierten Kommunikation weitgehend verloren. Untersuchungen legen nahe, dass Empfänger einer E-Mail, die positive Emotionen vermitteln soll, diese Nachricht tendenziell als emotional neutral interpretieren. Ebenso wird eine E-Mail mit einem leicht negativen Ton dementsprechend negativer als beabsichtigt interpretiert.

- Stellen Sie sicher, dass Sie sich über Ihre Absicht im Klaren sind, bevor Sie eine Nachricht absenden. So können Sie Missstimmungen im Team verhindern.
- Überprüfen Sie wichtige Nachrichten, bevor Sie sie wegschicken. Lassen Sie sie lieber eine gewisse Zeit liegen, um sicherzustellen, dass Sie auch wirklich das sagen, was Sie sagen wollen und vor allem auch den richtigen Ton getroffen haben.
- Nutzen Sie Emojis. Mit der Verwendung von Emojis können Sie Emotionen vermitteln und so die Tendenz zur negativen Interpretation verringern.
- Schreiben Sie eine aussagekräftige Betreffzeile und heben Sie wichtige Informationen hervor.

Bleiben Sie synchron

Wenn Teammitglieder nicht von Angesicht zu Angesicht interagieren, ist das Risiko groß, dass sie den Kontakt zueinander verlieren. Das kann aus mehreren Gründen geschehen: So ist es zum Beispiel schwieriger, sicher zu wissen, ob und wann Nachrichten wirklich empfangen und gelesen wurden, wenn die Personen nicht im selben Raum sitzen - es sei denn, der Empfang wird ausdrücklich bestätigt. Kommunikationsfehler können auch zu einer ungleichmäßigen Verteilung von Informationen innerhalb des Teams führen. So passiert es häufig, dass Personen unabsichtlich aus dem Verteiler gelöscht werden und nicht mehr mitbekommen, was kommuniziert wird.

- Ihr Team kann diese Herausforderungen am besten bewältigen, indem es Regeln aufsetzt, wie sich alle auf dem Laufenden halten und welche Kommunikationskanäle dazu am besten gewählt werden.
- Pflegen Sie die regelmäßige Kommunikation mit den einzelnen Teammitgliedern und vermeiden Sie, dass Sie einander lange nicht sehen oder hören. Teilen Sie proaktiv Informationen und fordern Sie, dass der Erhalt von wichtigen Nachrichten auch sofort bestätigt wird, auch wenn vielleicht keine unmittelbaren Maßnahmen notwendig sind.
- Fordern Sie die Menschen dazu auf zu sagen, wenn ihnen etwas nicht klar ist oder sie einen Zusammenhang nicht erkennen können. So können das Verhalten oder die Absichten anderer besser verstanden und voreilige Schlussfolgerungen vermieden werden.

Unterstützen Sie andere

Das Paradoxon bei der Teamarbeit im Online-Umfeld ist, dass Vertrauen für ein effektives Funktionieren wichtiger ist - aber auch schwieriger aufzubauen - als in traditionellen Teams. Vertrauen wird in hohem Maße von Vertrautheit und Sympathie beeinflusst. In verteilten Teams müssen die Mitarbeiter jedoch ihre Vertrauenswürdigkeit dadurch signalisieren, wie sie mit anderen an einer Aufgabe arbeiten. Um das Vertrauen in ein virtuelles Team zu stärken, ermutigen Sie alle, umgehend auf Anfragen ihrer Teamkollegen zu reagieren, sich die Zeit zu nehmen, fundiertes Feedback zu geben, proaktiv Lösungen für Probleme vorzuschlagen, mit denen das Team konfrontiert ist, und einen positiven und unterstützenden Ton in der Kommunikation zu nutzen.

Seien Sie offen und inklusiv

Verteilte Teams haben oft Mitglieder aus verschiedenen Kulturkreisen, mit unterschiedlichen Hintergründen und Erfahrungen. Während ich gerade im Design Thinking auf die Vielfalt setze, um die Kreativität und Leistung von Menschen zu steigern, ist es im virtuellen Setting eine weitere Herausforderung. Es hält sogar bei der virtuellen Kommunikation manche davon ab, sich zu äußern, was es schwierig macht, diese Vorteile zu nutzen.

Virtuelle Tools reduzieren die sozialen Anreize, die Teammitgliedern helfen, sich zu verbinden, was die Motivation zum Austausch von Ideen und Informationen verringern kann. Menschen können sich auch zurückhalten, wenn sie die Reaktionen der Teamkollegen auf ihre Beiträge nicht direkt sehen können. Wenn verteilte Teams sich aus verschiedenen Gruppen von verschiedenen Standorten zusammensetzen, besteht außerdem eine natürliche Tendenz, innerhalb der eigenen, lokalen Gruppe mehr zu kommunizieren als im gesamten Team. Das kann besonders für Moderatoren eine Herausforderung sein, weil auch in diesem Fall die Informationen ungleichmäßig verteilt werden.

Deswegen:

- Konzentrieren Sie sich darauf, so offen und präzise wie möglich zu kommunizieren.
- Beziehen Sie das gesamte Team in wichtige Kommunikationen und Entscheidungen ein.
- Fordern Sie aktiv die verschiedenen Perspektiven und Standpunkte aller Teammitglieder ein, insbesondere an anderen Standorten, um Offenheit für verschiedene Ideen und Herangehensweisen an eine Aufgabe zu demonstrieren.
- Versuchen Sie bei der Lösung von Meinungsverschiedenheiten, die besten Ideen des Teams zu integrieren.

Erkennen und reagieren Sie auf Eskalationen

- **Behalten Sie immer die Emotionen der Gruppe im Auge:** Wie geht es den Menschen gerade? Sind sie gut gelaunt, fühlt sich jemand ausgeschlossen? Ist das Team über irgendetwas wütend? Diese Fragen sind wichtig, weil keine Gruppe schlecht gelaunt gute Arbeit leisten kann. Wenn sich die Leute im Moment über etwas ärgern oder Angst vor einer möglichen Konsequenz haben, werden sie keinen sinnvollen Beitrag leisten und Ihre Pläne danach möglicherweise nicht mehr unterstützen.
- **Manchmal bemerken Sie anormales Verhalten** wie Änderungen im Ton oder komische Äußerungen. An diesem Verhalten können Sie erkennen, dass sich die Stimmung der Gruppe ändert. Oder auch durch andere Hinweise, wenn z. B. ein begeisterter Teilnehmer plötzlich verstummt oder ein normalerweise entspannter Teilnehmer plötzlich aggressiv reagiert. Suchen Sie nach Anomalien - Momente, in denen Menschen von dem abzuweichen scheinen, was Sie von ihnen erwarten.

- **Wenn Sie etwas Ungewöhnliches bemerken**, fragen Sie die Person direkt danach. Was auch immer die Verhaltensänderung verursacht, Sie riskieren mehr Schaden, wenn Sie das Problem ignorieren, als wenn Sie es direkt ansprechen.
- Auch wenn jemand **gegen Gruppenregeln offensichtlich und bewusst verstößt**, sollten Sie ihn oder sie darauf ansprechen. Achten Sie dabei darauf, dass der Ton nicht aggressiv ist. Sagen Sie, was das Problem ist, und lösen Sie sogleich auf. Sie können zum Beispiel bei einer Unterbrechung so reagieren: „Martin, es war gerade Stefanie dran mit ihrer Erklärung und du hast sie schon wieder unterbrochen. Stefanie, kannst du das bitte nochmals wiederholen?" Sie sind es dem Rest der Gruppe schuldig, die zu Beginn des Meetings festgelegten Grundregeln einzuhalten. Diese Empfehlung gilt für alles, von asozialem Verhalten wie Mobbing bis hin zu einfacher Unwissenheit wie Zeitüberschreitung bei einer Präsentation.
- **Egal, was passiert, bleiben Sie ruhig**. Bestimmte Dinge werden schiefgehen. Das Ungeplante und Unerwartete wird eintreten. Lassen Sie sich von diesen Vorfällen nicht verunsichern. Ihre Stimmung ist ansteckend: Wenn Sie nervös oder verärgert sind, wird das auch der Rest der Gruppe sein.

Vergessen Sie niemals: Das Allerwichtigste sind immer Ihre Teilnehmer – egal, ob Sie ein Webinar, einen Online-Workshop oder ein Online-Meeting planen.

Beziehen Sie Ihre Teilnehmer von Anfang an mit ein

Binden Sie die Menschen innerhalb von **zwei Minuten nach dem Start** ein. Stellen Sie ihnen eine Frage, bitten Sie sie, auf etwas in einem Chat-Bereich zu antworten oder lassen Sie sie nonverbales Feedback wie z. B. einen Daumen hoch senden.

Wir sind darauf konditioniert, Online-Treffen als passive Erlebnisse zu betrachten. Arbeiten Sie also gleich von Anfang an damit, diesen Glaubenssatz zu brechen. Wenn Sie Ihre Teilnehmenden dazu bringen, **innerhalb der ersten fünf Minuten zweimal zu interagieren**, setzen Sie deren Erwartungen, dass sie sich zurücklehnen und berieseln lassen können, zurück. Nach einem solchen Vorgehen sind die Teilnehmenden aktiviert und aufmerksam und achten darauf, ob und wann Sie sie wieder einbeziehen werden.

Bauen Sie eine Interaktion ein, die für die Teilnehmer nützlich ist, nicht für Ihr Marketing

Viele der Umfragen und Interaktionen in Videokonferenzen, an denen ich selbst teilgenommen habe, wirken wie Fragen, die für das Unternehmen interessant sind und die dann später für interne Zwecke genutzt werden können.

Arbeiten Sie stattdessen lieber mit Umfragen und Interaktionen, die Ihre Empathie demonstrieren und Ihren Teilnehmern zugutekommen. Stellen Sie Fragen, bei denen die Antworten dem Inhalt Ihres Online-Treffens oder Webinars selbst nützen und neue Einblicke und Perspektiven ermöglichen.

In einem virtuellen Workshop habe ich kürzlich gleich zu Beginn die Teilnehmer gebeten, mir mittels eines Emojis zu zeigen, wie schwer es für sie wäre, mit Kunden zu interagieren. Eine Teilnehmerin schickte daraufhin ein lachendes Emoji. Sie sagte dazu, dass das nicht immer so war, sondern dass sie erst lange daran arbeiten musste, um ihre Angst, die sie bezüglich des Feedbacks von Kunden aufgebaut hatte, abzulegen. Dieser Einblick half den anderen, auch offen und ehrlich ihre Ängste und Erfahrungen zu teilen. ■

Machen Sie Lust auf mehr

In den ersten Minuten schätzen die Teilnehmenden ein, wie wichtig Ihre Veranstaltung ist und ob sich der Zeitaufwand lohnt. Selbst wenn es ein verpflichtender Workshop ist, bedeutet das nicht gleich, dass Ihnen auch jeder automatisch seine volle Aufmerksamkeit schenken wird. Wenn Sie einmal als uninteressant eingestuft wurden, ist ein Ändern dieser Meinung fast unmöglich. Ihre Aufgabe ist es, so interessant zu sein, dass Ihre Teilnehmer nicht gleich geistig aus Ihrem Workshop, Meeting oder Webinar aussteigen.

Denken Sie daran, dass in einer virtuellen Situation das visuelle Bild wichtig ist, aber vergessen Sie das Auditive nicht. Arbeiten Sie daher mit Dingen, die auch das Ohr ansprechen. Sonst wird es sehr schnell monoton und langweilig für Ihr Team. Arbeiten Sie auch mit Einblendungen, die einen Blick wert sind. Sie können Bilder oder Vergleiche einbauen, die die Klarheit der Aussage verbessern, die Bedeutungen und einen Bezug herstellen.

4 Methoden

Jede Art von virtuellem Treffen funktioniert dann am besten, wenn Sie die TeilnehmerInnen dort treffen, wo sie sich befinden. Das bedeutet, dass Sie die Erwartungshaltungen und vor allem die Gefühle wie Hoffnungen, Ängste und Befürchtungen der betroffenen Personen kennen und darauf eingehen sollten. Das gilt für die Online-Umgebung genauso wie für die physische Umgebung.

In diesem Kapitel möchte ich mit Ihnen verschiedene Methoden aus der Praxis besprechen, die am besten für mich in der Online-Welt funktionieren.

Das Wichtigste bei der Wahl der Methoden ist, dass Sie sich bewusst machen, was Sie eigentlich erreichen möchten. Ob Sie dafür ein Meeting oder einen Workshop durchführen, sollten Sie sich vorab gut überlegen. Den Unterschied haben wir bereits in Kapitel 1 dargestellt.

> Egal, für welches Format Sie sich letztlich entscheiden: Vergessen Sie niemals, dass Sie sich in einem Workshop oder einem Meeting befinden – auch wenn Sie rein physisch vielleicht von Ihrem Wohnzimmer aus agieren. Mit all Ihrem Denken und Fühlen sollten Sie bei Ihren Teilnehmern sein. ■

Die folgenden Design-Thinking-Methoden sind keineswegs die einzigen Methoden, die online sehr gut funktionieren. Es sind lediglich Beispiele für Methoden, die ich als Design-Thinking-Beraterin und Moderatorin in der Vergangenheit erfolgreich und sehr gerne angewendet habe und die ich deswegen an dieser Stelle mit Ihnen teilen möchte.

> **Design Thinking** beschreibt einen Innovationsprozess und Denkansatz zur Schaffung von Produkten, Dienstleistungen, Lösungen und Erfahrungen, bei dem immer der Mensch (Kunde oder Nutzer) und seine Bedürfnisse im Mittelpunkt stehen.
>
> Mit unterschiedlichen kreativen Methoden und Werkzeugen wird in interdisziplinären Teams gearbeitet, um eine persönliche Verbindung zu den Personen herzustellen, für die eine Lösung entwickelt wird.
>
> Mit Design Thinking können zum Beispiel Geschäftsmodelle neu gedacht, bestehende Prozesse optimiert, aus der Perspektive der Nutzer Produkt- oder Service-Ideen entwickelt und die tatsächlichen Probleme der Nutzer gelöst werden. ■

In diesem Kapitel stelle ich Ihnen verschiedene Methoden aus unserer Online-Arbeit mit Design Thinking vor. Ich habe sie in folgende Kategorien eingeteilt:

- Icebreaker und Energizer
- Phase 1 – Einfühlen und Verstehen des Problems
- Phase 2 – Definieren der Fragestellung
- Phase 3 – Ideen generieren und Ideen auswählen
- Phase 4 – Experimentieren und Feedback sammeln

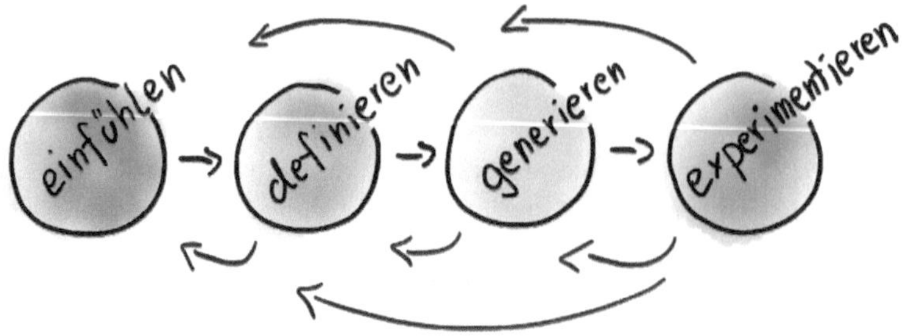

4.1 Icebreaker und Energizer

Die eigentliche Herausforderung bei der Online-Zusammenarbeit sind die Teams, die hauptsächlich virtuell miteinander zu tun haben und nur selten die Möglichkeit bekommen, sich wirklich gut kennenzulernen. Wenn Sie sich Zeit nehmen, um eine Beziehung zwischen den Personen herzustellen, wird die Zusammenarbeit zukünftig wesentlich reibungsloser funktionieren.

Spiele helfen uns dabei, vier unterschiedliche Ziele zu erreichen:

1. **Die Energie aktivieren:** um in der Früh aufzuwachen, das Mittagstief zu durchtauchen, Spaß durch Lachen zu aktivieren
2. **Andere Teilnehmer (besser) kennenlernen:** um neue Teammitglieder bzw. neue Seiten voneinander kennenzulernen
3. **Sich fokussieren:** um sich auf die Ziele oder das Projekt zu konzentrieren, die Teilnehmer auf die Ideenfindung vorzubereiten und durch Ablenkung und Verwirrung wieder zum Wesentlichen zurückzuführen
4. **Vertrauen aufbauen:** um Hierarchien auszugleichen, Teammitgliedern die Angst vor dem Unbekannten zu nehmen und den Spaß am kreativen Arbeiten zu wecken

4.1.1 Alle an Bord?

Ziele	Besseres Kennenlernen der anderen TeilnehmerInnen, Aufbau einer positiven Atmosphäre
Teilnehmende	5 bis 25 Personen
Setup	Gemeinsames Dokument, Online-Whiteboard
Dauer	10 Minuten + 10 Minuten Vorbereitungszeit

So gehen Sie vor

1. **Vorbereitung durch Moderator**
   - *Schritt 1:* Erstellen Sie ein gemeinsames Dashboard oder Dokument, auf das jeder vor dem Workshop zugreifen kann.
   - *Schritt 2:* Jede Person bekommt einen eigenen Bereich, um etwas in das Dokument zu schreiben. Zur Markierung werden der Name und ein Bild der jeweiligen Person in das Dokument eingefügt.
   - *Schritt 3:* Erstellen Sie eine kurze Umfrage, die die Erwartungshaltung der TeilnehmerInnen abfragt. Gestalten Sie eine Mischung aus ernsthaften und spielerischen Fragen.
   - *Schritt 4:* Fügen Sie Links, Tutorials für die Tools und Informationen hinzu, die die TeilnehmerInnen vor dem Workshop unbedingt ansehen sollen.
   - *Schritt 5:* Schicken Sie den Link vom Dokument bzw. Dashboard an die Workshop- TeilnehmerInnen mit einer Anleitung, was sie tun sollen.
2. **Vorbereitung durch die Teilnehmenden**
   - *Schritt 1:* Jede Person soll nun ihren Namen und ihr Foto in das Dokument einfügen. Als Hilfestellung schicken Sie am besten Ihr eigenes Beispiel mit.
   - *Schritt 2:* Bitten Sie die Teilnehmenden, die Umfrage zu beantworten. Mithilfe von Antworten können Sie mögliche Probleme bei der Ausrichtung zwischen Ihren Zielen und ihren Erwartungen erkennen. Es ist jedoch auch eine Gelegenheit, sich gegenseitig kennenzulernen. Schlagen Sie kreative Antwortmöglichkeiten vor, z. B. Bilder oder das Hochladen einer Skizze.
   - *Schritt 3:* Die TeilnehmerInnen sollen Ihnen die Antworten schicken, die Sie dann gesammelt in das Dokument einfügen.
   - *Schritt 4:* Erinnern Sie die Teilnehmenden daran, die Tutorials anzusehen und die Links durchzugehen.
3. **Im Workshop selbst**
   - *Schritt 1:* Beginnen Sie, indem Sie den Bildschirm mit dem Dokument freigeben.
   - *Schritt 2:* Begrüßen Sie die TeilnehmerInnen und fragen Sie, wie es ihnen mit der Übung gegangen ist.
   - *Schritt 3:* Dann lesen Sie zunächst Ihren eigenen Eintrag vor. Halten Sie sich dabei unbedingt kurz, um als gutes Beispiel voranzugehen. Wenn zehn Personen jeweils zwei Minuten benötigen, sind das alleine schon 20 Minuten. Arbeiten Sie deswegen unbedingt mit einem Timer. Sie können als Alarm ein humorvolles Geräusch wählen, beispielsweise ein Entenquaken, um ein wenig die Stimmung zu heben.

Alternativen

Wenn sich die TeilnehmerInnen bereits kennen, überspringen Sie den Namen und das Foto und ersetzen Sie diese durch andere Themen wie z. B. eine Reise oder ein relevantes Branchenthema oder ein Hobby, um dieses mit dem Team zu teilen.

4.1.2 Die Aliens sind gelandet

Ziele	Diese Übung hilft dem Team, neue Perspektiven einzunehmen.
Teilnehmende	3 bis 20 Personen. Je nach Größe der Gruppe sollten Sie Kleingruppen mit drei Personen pro Team bilden.
Setup	Videokonferenztool mit Chat-Funktion, eventuell Emojis von *https://getemoji.com/* kopieren
Dauer	Dauer: 5 bis 10 Minuten

So gehen Sie vor

- *Schritt 1:* Erzählen Sie dem Team, dass Außerirdische auf der Erde gelandet sind. Diese sind so neugierig und wollen unbedingt alles Mögliche über Sie und Ihr Unternehmen erfahren. Das Problem dabei ist, dass diese Aliens nicht Ihre Sprache sprechen.
- *Schritt 2:* Fordern Sie alle Teilnehmer auf, die Geschichte Ihres Unternehmens oder das Produkt in fünf Symbolen oder Bildern zu erklären.
- *Schritt 3:* Bitten Sie jeden Teilnehmer oder jedes Team, fünf Bilder hochzuladen, die die Produkte und die Kultur des Unternehmens am besten beschreiben und kommunizieren.
- *Schritt 4:* Besprechen Sie kurz Ihre Ideen.

Alternative

Wenn Sie wollen, können Sie einen Wettbewerb daraus machen. Die kreativste Erklärung gewinnt.

4.1.3 Berührung

Ziele	Die Teilnehmenden werden dazu animiert, sich zu bewegen und gezielt nach etwas zu suchen, das der Beschreibung entspricht.
Teilnehmende	Ab 3 Personen
Setup	Videokonferenztool
Dauer	2 Minuten

So gehen Sie vor

- *Schritt 1:* Suchen Sie in Ihrem eigenen Raum einen Gegenstand aus, der eine gewisse Eigenschaft aufweist.

- *Schritt 2:* Sprechen Sie dann eine Aufforderung aus wie zum Beispiel „Berührt alle etwas Metallenes!“
- *Schritt 3:* Alle Teilnehmer müssen dann etwas mit dieser Eigenschaft in ihren eigenen vier Wänden finden und berühren.
- *Schritt 4:* Wer zuletzt das Objekt berührt, muss die nächste Runde mit einer neuen Eigenschaft ansagen.

4.1.4 Ein Wort

Ziele	Für Teams ohne viel Zeit hat dieser Icebreaker eine mehrfache Aufgabe: Sie können ihn als lustige und interaktive Übung einsetzen, ein Brainstorming einleiten, aber auch versteckte Annahmen und Glaubenssätze sichtbar machen, die das Team behindern.
Teilnehmende	Ab 3 Personen
Setup	Videokonferenztool, Online-Whiteboard, gemeinsames Dokument
Dauer	5 bis 10 Minuten

So gehen Sie vor

- *Schritt 1:* Wählen Sie ein Wort, das Ihnen spontan rund um Ihren Workshop oder Ihr Meeting einfällt. Das kann ein Produkt sein, das das Unternehmen anbietet, der Name eines Kunden oder ein spezieller Begriff.
- *Schritt 2:* Teilen Sie dann das Team in kleine Gruppen auf und bitten Sie sie, Ideen und Assoziationen in Form dieses Wortes zu entwickeln. Es geht darum, mit weiteren Wörtern (jeweils eines) das Thema zu beschreiben.
- *Schritt 3:* Jedes Team schreibt nun seine Ideen in ein Online-Whiteboard oder in ein freigegebenes Dokument.
- *Schritt 4:* Gehen Sie dann mit dem gesamten Team die Fundstücke durch. Wenn Sie wollen und noch Zeit haben, können Sie die kreativsten Ideen prämieren.

4.1.5 Emoji-Check-In

Ziele	Diese Übung sorgt für einen schnellen Start in den Workshop oder das Meeting. Sie bekommen dadurch auch einen guten Einblick in die allgemeine Stimmung des Teams. Wenn es notwendig ist, können Sie auch gleich an dieser Stelle eine entsprechende Intervention setzen.
Teilnehmende	Bereits ab 3 Personen
Setup	Videokonferenztool mit Chat-Funktion, eventuell Emojis von *https://getemoji.com/* kopieren
Dauer	1 bis 10 Minuten (je nachdem, ob Sie nachher die Emojis besprechen)

So gehen Sie vor

- *Schritt 1:* Bitten Sie jeden Teilnehmenden, ein Emoji auszusuchen, das die momentane Stimmung gut visualisiert und auf den Punkt bringt.
- *Schritt 2:* Auf 1-2-3 soll jeder das vorab ausgesuchte Emoji im Gruppenchat posten.
- *Schritt 3:* Im Anschluss können Sie kurz die einzelnen Emojis besprechen oder nachfragen.

4.1.6 Emoji-Scharade

Ziele	Diese Übung macht nicht nur Spaß, sondern ist ein guter Einstieg für eine nachfolgende kreative Technik. Sie regen dadurch das kreative Denken an.
Teilnehmende	Ab 5 Personen
Setup	Videokonferenztool mit Chat-Funktion, eventuell Emojis von *https://getemoji.com/* kopieren
Dauer	5 bis 15 Minuten

So gehen Sie vor

- *Schritt 1:* Bitten Sie das Team, leise für sich einen Filmtitel oder Buchtitel auszuwählen.
- *Schritt 2:* Der jeweils gewählte Titel soll dann mithilfe von Emojis beschrieben werden.
  - Setzen Sie ein Limit von drei bis maximal fünf Bilder pro Titel.
  - Dazu können Sie ein Online-Whiteboard nutzen.
  - Wichtig ist, dass niemand dabei spricht.
- *Schritt 3*: Nun müssen die anderen den jeweiligen Titel erraten.

> Beispiel: Erraten Sie die beiden Filmtitel
>
> 1. 
> 2. 

4.1.7 In Form gebracht

Ziele	Diese Übung macht nicht nur Spaß – Sie können dadurch auch Vertrauen im Team aufbauen, weil jeder mitmacht und niemand ausgelacht wird. Und Sie können so für neuen Schwung und Energie sorgen, vor allem, wenn die TeilnehmerInnen schon lange gesessen sind.
Teilnehmende	Ab 3 Personen
Setup	Videokonferenztool
Dauer	3 bis 5 Minuten

So gehen Sie vor

- *Schritt 1:* Bevor Sie diese Übung ansagen, bitten Sie alle Teilnehmer, in den „Galerie-Modus“ zu wechseln, damit sich alle in der Miniaturansicht sehen.
- *Schritt 2:* Sagen Sie dann ein Wort an. Das kann zum Beispiel ein Buchstabe, ein Ding oder eine Form sein: Dreieck, Herz, Quadrat, der Buchstabe „A“, Baum, Haus, ...
- *Schritt 3:* Bitten Sie danach die TeilnehmerInnen, die Arme und Hände nach oben/unten oder links/rechts zu bewegen, um so die Form darzustellen.
- *Schritt 4:* Wenn jeder seine Pose eingenommen hat, bitten Sie sie, diese kurz zu halten.
- *Schritt 5:* Machen Sie dann einen Screenshot zur Erinnerung.

4.1.8 Jeder kann zeichnen

Ziele	Das Zeichnen ist sehr flexibel und leicht und kann auf viele verschiedene Arten ausgeführt werden. Dadurch lernen die TeilnehmerInnen einerseits den Umgang mit den Tools kennen, andererseits lassen sie sich so auf eine kreative Übung ein.
Teilnehmende	Ab 4 Personen
Setup	Videokonferenztool, Online-Whiteboard
Dauer	3 bis 5 Minuten

So gehen Sie vor

- *Schritt 1:* Bitten Sie die Teilnehmer zu Beginn, Papier und Stift zurechtzulegen - oder nutzen Sie gleich ein Online-Whiteboard.
  - Wenn Sie ein Online-Whiteboard nutzen wollen, dann definieren Sie für jeden Teilnehmer einen eigenen Bereich, in dem er oder sie zeichnen kann.
- *Schritt 2:* Sagen Sie eine Zeichentätigkeit an wie „Wenn das letzte Projekt ein Tier wäre, welches wäre es?“. Die TeilnehmerInnen können ihrer Fantasie freien Lauf lassen und alles Mögliche zeichnen.
- *Schritt 3:* Sie können entweder das Ganze unkommentiert stehen lassen oder einzelne „Werke“ herauspicken und näher besprechen.

Alternativen

- Die TeilnehmerInnen können ihr eigenes Emoji erstellen oder
- das letzte Projekt als Gipfel- und Talfahrt darstellen oder
- eine Superkraft oder Eigenschaft, die die TeilnehmerInnen gerne hätten, zeichnen.

4.1.9 Zeigt her eure Schuhe

Ziele	Diese Übung ist vor allem zu Beginn sehr gut. Vor allem, wenn noch Unsicherheit herrscht, fallen mit dieser Übung schnell Barrikaden und Berührungsängste weg.
Teilnehmende	Ab 4 Personen
Setup	Videokonferenztool, Online-Whiteboard oder gemeinsames Dokument, Smartphone mit Kamera
Dauer	2 bis 4 Minuten

So gehen Sie vor

- *Schritt 1:* Bitten Sie die Teilnehmer vor Beginn des Workshops, vorab ein Foto der Schuhe zu machen, die sie anhaben. Danach sollen sie Ihnen das Foto zuschicken oder es direkt in die Software hochladen.
- *Schritt 2:* Zu Beginn des Meetings zeigen Sie dann die Schuhe.
- *Schritt 3:* Die Teilnehmer müssen erraten, wem welches Paar Schuhe gehört, und dazu sagen, warum sie das glauben.
- *Schritt 4:* Der Schuhbesitzer erzählt dann die Geschichte, zu welcher Gelegenheit er/sie das letzte Mal diese Schuhe getragen hat.

Alternative

Sie können die Übung auch variieren, indem Sie die Teammitglieder bitten, dieselbe Übung mit einem Bild von einem Gegenstand auf ihrem Schreibtisch zu machen.

4.1.10 Die Landkarte

Ziele	Das Einzeichnen der Orte, an denen sich die TeilnehmerInnen befinden, macht sensibel für deren Kultur und Zeitzone.
Teilnehmende	Ab 3 Personen
Setup	Videokonferenztool. Bereiten Sie im Vorfeld eine Landkarte vor, die dann in einem Online-Whiteboard bearbeitet werden kann.
Dauer	2 bis 5 Minuten

So gehen Sie vor

- *Schritt 1:* Laden Sie zunächst eine Landkarte oder eine Karte von der Stadt, in der alle leben, in ein Whiteboard-Tool hoch.
- *Schritt 2:* Bitten Sie dann die Personen, ihren Namen auf eine Notiz zu schreiben und damit den Ort zu markieren, an dem sie sich befinden.
- *Schritt 3:* Sie können dann über die Besonderheiten des Wohnorts sprechen und wie sich diese auf die Online-Arbeit mit dem Team auswirkt.

Alternative

Bitten Sie die Teilnehmenden einzuzeichnen, wohin sie reisen möchten, und fragen Sie dann nach dem Motiv. So bekommen Sie einen guten Einblick in die Persönlichkeit der Menschen und fördern das Kennenlernen und das Sichten von Gemeinsamkeiten.

4.1.11 Kollegen zeichnen

Ziele	Es wird auf die Details und Besonderheiten von Personen aufmerksam gemacht und gleichzeitig vermittelt, dass jeder so zeichnen kann, dass andere erkennen, wer gemeint ist.
Teilnehmende	Ab 4 Personen
Setup	Online-Whiteboard, Liste mit Teilnehmer, Chat
Dauer	5 bis 8 Minuten

So gehen Sie vor

- *Schritt 1:* Teilen Sie vorab und nur für sich das Team in Zweiergruppen ein.
- *Schritt 2:* Schicken Sie im Workshop selbst dann jeder Person in einem privaten Chat den Namen eines anderen Teilnehmers zu. Es ist wichtig, den Namen verdeckt zu senden, damit die anderen diesen nicht sehen können.
- *Schritt 3:* Die Teilnehmer müssen dann die ihnen zugewiesene Person innerhalb von einer Minute zeitgleich zeichnen.
- *Schritt 4:* Wenn alle mit dem Zeichnen fertig sind, muss in der Gruppe erraten werden, wer wen gezeichnet hat.

4.1.12 Der Lügenbaron

Ziele	Diese Übung ist vor allem sinnvoll, um einander kennenzulernen. Einerseits in komplett neuen Gruppen, andererseits in Gruppen, deren Mitglieder sich kennen, aber neue Seiten voneinander kennenlernen wollen.
Teilnehmende	3 bis maximal 8 Personen
Setup	Videokonferenztools
Dauer	Pro Person sollte eine Geschichte nicht länger als eine Minute dauern, die Vorbereitung selbst sollte auch nur eine Minute dauern.

So gehen Sie vor

- *Schritt 1:* Jeder Teilnehmer hat ca. eine Minute Zeit, sich eine Geschichte aus dem Leben zu überlegen. Dabei entsprechen zwei der Geschichten der Wahrheit, eine ist erlogen.
- *Schritt 2:* Geben Sie jedem Teilnehmer nur kurz Zeit, die Geschichte zu erzählen. Sie sollte sehr kurz sein und keine Details auflisten. Nachfragen der Teilnehmer sind nicht erlaubt.

- *Schritt 3:* Die anderen Teilnehmer müssen erraten, welche Geschichte gelogen ist. Spielvarianten: mit bzw. ohne Rückfragen

4.1.13 Meme-Tournament

Ziele	Die TeilnehmerInnen geben so Einblick in ihr Denken und in ihre Glaubensmuster zu bestimmten Themen.
Teilnehmende	Ab 3 Personen
Setup	Videokonferenztools, Online-Whiteboard
Dauer	Pro Person sollte eine Geschichte nicht länger als eine Minute dauern, die Vorbereitungszeit selbst sollte auch nur eine Minute betragen.

So gehen Sie vor

- *Schritt 1:* Bereiten Sie vor dem Workshop einige zum Thema passende Zitate oder Aussagen vor.
- *Schritt 2:* Wählen Sie dann ein passendes Bild dazu aus.
- *Schritt 3:* Bitten Sie zu Beginn des Workshops alle, die besten GIFs und Memes zu finden, die diese Phrase darstellen.
- *Schritt 4:* Fügen Sie diese dann in ein Online-Whiteboard unter der Phrase ein.
- *Schritt 5:* Sobald alle ein GIF hinzugefügt haben, starten Sie eine Abstimmung, um das Lieblings-GIF zu bestimmen.

Tipp:

Bei *https://giphy.com/* finden Sie eine große Auswahl an GIFs.

4.1.14 Reiseleiter

Ziele	Diese Methode bietet eine unterhaltsame Möglichkeit, dass sich das Team besser kennenlernt und sich insgesamt verbundener fühlt.
Teilnehmende	Ab 3 Personen
Setup	Videokonferenztools
Dauer	Ca. 1 Minute pro Person

So gehen Sie vor

- *Schritt 1:* Bitten Sie jede Person aus dem Team, mit der Kamera die Gruppe durch den Raum zu führen, in dem sie sich gerade befindet.
- *Schritt 2:* Dazu sollte sie noch kurz kommentieren, was es Besonderes in diesem Raum gibt, in welcher Stadt, welchem Gebäude sie sich gerade befindet etc.

Alternative

Als Ort kann der Schreibtisch gewählt werden. Dann ist jeder Teilnehmer gefragt, kurz zu erzählen, was sich (eventuell auch warum) auf dessen Schreibtisch befindet.

Wichtig ist, vorab ein Zeitlimit wie 60 Sekunden pro Person festzulegen, um die Dinge kurz und knapp zu halten.

4.1.15 Wenn X ein Tier wäre ...

Ziele	Mit diesem Spiel wird ein Gefühl der Zusammengehörigkeit im Team entwickelt und Gemeinsamkeiten werden hergestellt.
Teilnehmende	Ab 3 Personen
Setup	Videokonferenztools mit Chat-Funktion, Online-Whiteboard
Dauer	2 bis 3 Minuten

So gehen Sie vor

- *Schritt 1:* Senden Sie jedem Teilnehmenden den Namen eines anderen Teilnehmers per direkter Nachricht zu.
- *Schritt 2:* Stellen Sie dann dem gesamten Team die folgende Frage: „Wenn diese Person ein Tier wäre, welches wäre es?“
- *Schritt 3:* Jeder soll nun ein Bild des Tiers, das er/sie mit der Person verknüpft, auf das Online-Whiteboard hinzufügen.
- *Schritt 4:* Sobald alle bereit sind, soll das Team gemeinsam erraten, wer welches Tier repräsentiert.

Alternativen

Sie können auch statt des Tiers ein Auto, einen Schauspieler, eine Stadt, Essen, Getränke etc. als Objekt wählen.

4.1.16 Was uns verbindet

Ziele	Unabhängig von den Antworten stellt dieser Icebreaker eine Verbindung her. Es kommt automatisch zu einem Austausch. Durch Lachen wird eine angenehme Atmosphäre erzeugt, die die Gruppe zum kreativen Denken angeregt. Dadurch entsteht eine dynamische Umgebung, die sich gut für Brainstorming eignet.
Teilnehmende	Ab 5 Personen
Setup	Videokonferenztools, Online-Whiteboard verwenden oder auch ein Projektmanagement-Tool
Dauer	3 bis 5 Minuten

So gehen Sie vor

- *Schritt 1:* Teilen Sie das Team in kleine Gruppen auf.
- *Schritt 2:* Bitten Sie sie, eine Liste mit zehn Gemeinsamkeiten zu erstellen. Dazu können Sie gleich das Online-Whiteboard verwenden oder auch ein Projektmanagement-Tool, das Sie eventuell später noch verwenden möchten. So können sich die TeilnehmerInnen ungezwungen und spielerisch mit dessen Verwendung vertraut machen.
- *Schritt 3:* Die Liste kann so einfach sein wie „Wir alle tragen Schuhe“, bis hin zu „Wir haben alle bereits in vier unterschiedlichen Abteilungen innerhalb des Unternehmens gearbeitet“.

4.1.17 Einzigartig

Ziele	Das Ziel dieses Spiels ist es, etwas zu finden, das nur ein Teammitglied hat. Das kann ein Urlaubsziel, eine Auszeichnung oder ein Hobby sein. Die Teammitglieder lernen so vollkommen neue Seiten aneinander kennen und können sich so auf einer neuen Ebene austauschen.
Teilnehmende	3 bis maximal 10 Personen
Setup	Videokonferenztools
Dauer	5 bis 10 Minuten

So gehen Sie vor

- *Schritt 1:* Einer nach dem anderen erzählt von etwas Besonderem, das er einzigartig, skurril, abenteuerlich oder anders in seinem Leben findet.
- *Schritt 2:* Die anderen sollen sich dazu melden und nachfragen bzw. ruhig auch kommentieren.
- *Schritt 3:* Am Ende des Icebreakers haben Sie als Moderator auch viele Erkenntnisse über die Werte und Vorstellungen Ihres Teams, die Sie bei Bedarf auch noch im Laufe des virtuellen Treffens vertiefen können.

4.1.18 Es war einmal ...

Ziele	Diese Übung eignet sich, um das kreative Denken der TeilnehmerInnen zu aktivieren.
Teilnehmende	4 bis 10 Personen Achtung: Achten Sie darauf, dass Sie dieses Spiel nicht mit zu vielen Personen durchführen. Je mehr Menschen involviert sind, umso länger müssen die anderen warten. Die Wartezeit werden sie sich dann mit etwas anderem vertreiben, was dazu führt, dass es für Sie als Moderator schwierig werden kann, die Aufmerksamkeit aller wieder auf den Workshop/das Meeting zu lenken.
Setup	Videokonferenztools mit Chat-Funktion
Dauer	2 Minuten pro Person

So gehen Sie vor

- *Schritt 1:* Weisen Sie jedem Teilnehmer eine Nummer zu, beginnend mit 1.
- *Schritt 2:* Bitten Sie dann die Person mit der 1, eine Geschichte im Chat nur an Person Nr. 2 zu schicken (maximal zwei Zeilen).
- *Schritt 3:* Sobald Person Nr. 2 die Geschichte gelesen hat, führt sie diese mit Nr. 3 fort (ohne den ersten Teil mitzuschicken) und so weiter …
- *Schritt 4:* Am Ende wird die Geschichte in der Reihenfolge vorgelesen, in der sie begonnen wurde.

4.1.19 Firmen-Quiz

Ziele	Die Teilnehmenden werden animiert, gut zuzuhören, und müssen schnell reagieren. Das führt zu einer erhöhten Aufmerksamkeit.
Teilnehmende	ab 5 Personen
Setup	Videokonferenztools mit Chat-Funktion
Dauer	Je nach Schwierigkeitsgrad und Anzahl der Fragen bis zu 30 Sekunden pro Frage

So gehen Sie vor

- *Schritt 1:* Recherchieren Sie vor dem Start einige Unternehmensstatistiken, die Sie für ein Quiz verwendet können.
- *Schritt 2:* Stellen Sie dann den Teilnehmern die Fragen.
- *Schritt 3:* Geben Sie ihnen 30 Sekunden Zeit, um die Antworten aufzuschreiben.
- *Schritt 4:* Auf 1-2-3 sollen sie dann die Antworten im Chat eingeben.

  Beispielfragen:

  - Wann wurde das Unternehmen gegründet?
  - Wer arbeitet schon am längsten im Unternehmen?
  - Wie viele Nationalitäten/Sprachen gibt es im Team?
  - Wer hat eine Produktfunktion/-idee entwickelt?
- *Schritt 5:* Besprechen Sie kurz gemeinsam die Antworten.

4.1.20 Ich sehe was, was du nicht siehst

Ziele	Diese Übung fördert das genaue Hinhören und regt das assoziative Denken an.
Teilnehmende	3 bis maximal 10 Personen
Setup	Videokonferenztools mit Chat-Funktion
Dauer	3 Minuten

So gehen Sie vor

- *Schritt 1:* Rufen Sie einen Namen eines Teilnehmers auf und bitten Sie ihn, einen Ton zu imitieren (z. B. ein altes Modem, ein Druckergeräusch, ein Lichtschwert usw.).
- *Schritt 2:* Die anderen müssen den Ton identifizieren. Dazu sollen sie ihre Antwort aber nicht laut rausrufen, sondern in den Chat schreiben.
- *Schritt 3:* Bei 1-2-3 drücken alle gleichzeitig auf Enter, damit die Antworten auch zeitgleich aufscheinen.

4.1.21 Stille Post

Ziele	Diese Übung macht Spaß und zeigt, wie kreativ das Team denken kann.
Teilnehmende	Ab 5 Personen
Setup	Videokonferenztools mit Chat-Funktion, Online-Whiteboard
Dauer	5 bis 20 Minuten, je nach Anzahl der Teilnehmenden

So gehen Sie vor

- *Schritt 1:* Weisen Sie jedem Teilnehmer eine Nummer zu, beginnend mit 1.
- *Schritt 2:* Die Person Nr. 1 sendet eine direkte Nachricht mit einem einzigen Begriff an Person Nr. 2.
- *Schritt 3:* Person Nr. 2 zeichnet das, was sie liest, und schickt diese Zeichnung an Person Nr. 3.
- *Schritt 4:* Person Nr. 3 bekommt diese Zeichnung und beschreibt diese in einer direkten Nachricht an Person Nr. 4.
- *Schritt 5:* Person Nr. 4 zeichnet die Beschreibung, die sie verstanden hat, und schickt das Bild an Person Nr. 5.
- *Schritt 6:* Dieses Vorgehen wird so lange fortgesetzt, bis alle an der Reihe waren - entweder zu beschreiben oder zu zeichnen.
- *Schritt 7:* Vergleichen Sie am Ende die endgültige Interpretation mit der Erstbeschreibung.

4.1.22 Sechs-Wörter-Memoiren

Ziele	Dieses Spiel ist eine kreative Möglichkeit zu lernen, Geschichten zu entwickeln, die das Interesse der Hörer fesseln und die neugierig machen.
Teilnehmende	3 bis maximal 5 Personen
Setup	Videokonferenztools
Dauer	Pro Person sollte eine Geschichte nicht länger als eine Minute dauern, die Vorbereitung selbst sollte auch nur eine Minute erfordern.

So gehen Sie vor

Bitten Sie die Teilnehmer die eigene Lebensgeschichte in sechs Worten zu beschreiben.

Ein Beispiel könnte sein: „Die besten Geschichten passieren immer zufällig." Dahinter könnte die Geschichte stecken, wie jemand seinen Partner kennengelernt hat oder wie er/sie zu dem jetzigen Job gekommen ist etc.

4.1.23 Die soziale Frage

Ziele	Die Beantwortung der Fragen lässt in das Leben der Teilnehmer blicken und hilft Ihnen als auch den anderen Teilnehmern einander besser kennenzulernen.
Teilnehmende	3 bis maximal 10 Personen
Setup	Videokonferenztools
Dauer	5 bis 15 Minuten

So gehen Sie vor

Stellen Sie jedem Teilnehmer eine Frage zu dessen Leben abseits der Arbeit. Das kann immer die gleiche oder eine andere Frage sein - je nachdem, wie viel Abwechslung in der Gruppe gut ist.

Beispiele:

- Was hast du diese Woche gemacht, auf das du besonders stolz bist?
- Wenn du nicht hier wärst, was würdest du dann gerade tun?
- Wenn Zeit und Geld keine Rolle spielen würden, wo würdest du am liebsten Urlaub machen bzw. wo wärst du dann jetzt?

4.1.24 Die Zeitmaschine

Ziele	Die Beantwortung der Fragen ermöglicht einen Blick in das Leben der Teilnehmer und hilft, Empathie aufzubauen.
Teilnehmende	Ab 2 Personen
Setup	Videokonferenztools, eventuell Breakout-Räume
Dauer	5 bis 15 Minuten

So gehen Sie vor

Die Teilnehmer können die folgenden Fragen entweder gemeinsam oder bei zu großen Gruppen in Zweierpaaren besprechen.

- Wenn du in der Lage wärst, durch die Zeit zu reisen, entweder vorwärts oder rückwärts, wohin würdest du gehen?

  Wenn rückwärts, zu welchem Zeitraum? Warum?

- Wenn du eine verstorbene Person treffen könntest, wer wäre das und warum?
- Würdest du eine andere Zeit nur besuchen wollen und zurückkommen oder würdest du bleiben?

4.2 Phase 1 – Einfühlen und Verstehen des Problems

In der ersten Phase des Design-Thinking-Prozesses geht es darum, die Welt Ihres Nutzers oder Kunden zu verstehen. Wir wollen tief in die Welt dessen eintauchen, für das wir eine Lösung entwickeln möchten. Denn nur wenn wir die eigentlichen Beweggründe wirklich verstehen, werden wir auch neue Wege entdecken, um die tatsächlichen Probleme nachhaltig zu lösen.

Eine der wichtigsten Methoden, mit denen wir auch im normalen Workshopsetting arbeiten, ist das empathische Gespräch. Egal, ob Sie ein Produkt entwickeln, einen Prozess erarbeiten oder ein neues Geschäftsmodell entdecken wollen, Sie brauchen als Basis das Verständnis für Ihr Gegenüber.

4.2.1 Das empathische Gespräch

„Der liebe Gott gab dem Menschen zwei Ohren und nur einen Mund." Dieses Sprichwort bringt das Ziel dieser Methode gut auf den Punkt. Es gilt mehr über das Denken, das Verhalten und die Beweggründe Ihres Gegenübers herauszufinden. Und das erreichen Sie, indem Sie fragen, interessiert zuhören und sich in eine andere Welt entführen lassen. Diese Methode können Sie auch in Kleingruppen online durchführen.

Dazu ist die einzige Voraussetzung, dass Sie mehrere Breakout-Räume erstellen (am besten bereits im Vorfeld) und die Teilnehmenden und auch die Gesprächspartner (!) über eine gute Webcam und ein passendes Mikrofon verfügen.

Ziele	Gedanken, Gefühle und Motivationen einer Person nachvollziehen können, um ihre Bedürfnisse zu verstehen.
Teilnehmende	Das Design-Thinking-Team, die Gesprächspartner. 3 Personen pro Gruppe (1 Interviewer, 1 Protokollführer, 1 Befragter).
Setup	Mehrere Breakout-Räume, eine gute Webcam und gute Mikrofone
Dauer	Da es keine Vorbereitungszeit gibt, brauchen Sie nur zwischen 5 und 30 Minuten für ein Interview – abhängig von Ihrem Gesprächspartner.
Vorteile und Chancen	▪ Perspektivwechsel auf die Wahrnehmung des Nutzers ▪ Verstehen der Beweggründe, Erkennen der tatsächlichen Bedürfnisse und Probleme

Nachteile und Risiken	- Zu schnelles Denken in Lösungen - Zu wenig Einlassen auf das Gegenüber - Sie können schnell den Fokus verlieren, wenn die Antworten zu ausschweifend werden. - Bei der Auswertung der Interviews darauf achten, keine Wunschergebnisse hineinzuinterpretieren - Die tatsächliche Dauer der Gespräche ist wegen der offenen Fragen und der offenen Gesprächssituation schwer abzuschätzen - oft dauern empathische Gespräche deutlich länger als geplant -, dafür sind die Erkenntnisse aus diesen Gesprächen den Mehraufwand deutlich wert.

So gehen Sie vor

- *Schritt 1:* Besprechen Sie in der Gruppe zunächst, was Sie eigentlich herausfinden wollen:
  - Worum geht es eigentlich in Ihrem Projekt?
  - Was sind die wesentlichen Gründe?
  - Warum treffen Sie sich eigentlich?
- *Schritt 2:* Überlegen Sie dann, wen Sie befragen wollen.
  - Wer hat noch wichtige Informationen zu dem Thema?
  - Von wem können Sie ein gutes Bild über die Situation oder das Problem erhalten?
- *Schritt 3:* Laden Sie diese Person dann zu einer virtuellen Gesprächsrunde ein.

Während des Gesprächs

- *Schritt 1:* Verwenden Sie für das Gespräch unbedingt eine passende Videokonferenzsoftware, damit Sie auch eine Webcam nutzen können. Bei dieser Methode können Sie viele Informationen durch nonverbale Kommunikation wie Gestik und Mimik erhalten. Außerdem können Sie so eine vertrauensvolle und sichere Umgebung herstellen, die wichtig für das Gespräch ist.
- *Schritt 2:* Bitten Sie gleich um Erlaubnis, diese Sitzung aufzuzeichnen. Dadurch können Sie zu einem späteren Zeitpunkt gewisse Aussagen nachsehen.
- *Schritt 3:* Nach einer kurzen Begrüßung führen Sie Ihren Interviewpartner in das Thema und die Fragestellung ein.
- *Schritt 4:* Lassen Sie sich in das Gespräch ein: Beginnen Sie mit einfachen Fragen und helfen Sie dem Erzähler, indem Sie nach Geschichten und Erlebnissen fragen. Was ist dabei gut gelaufen und was nicht so gut?
- *Schritt 5:* Der Protokollführer soll sich in der Zwischenzeit Notizen machen und mitschreiben.
- *Schritt 6:* Beenden Sie das Gespräch, indem Sie sich bedanken und auch sagen, wie es weitergeht und was mit dem Gespräch dann passiert. Fragen Sie, ob die Person bereit wäre, eventuell für ein vertiefendes Gespräch noch zur Verfügung zu stehen.

Nach dem Gespräch

- *Schritt 7:* Besprechen Sie die Beobachtungen und Erkenntnisse und fassen Sie diese zusammen. Sie können dazu eine Plattform wie ein gemeinsames Dokumentationstool oder ein Online-Whiteboard nutzen. Teilen Sie auch mit dem Team das Video und die Notizen und bitten Sie um Feedback.
- *Schritt 8:* Danach können Sie gemeinsam im Team die Insights, also die Erkenntnisse aus diesen und anderen Gesprächen, sammeln und clustern.

Allgemeine Tipps zum empathischen Gespräch

- In der Online-Welt ist es viel schwieriger, eine Beziehung herzustellen. Insofern zeigen Sie Ihrem Gesprächspartner Ihr Interesse, indem Sie möglichst oft zustimmen und paraphrasieren.
- Vermeiden Sie Fragen, die mit ja oder nein beantwortet werden können. Diese führen ganz schnell in eine Sackgasse.
- Helfen Sie Ihrem Gegenüber, indem Sie Fragen stellen und vor allem nach Geschichten fragen.
- Minimieren Sie Ablenkungen und vermeiden Sie Unterbrechungen
- Seien Sie geduldig und halten Sie Pausen aus. Geben Sie dem anderen die Möglichkeit, nachzudenken und sich zu sammeln.

4.2.2 Persona

Bei der Erstellung einer Persona individualisieren Sie die oft doch sehr allgemeinen „Zielgruppen“ eines Unternehmens oder Produkts. Die Eigenschaften, die zur Definition einer klassischen Zielgruppe hinzugezogen werden, basieren in den allermeisten Fällen auf Zahlen, Daten und Fakten und sind austauschbar. Das macht es schwer, dass Sie sich eine konkrete, halbwegs zutreffende Vorstellung von der Person dahinter machen können. Ein Beispiel:

Zielgruppendefinition: Brite, männlich, älter als 60 Jahre, verheiratet, zwei erwachsene Kinder, lebt in einer Großstadt. – Diese Definition trifft auf unzählige Personen zu, zum Beispiel sowohl auf Ozzy Osborne als auch auf Prinz Charles. Niemand wird aber behaupten, dass diese beiden Personen ähnliche Bedürfnisse, Ansprüche, Lebensumfelder oder Gewohnheiten haben.

Durch die Entwicklung einer Persona bekommen Ihre Kunden und Nutzer ein „Gesicht“. Sie können sich so den Nutzer viel konkreter vorstellen, sich besser in sie oder ihn hineinversetzen und auch einfacher und direkter adressieren. Je besser Sie die Anforderungen, Bedürfnisse und Wünsche von Ihren Nutzern kennen, desto geringer ist das Risiko, Lösungen am Nutzer vorbei zu entwickeln.

Sie modellieren und kommunizieren mit Personas Entwürfe von verschiedenen Persönlichkeitstypen als Ergebnisse Ihrer Erfahrungen und Forschungen.

Ziele	Aussagekräftige, umfassende Beschreibung typischer Kunden und Nutzer
Teilnehmende	Das Design-Thinking-Team
Setup	Persona-Vorlage, Online-Whiteboard
Dauer	Zwischen 30 Minuten und 2 Stunden
Vorteile und Chancen	▪ Sie erhöhen das Einfühlungsvermögen Ihres Teams, weil sie ihm helfen, die Benutzerperspektive einzunehmen. ▪ Nutzer werden für das Entwicklerteam greifbar. ▪ Entscheidungen über den Einsatz von finanziellen und personellen Mitteln basieren nicht mehr nur auf subjektiven Einschätzungen, sondern auf gewonnenen Daten. ▪ Die Kosten sind gering. ▪ Es werden bei der Produktentwicklung Bedürfnisse von Nutzergruppen erfüllt, nicht individuelle Stakeholder-Wünsche. ▪ Entwicklungsarbeiten können auf die Personas bezogen und besser priorisiert werden. ▪ Als Endergebnis erhält man eine sehr aussagekräftige und umfassende Beschreibung typischer Anwender. ▪ Das Projektteam kann aus Sicht der Nutzer diskutieren.
Nachteile und Risiken	▪ Vorsicht vor einseitiger Sicht und vor Stereotypen ▪ Widerstehen Sie der Versuchung, eine einzelne Person als Model herzunehmen und alles auf sie zuzuschneiden.
Download-Tipp	▪ Unter *https://miro.com/templates/personas/* finden Sie die passende Vorlage.

So gehen Sie vor

Je nach Größe des Projekts und der Anforderungen erstellen Sie zwischen drei und fünf Personas. Mehr als fünf Personas machen das Projekt unübersichtlich.

Vorbereitung

- Stellen Sie Kleingruppen von drei Personen zusammen und weisen Sie ihnen jeweils einen Breakout-Raum zu.
- Schicken Sie dann jeder Gruppe eine Persona-Vorlage und bitten Sie sie, diese dann nach der gemeinsamen Einführung auszufüllen.

Entwickeln der Personas

- *Schritt 1:* Beginnen Sie im Team, alle Informationen auf einem gemeinsamen Online-Whiteboard zu sammeln und zu teilen, die Sie über Ihren Nutzer schon haben und die Sie in den vorhergegangenen Gesprächen bereits zusammenfassen konnten.

  Wichtig: Personas sind immer das Ergebnis von vorherigen Befragungen und Überlegungen.
- *Schritt 2:* Gruppieren Sie diese Informationen als Notizen nach sinnvollen Kriterien.

- *Schritt 3:* Finden Sie Überschriften für die Informationsgruppen und schreiben Sie diese dann über die jeweiligen Notizen. Das hilft Ihnen, Muster zu entdecken, etwa Bedürfnisse, die Ihre Personas teilen, Bereiche, in denen Ihre Nutzer arbeiten, welche Technologien sie verwenden ...
- *Schritt 4:* Von hier aus können Sie im kleinen Team jeweils ein Cluster als Persona näher definieren. Eine Persona sollte folgende Informationen enthalten (siehe Bild 4.1):
  - Name – denken Sie sich ruhig einen beschreibenden Namen aus wie „Irene Admina“, so können Sie sich die Person besser merken.
  - Demografische Daten: Alter, Geschlecht, Familienstand, Familiengröße, Bildung, Beruf, berufliche Position, Branche, Einkommen. Nehmen Sie alle Daten, die Ihnen und dem Team dabei helfen, ein gemeinsames Bild zu bekommen.

> Unter *https://generated.photos/* finden Sie 100 000 per Künstlicher Intelligenz erstellte Gesichter, die Sie kostenlos und rechtssicher verwenden dürfen.

  - Überlegen Sie, welche Interessen, Vorlieben und Hobbys diese Zielgruppe haben könnte.
  - Welche privaten und beruflichen Erfahrungen hat sie gemacht, die für Ihr Projekt relevant sind?
  - Gibt es irgendeine Abneigung, die eine Persona kennzeichnen könnte?
  - Allgemeine Einstellung und Eigenschaften, zum Beispiel engagiert, ungeduldig, ruhig, politisch liberal ...
  - Welche Erwartungen, Hoffnungen, Erfahrungen hat Ihre Persona mit einem bereits bestehenden Prozess, Service oder Produkt?
  - Schreiben Sie unbedingt eine wörtliche Aussage zu Ihrer Persona, um dem Gesicht auch eine Sprache zu geben und sie dadurch noch greifbarer zu machen.
- *Schritt 5:* Analysieren und diskutieren Sie im Team Ihre Ergebnisse. Stellen Sie sich gegenseitig Ihre Personas vor und ergänzen Sie diese ruhig, wenn anderen noch etwas einfällt.
- *Schritt 6:* Wenn Sie feststellen, dass mehrere Personen viele Eigenschaften teilen, fassen Sie diese zusammen. Wenn es aber viele oder wesentliche Unterschiede gibt, ordnen Sie die Personen lieber zwei Gruppen zu.

> Das Erstellen von Personas ist ein iterativer Prozess. Und auch die Bedürfnisse der Nutzer ändern sich im Laufe der Zeit. Überprüfen Sie immer wieder, ob Ihre Personas noch aktuell sind, und ändern Sie sie gegebenenfalls gleich.

Bild 4.1 Vorlage einer Persona

4.2.3 Empathy Map

Mit der Empathy Map können Sie sichtbar machen, was der Nutzer sagt, denkt und fühlt und welchen Umgebungseinflüssen er ausgesetzt ist. Durch die Aufbereitung der gesammelten Informationen bekommen Sie ein Verständnis für den Nutzer in seinem jeweiligen Ökosystem.

Die Übung kann so einfach oder komplex werden, wie Sie es wollen bzw. wie es für Sie und Ihr Team notwendig ist.

Vor allem, wenn Sie sich schwer dabei tun, Ihre Stakeholder zu verstehen, hilft die Empathy Map Ihnen dabei, sich besser in sie hineinzuversetzen.

Ziele	Tiefes, kontextbezogenes Verständnis für Kunden, Mitarbeiter, Nutzer entwickeln
Teilnehmende	Das Design-Thinking-Team
Setup	Entweder die fertigen Personas oder nur Informationen aus den Beobachtungen und Gesprächen, Empathy-Map-Vorlage, Online-Whiteboard, mehrere Breakout-Räume
Dauer	Vorbereitung durch den Moderator: etwa 2 Minuten für das Vorbereiten der Vorlage im Online-Tool Übung selbst: mindestens 20 Minuten
Vorteile und Chancen	▪ Perspektivwechsel auf die Wahrnehmung des Kunden, Mitarbeiters, Nutzers ▪ Leichteres Erkennen der tatsächlichen Bedürfnisse ▪ Besseres Einfühlen in die verschiedenen Nutzer/Personas

Nachteile und Risiken	▪ Die Ergebnisse sind ungeprüfte Hypothesen. ▪ Ersetzt kein persönliches Gespräch
Download-Tipp	▪ Unter *https://miro.com/templates/empathy-map/* finden Sie die passende Vorlage.

So gehen Sie vor

Vorbereitung

Bereiten Sie als Moderator auf einem Flipchart eine leere Empathy Map vor:

- Im Zentrum ist Raum für eine Zeichnung, den Kopf der Persona. Wenn Sie wollen, können Sie noch Platz für beschreibende Informationen lassen: Name, Beruf, Rolle im Unternehmen … Alles, was Sie in der Liste zur Persona finden, können Sie hier aufnehmen.
- Sechs weitere Felder um die Persona herum geben die spezifischen sensorischen, emotionalen und kontextualen Faktoren wieder: Was denkt und fühlt die Persona, was hört sie, was sieht sie, was sagt und tut sie, welche negativen Emotionen hemmen sie und welche positiven beflügeln sie?

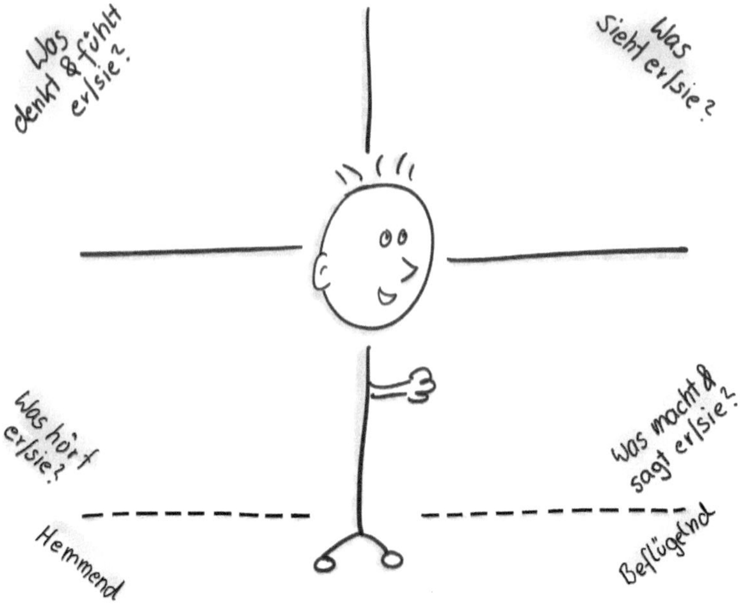

Bild 4.2 Vorlage einer Empathy Map

Entwickeln der Empathy Map

1. Beginnen Sie, sich in die Persona, für die Sie eine Empathy Map entwickeln, hineinzuversetzen. In welche Situation, in der sich Ihr Nutzer gerade befindet, wollen Sie sich hineinversetzen? „Fragen“ Sie die Persona, was Sie gerade herausfinden möchten, zum Beispiel: Was empfindet er/sie, wenn er/sie die Software nutzt? Warum nutzt er/sie die Software überhaupt?

2. Jetzt drücken Sie Ihren inneren Empathie-Knopf: Versetzen Sie sich in die Person hinein und verinnerlichen Sie den Kontext, in dem sie sich befindet. Füllen Sie die Räume in der Map mit fühlbaren Erfahrungen. Notieren Sie diese „Erfahrungen" in der Ich-Form und der Sprache der Persona.
3. Bitten Sie andere, Ihre Empathy Map zu vervollständigen und Details hinzuzufügen. Je mehr die Person sich mit dem tatsächlichen Nutzer identifizieren kann, desto besser.
4. Auch für die Empathy Map gilt: Übung macht den Meister. Je öfter Sie diese Methode anwenden, desto empathischer werden Sie die Map füllen und umso näher an den Bedürfnissen der Nutzer werden Sie bei der Lösungsentwicklung und -optimierung entlangarbeiten.

4.2.4 Systemkarte

Eine Systemkarte ist eine Darstellung der verschiedenen Perspektiven, die gemeinsam alle betroffenen Personen und deren Verbindungen anzeigt. Die Visualisierung macht deutlich, wie die verschiedenen Komponenten und Rollen miteinander verbunden sind. Dadurch können Sie die Dynamik besser verstehen und Lücken und Chancen erkennen.

> Sie können die Systemkarten während eines ersten Kundenmeetings erstellen, um deren interne Strukturen besser zu verstehen und um so auch zu testen, wie kundenorientiert das Unternehmen agiert. Dazu können zum Beispiel die Teilnehmer die verschiedenen Prozessschritte nach Wichtigkeit priorisieren. Befindet sich ein Mensch im Zentrum dieser Karte, spricht das für eine hohe Kundenorientierung. ■

Ziele	Tiefes, kontextbezogenes Verständnis für Kunden, Mitarbeiter, Nutzer entwickeln
Teilnehmende	Das Design-Thinking-Team
Setup	Online-Whiteboard, eventuell Vorlage, Informationen von den empathischen Gesprächen
Dauer	Vorbereitung ca. 1 Stunde, Durchführung bis zu 4 Stunden, Follow-up ca. 2 Stunden
Vorteile und Chancen	▪ Perspektivwechsel auf die Wahrnehmung des Kunden, Mitarbeiters, Nutzers ▪ Leichteres Erkennen der tatsächlichen Bedürfnisse ▪ Besseres Einfühlen in die Kunden
Nachteile und Risiken	▪ Die Ergebnisse sind ungeprüfte Hypothesen ▪ Ersetzt kein persönliches Gespräch
Download-Tipp	▪ Unter *https://miro.com/templates/process-map/* finden Sie die passende Vorlage.

So gehen Sie vor

- *Schritt 1:* Überlegen Sie sich für jeden Workshop eine bestimmte Perspektive, die Sie näher betrachten wollen (z. B. wollen Sie die Sicht des Kunden oder des Mitarbeiters besser verstehen).
- *Schritt 2:* Sammeln Sie Daten und Informationen zu der jeweiligen Perspektive, die Sie dann in dem späteren Workshop mit den anderen teilen wollen. Je mehr Informationen Sie einbringen, desto repräsentativer wird das spätere Ergebnis.
- *Schritt 3:* Laden Sie Teilnehmer mit fundierten Kenntnissen des Ökosystems entweder aus einer gemeinsamen Perspektive (z. B. Kundensicht) oder aus unterschiedlichen Perspektiven (z. B. Kunden, Mitarbeiter, Lieferanten, etc.) ein.

> Seien Sie vorsichtig, wenn Sie solche Workshops mit Teilnehmern durchführen, die nur oberflächliche oder abstrakte Kenntnisse über das System haben. Die Ergebnisse mögen überzeugend aussehen, sind aber oft sehr voreingenommen.

- *Schritt 4:* Teilen Sie die Teilnehmer in Kleingruppen von drei bis fünf Personen auf. Weisen Sie ihnen zunächst einen Breakout-Raum zu, in dem sie sich austauschen und zusammenarbeiten können, und teilen sie ihnen auch jeweils einen bestimmten Bereich in einem Online-Board zu.
- *Schritt 5:* Geben Sie ihnen klare Anweisungen, was zu tun ist.
  - Identifizieren Sie die Akteure oder Stakeholder, die (möglicherweise) Teil des Systems sind, das Sie visualisieren möchten.
  - Ordnen Sie die Akteure und Stakeholder auf der Karte entsprechend der Priorisierung zu.
- *Schritt 6:* Präsentieren und vergleichen Sie die Ergebnisse der Kleingruppen. Zoomen Sie aus dem Online-Whiteboard so weit heraus, dass Sie zunächst das ganze Bild sehen. Gehen Sie dann wieder die einzelnen Gruppen im Detail durch und bitten Sie jemanden, die Unterschiede zu dokumentieren.
- *Schritt 7:* Geben Sie den Teilnehmern etwas Zeit zum Nachdenken. Sie können dafür wieder in ihre eigenen Breakout-Räume gehen. Danach diskutieren Sie dann im Team die Gemeinsamkeiten und Unterschiede, die wichtig sind.
- *Schritt 8:* Lassen Sie die Gruppe sich auf eine Karte einigen, schreiben Sie die unterschiedlichen Meinungen und Einsichten dort auf. Führen Sie die verschiedenen Karten zu einer zusammen, auf die sich die meisten Teilnehmer einigen können.

Alternative

Sie können auch eine kurze Recherche durchführen und so testen, ob alle offenen Fragen, die im Workshop entstanden sind, auch beantwortet werden können.

Sie können den Workshop auch mit verschiedenen Personen wiederholen, um Muster zwischen verschiedenen Teilnehmern zu identifizieren.

Manchmal ist es nützlich, Folgeinterviews oder weitere Workshops mit einigen oder allen Teilnehmern zu planen.

4.2.5 Online-Ethnographie

Bei dieser Technik untersuchen Sie, wie Menschen in Online-Communities interagieren. Sie können bei der Online-Ethnografie verschiedene Aspekte näher betrachten wie zum Beispiel den Unterschied zwischen Fremd- und Selbstwahrnehmung von Personen, die online agieren, oder auch wie Meinungsbildung online passiert. Online-Ethnographie kann sowohl offen als auch verdeckt durchgeführt werden. Bei der offenen Variante wissen die Personen, wer Sie sind und was Sie genau untersuchen. Beim verdeckten Ansatz wissen die Personen das nicht und werden daher anders agieren (durch den sogenannten „Beobachter-Effekt" üben Sie als Forscher einen Einfluss auf Ihre Umwelt und deren Verhalten aus).

Ziele	Tiefes, kontextbezogenes Verständnis für Kunden, Mitarbeiter, Nutzer entwickeln
Teilnehmende	Das Design-Thinking-Team
Setup	Video-Software
Dauer	Vorbereitung und Durchführung von einer halben Stunde bis zu mehreren Wochen, je nach Fragestellung
Vorteile und Chancen	▪ Perspektivwechsel auf die Wahrnehmung des Kunden, Mitarbeiters, Nutzers ▪ Leichteres Erkennen der tatsächlichen Bedürfnisse ▪ Besseres Einfühlen in die verschiedenen Nutzer/Personas
Nachteile und Risiken	▪ Die Ergebnisse sind ungeprüfte Hypothesen. ▪ Ersetzt kein persönliches Gespräch.

So gehen Sie vor

- *Schritt 1:* Überlegen Sie sich zuerst, was Sie genau untersuchen bzw. herausfinden wollen. Entwickeln Sie eine Hypothese. Stimmen Sie diese im Team ab und überlegen Sie, wer die spätere Beobachtung aus dem Team durchführen wird.
- *Schritt 2:* Bestimmen Sie anhand Ihrer Frage oder Ihres Themas, welche Online-Communities sinnvoll geeignet sein könnten. Überlegen Sie dabei auch, ob Sie Ihre Forschung offen oder verdeckt durchführen möchten.
- *Schritt 3:* Beginnen Sie Ihre Untersuchung. Überlegen Sie einerseits, was Sie eigentlich wirklich sehen und hören, und andererseits, wie Sie sich fühlen. Schreiben Sie sich Notizen dazu auf und machen Sie auch Screenshots. Falls Sie sich für die offene Online-Ethnographie entschieden haben, beachten Sie einen möglichen Beobachtereffekt. Die Länge und Tiefe der Online-Ethnographie variieren je nach Forschungsziel. Es kann von einigen Stunden bis zu mehreren Tagen, Wochen oder Monaten dauern.
- *Schritt 4:* Schreiben Sie Ihre Erfahrungen zusammen und vergleichen Sie Ihre Arbeit mit denen des Teams.
- *Schritt 5:* Schreiben Sie eine kurze Zusammenfassung mit den wichtigsten Ergebnissen. Fügen Sie dazu zur Veranschaulichung Zitate, Screenshots oder Aufzeichnungen hinzu.

Alternative: Mobile Ethnographie

Bei dieser Technik werden die Teilnehmer als aktive Forscher miteinbezogen. Anhand der mobilen Endgeräte, die sie nutzen, schreiben sie ihre eigenen Erfahrungen als eine Art Tagebuchstudie auf. Die Forscher überprüfen und analysieren im Anschluss die gesammelten Daten. In einigen Fällen nehmen die Forscher mit den Teilnehmern über Chats oder Nachrichten Kontakt auf, um Anleitungen und Aufgaben zu verteilen.

Die mobile Ethnographie wird meistens im Kunden- oder Mitarbeiterbereich durchgeführt. Dabei dokumentieren diese Personen ihre eigenen Routinen. Es gibt sogar spezielle Apps für die mobile Ethnographie. Diese ermöglichen es den Teilnehmern, jede Erfahrung mit Text, Videos, Fotos etc. zu dokumentieren und so ihre eigene Customer Journey selbst zu entwickeln. Diese Apps sammeln auch den Ort und die Zeit, um diese dann als geografische Karte zu visualisieren.

Die mobile Ethnographie eignet sich gut für längere Recherchen über einen oder mehrere Tage sowie für eher intime Themen, über die die Leute zögern, mit anderen zu sprechen.

Allerdings ist die Wahrnehmung oft verzerrt und das führt dazu, dass die Ergebnisse immer die subjektive und nicht unbedingt die tatsächliche Begebenheit widerspiegeln.

4.3 Phase 2 – Definieren der Fragestellung

Gemeinsam sind wir kreativer und finden neue Lösungen, die ein einzelner einfach niemals gefunden hätte. Zusammenarbeit hat das Potenzial, die kreativen Schleusen zu öffnen. Dazu braucht es allerdings auch die passenden Türöffner.

In Phase 1 des Design-Thinking-Prozesses haben Sie sich mit Ihrem Design-Thinking-Team mit den verschiedensten Methoden in Ihre Nutzer eingefühlt und sind zu sehr vielen Informationen gekommen. Jetzt in Phase 2 geht es darum, diese Informationen zu analysieren und zu verdichten, damit das für Sie und das Projekt Relevante übrigbleibt und das Team dem eigentlichen Problem auf die Spur kommt.

Gerade in dieser Phase arbeiten Sie sehr visuell und diskutieren viel. Die Insights, also Erkenntnisse, aus Phase 1 werden auf bunte Notizzettel direkt in einem Online-Whiteboard beschrieben, mit anderen geteilt oder in unterschiedlichen Weisen visualisiert (2 x 2-Matrix, Customer Journey Map).

Der letzte Schritt in dieser Phase ist immer die Gestaltung einer sogenannten Design Challenge, die Ihr Sprungbrett in die Phase 3, „Ideen generieren“ ist.

4.3.1 Insight-Karten

Sie haben in der ersten Phase eine Unmenge an Infos, Erkenntnissen und Themen von den unterschiedlichsten Menschen geliefert bekommen. Jetzt gilt es, diese Erkenntnisse und das neue Wissen in prägnante Sätze zu fassen. Insights als Aussagen sind unglaublich wertvoll, weil sie Ihnen herauszufinden helfen, wie Sie spätere Ideen in Fragen umformulieren. Sie geben diesen Fragen vor allem eine Form und Gestalt, um dadurch überhaupt vom Team bearbeitet zu werden.

Es ist nicht immer einfach, Insights zu erstellen, weil Sie sehr genau nachlesen und messerscharf analysieren müssen. Und es wird wahrscheinlich einige Zeit in Anspruch nehmen, sie zu bearbeiten, um die drei bis fünf wichtigsten Erkenntnisse zu erhalten, die Sie dann bei der Suche nach Lösungen wirklich unterstützen.

Ziele	▪ Die vielen Informationen aus Phase 1 auf ihre Essenz eindampfen ▪ Die wichtigsten Insights anhand des Abgleichs mit der Kernfrage des Projekts selektieren
Teilnehmende	Das Design-Thinking-Team
Setup	Alle Informationen, die in Phase 1 gesammelt wurden, Online-Whiteboard, eventuell Breakout-Räume für Kleingruppen
Dauer	Zwischen 5 Minuten bis zu mehreren Stunden, je nach Umfang des Projekts
Vorteile und Chancen	▪ Übersichtlichkeit durch Auswahl der Erkenntnisse und Umformulierung in Insights ▪ Durch die Bearbeitung der Insights an sich entstehen weitere Erkenntnisse und Entdeckungen. ▪ Fokussierung auf die eigentlichen Probleme und Bedürfnisse der Nutzer
Nachteile und Risiken	▪ Gefahr, dass wichtige Insights ausgelassen werden ▪ Gefahr, dass Informationen fehlgedeutet werden

So gehen Sie vor

- *Schritt 1:* Denken Sie an die Situation zurück, in der Sie die Informationen im Gespräch oder durch eine Beobachtung erhalten haben.
- *Schritt 2:* Fassen Sie die Essenzen des Gehörten bzw. Beobachteten in kurzen Aussagen zusammen. Sie suchen dabei nicht nach einer Lösung, sondern verwandeln lediglich das Gehörte bzw. Gesehene in eine Kernerkenntnis. Sie ist ein Baustein, keine gelöste Frage.
- *Schritt 3:* Nutzen Sie dazu die O-Töne des Befragten und geben Sie die Insights in dessen Sprache wieder. Das hilft Ihnen und dem Team, sich an die Person besser zu erinnern und sich auch mehr auf die Person und dessen Probleme einzulassen.
- *Schritt 4:* Wenn Sie alle Insights beisammenhaben, gleichen Sie diese mit Ihrer Kernfrage ab und legen die Insight-Karten weg, die bei der Beantwortung dieser Kernfrage nicht weiterhelfen.

4.3.2 Die kreative Matrix

Bei der kreativen Matrix befassen wir uns mit der Frage, was passiert, wenn wir Bedürfnisse mit provokativen Ideen vermischen.

Ziele	▪ Die vielen Informationen aus Phase 1 auf ihre Essenz eindampfen ▪ Die wichtigsten Insights anhand des Abgleichs mit der Kernfrage des Projekts selektieren
Teilnehmende	Das Design-Thinking-Team
Setup	Alle Informationen, die in Phase 1 gesammelt wurden, Online-Whiteboard, eventuell Breakout-Räume für Kleingruppen
Dauer	Zwischen 30 bis 45 Minuten
Vorteile und Chancen	▪ Übersichtlichkeit durch Auswahl der Erkenntnisse und Umformulierung in Insights ▪ Durch die Bearbeitung der Insights an sich kommt es zu weiteren Erkenntnissen und Entdeckungen. ▪ Fokussierung auf die eigentlichen Probleme und Bedürfnisse der Nutzer
Nachteile und Risiken	▪ Gefahr, dass wichtige Insights ausgelassen werden ▪ Gefahr, dass Informationen fehlgedeutet werden

So gehen Sie vor

- *Schritt 1:* Erstellen Sie in einem Online-Whiteboard eine 2x2-Matrix. Zeichnen Sie dafür zwei Achsen auf, sodass ein 4x4-Raster entsteht. Zeichnen Sie für jede Kleingruppe (ca. drei bis fünf Personen) jeweils eine eigene Matrix.
- *Schritt 2:* Beschriften Sie jedes Raster mit einem relevanten Stichwort oder einem wichtigen Moment, einem Kunden, Stakeholder, einer Idee etc.
- *Schritt 3:* Teilen Sie Ihren Bildschirm und führen Sie die Teilnehmer durch die Matrix.
  - Erläutern Sie jedes Raster.
  - Wichtig: Erwähnen Sie, dass es sich hierbei um einen Wettbewerb handelt, bei dem das Team gewinnt, das die meisten Ideen in der kürzesten Zeit generiert.
  - Eine weitere Alternative ist, dass niemand dabei sprechen darf, sondern alle schreiben müssen.
  - Teilen Sie die Kleingruppen ein. Sie müssen das Meeting nicht noch mal im Detail durchgehen. Es ist nicht wichtig, wie Sie zu den Ergebnissen und Entscheidungen gekommen sind. Es ist wichtiger sich auf die weiteren Aufgaben zu konzentrieren und die nächsten Schritte entsprechend zu planen. Die Teilnehmer brauchen keine wörtliche Transkription, sondern sie sollen sich an ihre Aufgaben erinnern. Bieten Sie den Teilnehmern die Möglichkeit, vor Ende des Meetings zusätzliche Informationen oder Erläuterungen anzufordern.

- *Schritt 4:* Erinnern Sie die Gruppen daran, still zu arbeiten, während sie jedes Raster betrachten. Es gilt, die Ideen als Notizen niederzuschreiben. Stoppen Sie dabei die Zeit (wir nehmen dafür immer zwei Minuten) und stellen Sie sicher, dass die Teilnehmer auch aufhören, wenn die Zeit abgelaufen ist. Um für noch mehr Spannung zu sorgen, spielen Sie im Hintergrund Musik ab.
- *Schritt 5:* Bitten Sie nun jede Gruppe, ihre Notizen zu zählen und die Gesamtsumme zu nennen. Die Gruppe mit den meisten Ideen „gewinnt". Der wahre Gewinner ist das gesamte Team – Sie haben den Beweis in Händen, indem Sie ihnen zeigen, wie viele Ideen in nur zehn Minuten generiert wurden!
- *Schritt 6:* Besprechen Sie nun die Ideen und bitten Sie jedes Team, ein bis zwei Ideen auszuwählen, die Sie dann mit allen Teilnehmern teilen und diskutieren. Wenn Sie fünf Gruppen haben und das Auslesen jeweils 5 Minuten dauert, sind dies 25 Minuten.
- *Schritt 7:* Nun können Sie die Ideen clustern und weiterdenken.

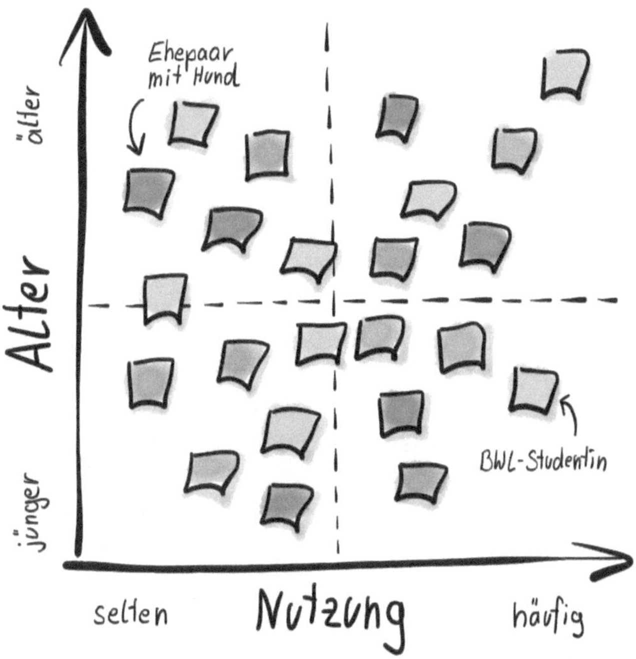

4.3.3 Affinitätsdiagramm

Wenn Sie Informationen nach Ähnlichkeit sortieren, sehen Sie einerseits bereits auf den ersten Blick Muster und Gemeinsamkeiten und Sie lernen so sehr viel über die Sichtweise Ihrer Teamkollegen.

Ziele	▪ Die vielen Informationen aus Phase 1 auf ihre Essenz eindampfen ▪ Die wichtigsten Insights anhand des Abgleichs mit der Kernfrage des Projekts selektieren
Teilnehmende	Das Design-Thinking-Team
Setup	Alle Informationen, die in Phase 1 gesammelt wurden, Online-Whiteboard, Timer
Dauer	Zwischen 20 und 30 Minuten
Vorteile und Chancen	▪ Übersichtlichkeit durch Auswahl der Erkenntnisse und Umformulierung in Insights ▪ Durch die Bearbeitung der Insights an sich kommt es zu weiteren Erkenntnissen und Entdeckungen. ▪ Fokussierung auf die eigentlichen Probleme und Bedürfnisse der Nutzer
Nachteile und Risiken	▪ Gefahr, dass wichtige Insights ausgelassen werden ▪ Gefahr, dass Informationen fehlgedeutet werden

So gehen Sie vor

- *Schritt 1:* Bereiten Sie zunächst ein Online-Dokument oder ein Online-Whiteboard vor, auf dem die Teammitglieder ihre Notizen sammeln können.
- *Schritt 2:* Nachdem alle die Notizen aufgeschrieben und in das Dokument eingefügt haben, können Sie die Inhalte identifizieren, über die Sie sich noch näher austauschen möchten. Das können Informationen aus Interviews, Umfrageergebnisse oder Aussagen von Kunden und/oder Nutzern sein.
- *Schritt 3:* Besprechen Sie die einzelnen Insights, damit alle dieselben Informationen haben und wissen, was gemeint ist.
- *Schritt 4:* Bitten Sie nun alle Mitglieder, die Insights zu lesen und die in den Notizen wahrgenommenen Ähnlichkeiten als Cluster zu beschreiben.
- *Schritt 5:* Danach werden die einzelnen Notizen den Clustern zugeteilt. Stellen Sie dazu einen Timer ein. Es ist in diesem Fall besser, wenn Sie die Zeit unterschätzen und im Notfall noch ein wenig Zeit hinzufügen, als den Leuten von Beginn an zu viel Zeit zu geben, sodass sie ins Diskutieren kommen.
- *Schritt 6:* Lassen Sie die Mitglieder der Gruppe die entstandenen Cluster im Detail beschreiben. Für jedes Cluster soll die Gruppe eine gemeinsame Überschrift finden.
- *Schritt 7:* Überprüfen Sie die einzelnen Cluster-Kategorien und achten Sie darauf, ob es unterschiedliche Konzepte gibt, die möglicherweise besser als separate Cluster geführt oder zu einem gemeinsamen Cluster zusammengeführt werden sollten.

- *Schritt 8:* Sie können, wenn Sie wollen, mit visuellen Elementen wie Linien oder Pfeilen die Interaktionen oder Abhängigkeiten zwischen Clustern hervorheben.

4.3.4 Ishikawa- oder Fischgräten-Diagramm

Das Fischgräten-Diagramm ist eine Ursache-Wirkungs-Analyse, die in den 1960er-Jahren von Professor Kaoru Ishikawa, einem Pionier des Qualitätsmanagements, entwickelt wurde. Ursprünglich wurde sie als Werkzeug zur Qualitätskontrolle entwickelt.

Das Fischgräten-Diagramm ist eine nützliche Methode, um mögliche Ursachen des Problems sichtbar zu machen und zu visualisieren, um so herauszufinden, ob man schon genug Informationen hat, um das Problem zu definieren. Wenn nicht: einfach zurück zu Phase 1 und mehr Informationen einholen.

Ziele	▪ Ermitteln der Grundursache eines Problems ▪ Entdecken der Engpässe in Prozessen ▪ Identifizieren, wo und warum ein Prozess nicht funktioniert
Teilnehmende	Das Design-Thinking-Team
Requisiten	Online-Whiteboard mit Vorlage eines Fischgräten-Diagramms
Dauer	10 bis 20 Minuten
Vorteile und Chancen	▪ Hervorragend geeignet, um einen kategorisierten Überblick über die Faktoren des Problems zu bekommen ▪ Feststellen, ob schon ausreichend viele Informationen gesammelt wurden, um das Problem zu definieren
Nachteile und Risiken	▪ Wird schnell unübersichtlich und umfangreich ▪ Wechselwirkungen und zeitliche Abhängigkeiten werden nicht wirklich erfasst.
Download-Tipp	Unter *https://miro.com/templates/fishbone-diagram/* können Sie eine kostenlose Vorlage herunterladen und gleich nutzen.

So gehen Sie vor

- *Schritt 1:* Bereiten Sie in einem Online-Whiteboard eine Vorlage vor. Im Idealfall wählen Sie eine Vorlage, auf der Sie nur ein Fischskelett – ohne die seitlichen Gräten – sehen oder Sie zeichnen es mit Linien selber.
- *Schritt 2:* Besprechen Sie im Team das Problem genau und ergänzen Sie eine kurze Beschreibung an den Fischkopf. Identifizieren Sie dabei, welche Personen daran beteiligt sind und worin das Problem genau besteht.
- *Schritt 3:* Nutzen Sie dann das Rückgrat des Fischs, um Lösungsideen zu finden. Ermitteln Sie dazu die wichtigsten Faktoren wie Systeme, Ursachen oder Personen, die Teil des Problems sind. Dafür bekommt jeder Problemfaktor seine eigene „Gräte", die vom Rückgrat des Fischs abgeht.

- *Schritt 4:* Identifizieren Sie mögliche Ursachen: Finden Sie in einer gemeinsamen Diskussion für jeden Faktor und jede Kategorie mögliche Ursachen. Jede Ursache bekommt wiederum ihre eigene „feinere Gräte", die von der Kategorie-Gräte abzweigt. Komplexe Ursachen untergliedern Sie am besten in mehrere Teilursachen.
- *Schritt 5:* Analysieren Sie das Diagramm: Diskutieren Sie, in welcher Reihenfolge Sie die gefundenen Ursachen weiter untersuchen oder Lösungsideen dafür finden wollen.

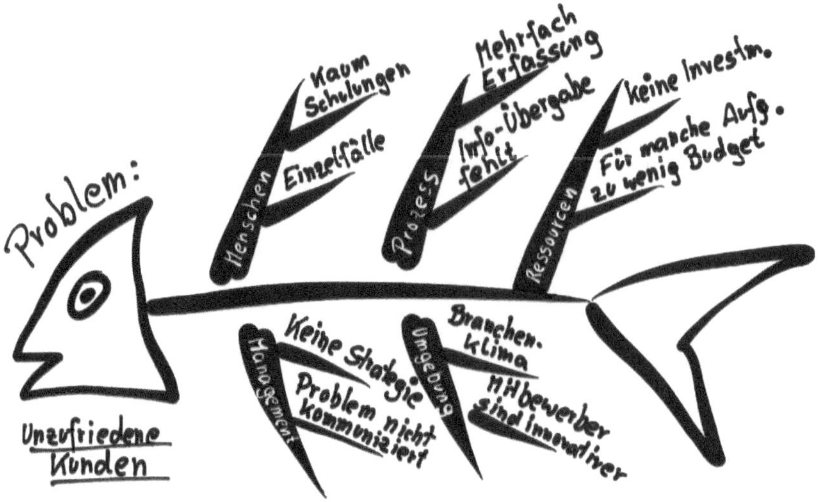

Bild 4.3 Beispiel eines Fischgräten-Diagramms

Ausführlich gehen wir auf diese Methode in unserem Design-Thinking-Podcast ein: *http://gdt.li/dt245*

Zwischenschritt: Temperatur messen

Es ist ratsam, während des gesamten Workshops immer wieder nachzufragen, wie es der Gruppe geht. So können Sie schnell versteckte Probleme und geteilte Meinungen aufdecken und etwas dagegen unternehmen, solange das noch möglich ist.

- Bestimmen Sie das Thema Ihrer Umfrage, zum Beispiel wie wichtig das Thema gerade ist oder ob Sie eine Pause machen sollen.
- Erstellen Sie eine kurze Umfrage, um die Meinungen der Gruppe zu hinterfragen.
- Geben Sie jeder Person eine Stimme, mit der sie abstimmen darf.

4.3.5 Gestaltung der Design Challenge

Aha-Erlebnisse sind scheu – sie verstecken sich gerne hinter scheinbar Unwichtigem. Deswegen müssen Sie Ihren Fokus gezielt auf diese richten. Die richtige Design Challenge, die richtige Leitfrage zu finden, ist das A und O für den Erfolg eines Design-Thinking-Projekts.

Denn die Design Challenge bildet den Rahmen für das gesamte Projekt. An dieser Leitfrage orientieren sich die Besetzung des Teams und die Fragen, die Sie den Nutzern stellen. Sie ist der Anker, an dem Sie sich immer wieder festhalten, wenn Sie sich zu verzetteln oder den Fokus zu verlieren drohen.

Ziele	Die richtige Leitfrage für das gesamte Projekt entwickeln
Teilnehmende	Das Design-Thinking-Team
Setup	Online-Whiteboard
Dauer	Ca. 30 Minuten bis zu 2 Stunden
Vorteile und Chancen	▪ Zeigt den aktuellen Stand der Dinge ▪ Fördert das gemeinsame Verständnis ▪ Strukturiert das bestehende Wissen
Nachteile und Risiken	▪ Sehr schwierig, sich auf eine Design-Challenge zu einigen ▪ Kann sehr zeitintensiv werden

Die Design Challenge zu formulieren, ist also die wichtigste Voraussetzung für das Gelingen des gesamten Projekts.

So gehen Sie vor

- *Schritt 1:* Notieren Sie auf einem Board all das, was Ihrer Meinung nach die Design Challenge werden sollte.
- *Schritt 2:* Beachten Sie dabei Folgendes: Eine gute Design Challenge …
  - ist in einer Frage formuliert, die kurz und prägnant genug ist, dass alle sie sich gut merken können.
  - ermöglicht eine Vielzahl an Lösungen.
  - berücksichtigt auch die Rahmenbedingungen und den Kontext.
  - ist so formuliert, dass Sie und Ihr Team lösungsorientiert ansetzen können. Sie spüren, dass Sie auf dem richtigen Weg sind, wenn Ihnen schon bei der Formulierung etliche Lösungen in den Sinn kommen. Vorsicht: Die Lösungen sind noch nicht dran. Aber wenn Ihre Kreativität getriggert wird, ist das ein toller Indikator dafür, dass Ihre Formulierung gut geeignet ist.
  - ist weder zu eng noch zu breit angelegt. Eine zu kleine Herausforderung bietet Ihnen nicht genug Raum, um kreative Lösungen zu entwickeln. Und eine zu groß oder komplex gewählte Challenge führt dazu, dass Sie sich verzetteln und zu viele Probleme auf einmal lösen wollen. Wenn Sie eine zu komplexe Herausforderung ausmachen, unterteilen Sie diese in mehrere Challenges. Sie wissen ja: Nach dem Design-Thinking-Prozess ist vor dem Design-Thinking-Prozess.

- *Schritt 3:* Machen Sie den Praxis-Check mit Ihrer Formulierung: Regt Ihre Formulierung Sie an, um sich fünf mögliche Lösungen in nur fünf Minuten einfallen zu lassen? Dann ist sie wahrscheinlich geeignet.
- *Schritt 4:* Ein zweiter kurzer Check lässt Sie feststellen, ob Sie prägnant genug formuliert haben: Würde ein unbeteiligter Dritter sofort verstehen, was mit der Frage gemeint ist? Wenn Sie selbst nicht genug Abstand zu Ihrer eigenen Formulierung gewinnen können, erledigen Sie diesen Kurz-Check im Team: Tragen Sie Ihre Formulierung unkommentiert im Team vor und bitten Sie die anderen, mit eigenen Worten wiederzugeben, wie sie es verstanden haben. So finden Sie auf jeden Fall heraus, ob Sie Ihre Challenge unmissverständlich formuliert haben.
- *Schritt 5:* Wenn Sie allein nicht alle Voraussetzungen bei Ihrer Formulierung erfüllen können, macht das nichts. Geben Sie den Entwurf in die Team-Diskussion und sagen Sie einfach dazu, dass Sie an diesem oder jenem Punkt nicht weitergekommen sind, aber wissen, dass man hier oder da noch feintunen muss. Vollenden Sie im Team die Formulierung.
- *Schritt 6:* Im Team diskutieren Sie dann die verschiedenen Vorschläge und einigen sich auf die Design Thinking Challenge, die Sie und Ihr Team für am wichtigsten halten, die Sie alle begeistert und für die Sie alle bereit sind, in den Ring zu steigen.

Praxisbeispiel: Design Challenge finden

Für einen Online-Sporthandel haben wir bereits im Vorfeld eine Persona erstellt. Diese Persona war eine erwachsene Person, die für jemand anderen kauft (bspw. ein Trampolin als Geschenk). Das Bedürfnis der Persona lag darin, dass sie das Geschenk möglichst schnell erhält (Zitat: „Ich brauche es morgen“). Sie erwartete, dass das Trampolin rechtzeitig geliefert wird, also wählte sie die teurere Lieferung am nächsten Tag aus.

In unserem Fall lag die Erfüllung des Bedürfnisses in der Schnelligkeit der Lieferung. Wenn ein Artikel nicht rechtzeitig geliefert werden konnte, wechselte der Kunde zum Wettbewerber, der die Lieferung bereits am nächsten Tag garantierte. Um diese Anforderungen zu erfüllen, mussten wir uns die Frage stellen, wie wir den Kunden den schnellstmöglichen Service anbieten könnten.

Wir stellten noch eine zweite Design Challenge auf: In dem zweiten Fall wollte die Persona nicht die schnellste, sondern die billigste Lieferoption angeboten bekommen. Die Person kaufte das Sportgerät für sich selber und war bereit, die Standardzustellung zu wählen, auch wenn das eine Woche Lieferzeit bedeutete. Dafür würden keine zusätzlichen Kosten entstehen. Das Bedürfnis dieser Persona lag in der Flexibilität, im Preis und Komfort. Sie wählte also den Shop, in dem sie zum besten Preis das Produkt der Wahl bzw. das meiste für ihr Geld erhielt. Die Fragestellung, die wir in diesem Fall wählten, lautete: „Was können wir tun, damit unsere Persona die für sie passendste Alternative schnell findet?“

4.4 Phase 3 – Ideen generieren

Wahrscheinlich schwirren Ihnen nach der Problemfindungsphase schon viele Lösungsansätze im Kopf herum. Das ist normal, weil wir von klein auf sozialisiert werden, in Lösungen und Schubladen zu denken. Wir glauben, dass wir dadurch wertvolle Zeit sparen. Da Sie sich in Phase 1 und 2 des Design-Thinking-Prozesses so intensiv auf die zu lösenden Probleme fokussiert haben, entstanden mit Sicherheit schon einige mögliche Lösungen.

In dieser Phase 3 ist es nun endlich so weit und wir widmen uns endlich intensiv und systematisch dem Finden von Lösungsideen. Nun wissen Sie bestimmt selbst aus der Praxis, dass Kreativität selten auf Befehl abgerufen werden kann: „Sei kreativ" ist eine nette Aufforderung, aber niemand wird nur aufgrund dieser Aufforderung wirklich gute Ideen haben. Deswegen stellen wir Ihnen in diesem Abschnitt Methoden vor, die Sie und Ihr Team dabei unterstützen, kreative und umsetzbare Lösungsideen zu entwickeln.

Die Ideen, die während dieses Prozesses entstehen, erfassen Sie auf Moderationskärtchen oder Haftnotizen und validieren sie fortlaufend – beispielsweise anhand einer Entscheidungsmatrix oder einer Prototyping-Matrix, die Sie in den Methoden zur Prototyping-Phase kennenlernen.

Besonders in der Ideenfindungsphase sind gutes Zeitmanagement und klare Strukturen extrem wichtig. Denn die Zeit verfliegt in jeder Design-Thinking-Jam-Session extrem schnell. Jede Übung wird mit einem klaren Ziel bearbeitet. Was viele nicht ahnen: Der Zeitdruck ist ein wichtiges Vehikel. Denn er führt zu Ideen mit großem Potenzial. Arbeiten unter Stress mit Blick auf die Uhr zwingt uns dazu, die Sache gleich anzugehen und uns nicht groß mit Überlegungen, Vorstellungen oder Analysen aufzuhalten.

4.4.1 Brainstorming allgemein

Bestimmt kennen Sie auch Brainstorming und haben es schon als Methode im Einsatz erlebt. Brainstorming bedeutet für die meisten, dass gemeinsam im Team Ideen gefunden werden, indem diese einfach mündlich ausgesprochen und dokumentiert werden. Es ist die wohl populärste Methode, um Ideen zu generieren. Sie bedarf kaum Vorbereitung und keiner Requisiten außer einem gemeinsamen Board zum Aufschreiben der Ideen. Diese Methode kann zu einem großen Fundus an Ideen führen.

Aber: Sie funktioniert nicht immer und kann sich im schlechtesten Fall sogar zum Ideenkiller entwickeln. Umso wichtiger ist es, dass Sie die Regeln des Brainstormings beachten, um von den Vorteilen dieser Methode zu profitieren.

Ziele	Ideen im Team finden
Teilnehmende	Das Design-Thinking-Team, eventuell noch andere Personen, die Ihnen neue Perspektiven aufzeigen
Setup	Online-Whiteboard, gute Webcams und Mikrofone!
Dauer	Zwischen 10 und 20 Minuten

Vorteile und Chancen	▪ Die mündlich vorgetragenen Ideen können andere zu eigenen Ideen inspirieren. ▪ Innerhalb kurzer Zeit entsteht ein recht großer Kanon an Ideen. ▪ Vorgetragene Ideen inspirieren andere zu weiteren Ideen.
Nachteile und Risiken	▪ Ein schlechter Moderator kann die Dynamik der Gruppe falsch einschätzen und/oder lenken. ▪ Bei zu viel Diskussionen gehen sowohl die Motivation als auch die Fokussierung schnell verloren. ▪ Sofortige Beurteilung führt dazu, dass niemand gerne Ideen teilt. ▪ Ein paar Teilnehmende dominieren die Diskussion. ▪ Es wird keine Struktur vorgegeben. ▪ Nicht gut geeignet für introvertierte Team-Mitglieder.

Die Brainstorming-Regeln

Manchmal braucht es nur einen verächtlichen Blick – vielleicht gar eines Vorgesetzten – oder eine unüberlegt vorgebrachte Bemerkung, um sofort eine neue Idee zu töten, noch bevor sie überhaupt die Chance hatte zu entstehen. Besonders radikale und sehr innovative Vorschläge sterben leicht einen „plötzlichen Kindstod", weil sie die anderen aus der Komfortzone ihrer Gewohnheiten zerren würden und deshalb auf massiven inneren Widerstand stoßen.

Damit neue Ideen von jedem im Team eine Chance bekommen, beachten Sie beim Brainstorming diese Regeln:

- Achten Sie darauf, dass es einen eigenen Moderator gibt, der auf die Zeit, die Dynamik und das Einhalten der Regeln achtet. Dieser sollte strikt in seiner Rolle als Moderator bleiben und wirklich nur Ideen beisteuern, wenn es sich anbietet.
- Es gibt in diesem Stadium der Ideensuche weder gute noch schlechte Ideen. Im Gegenteil: Alle Ideen sind gleich viel wert. Somit heißt es: gleiche Chancen für alle.
- Quantität kommt vor Qualität. In der Ideenphase sollen möglichst viele Ideen so schnell wie möglich entstehen. Keine Sorge: Selektiert, analysiert und bewertet wird auch noch, aber erst später.
- Keinesfalls kritisieren, bewerten, analysieren Sie. Machen Sie bitte an dieser Stelle auch keine ironischen oder sarkastischen Bemerkungen. Auch wenn Sie nicht von jeder Lösung begeistert sind, halten Sie sich zurück. Denn nur wenn Sie mit Kritik warten und die ersten Ideen unkommentiert stehen lassen, können noch mehr Ideen und neue Lösungsansätze hervorsprudeln. Je mehr Ideen Ihr Team im Brainstorming entwickelt, desto mehr Auswahl und Kombinationsmöglichkeiten stehen Ihnen am Ende zur Verfügung, um die eine wirklich gute Lösung zu entwickeln.
- Haben Sie Spaß! Je besser es Ihnen gelingt, für eine entspannte, humorvolle und kollegiale Atmosphäre zu sorgen, desto mehr und kreativere Ergebnisse werden Sie erzielen. Außerdem erleichtert eine unbefangene Stimmung es auch den Introvertierteren, sich einzubringen
- Trauen Sie sich, wirklich jede Idee zu äußern. Gerade beim Brainstorming gibt es kein Scheitern. Selbst wenn Ihre Idee hinterher verworfen wird: Wer weiß, vielleicht war

gerade sie es, die jemand anderen zu einer richtig guten Idee inspiriert hat. Also, zögern Sie nicht und sagen Sie geradeaus alles, was Ihnen als Lösungsidee einfällt.

- Lassen Sie alle Hierarchien und Rollen draußen vor der Tür. Im Design Thinking wird geduzt und auch die Chefs sind einfach nur gleichberechtigte Mitglieder des Teams. Alle sind auf gleicher Augenhöhe. Denn letztlich arbeiten wir mit den gesamten Erfahrungen, die ein Mensch im Laufe seines Lebens gemacht hat, und nicht mit Rollen oder Berufen.
- Lassen Sie Ihrer Fantasie freien Lauf. Jede Idee hilft weiter, auch die verrückteste. Und sei es nur, dass sie kleine Impulse für die spätere Lösung gibt. Je mehr Sie um die Ecke denken, desto besser.
- Die Zeit verfliegt in jeder Design-Thinking-Jam-Session schnell. Begrenzen Sie die Zeit für das Brainstorming strikt. Länger als 20 Minuten sollte es nicht dauern. Psst, Geheimtipp am Rande: Durch die zeitliche Beschränkung sparen Sie nicht nur Zeit, Sie erzielen auch mehr und wahrscheinlich bessere Ergebnisse als ohne sie.

So gehen Sie vor

Vorbereiten

- Laden Sie die passenden Leute ein: Suchen Sie Menschen mit unterschiedlichem Hintergrund (aber das haben Sie ja schon viel früher getan, wenn das Brainstorming im Rahmen eines Design-Thinking-Projekts stattfindet). Sie können aber zu einer Brainstorming-Session Ihr Team kurzfristig erweitern, wenn Sie es wollen. Dazu können Sie Nutzer oder andere Personen einladen, die für einen neuen Input und eine neue Perspektive sorgen.
- Suchen Sie die passende Umgebung aus: Buchen Sie einen Raum, der zum Denken einlädt. Je mehr Tageslicht und Platz, umso besser.
- Achten Sie darauf, dass alle benötigten Materialien ausreichend vorhanden sind. Haben Sie funktionstüchtige Stifte bei der Hand? Ist das Flipchart mit genügend Papier ausgestattet?
- Sorgen Sie auch für das leibliche Wohl und stellen Sie Süßigkeiten (gesunder und nicht ganz so gesunder Natur) bereit.
- Bereiten Sie im Vorfeld eine Musikauswahl vor, die Sie während der Session abspielen.

Der Einsatz von Musik im Design Thinking

Wenn es darum geht, sich zu konzentrieren und die Aufmerksamkeit zu steigern, kann Musik enorm unterstützen. Wir spielen in unseren Design-Thinking-Sessions oft Musik ab, zum Beispiel in der Ideengenerieren-Phase. Achten Sie darauf, dass Sie auf Gesang verzichten und die Musik auch nicht zu laut abspielen, da das üblicherweise als konzentrationshemmend empfunden wird.

Die richtige Musik an der richtigen Stelle abzuspielen, fördert die notwendige Energie und steigert die Konzentration sogar. Studien[1] zeigen, dass mittels Musikeinsatz weniger Arbeitsfehler verursacht sowie die Qualität und das allgemeine Wohlbefinden gesteigert werden.

[1] *https://www.sciencedirect.com/science/article/abs/pii/0003687072901019*, abgerufen am 01.01.2020.

In vielen Kollaborationssoftwareprogrammen können Sie mehrere Audio-Kanäle wählen und die Musik so in die verschiedenen Breakout-Räume einspielen. Oder Sie spielen die Musik einfach auf Ihrem Lautsprecher direkt in Ihr Mikrofon ab. ■

Die Brainstorming-Session selbst

- Bitten Sie die Teilnehmenden, die Ideen kurz und knapp vorzustellen.
- Fordern Sie die anderen auf, gut zuzuhören und auf den Ideen anderer aufzubauen. Erinnern Sie sie daran, in „Ja, und ...“ und nicht in „Ja, aber ...“ zu denken.
- Erinnern Sie zu Beginn alle nochmals an die Brainstorming-Regeln.

Nach der Brainstorming-Session

- Schauen Sie sich gemeinsam die Fülle an Ideen an und überlegen Sie kurz gemeinsam, ob jemandem noch etwas einfällt.
- Im Anschluss können Sie mittels einer Punkteabfrage die Ideen noch bewerten (mehr dazu später in diesem Kapitel).

Probleme aus der Praxis und ihre Lösungen

Die schlechte Nachricht: Brainstorming hört sich zunächst sehr einfach an, aber es birgt einige Risiken und Stolpersteine. Die gute Nachricht lautet, Sie können diesen vorbeugen.

Hier ein paar Beispiele, welchen Problemen wir in der Praxis schon begegnet sind und wie Sie mit diesen am besten umgehen:

- **Vor allem die Lautesten und Extrovertierteren bringen Ideen ein.** Eher laute oder mitteilsame Personen können bewirken, dass andere Personen sich eingeschüchtert zurückziehen. Das ist kontraproduktiv für den Prozess, denn so befruchten sich die Ideengeber nicht gegenseitig. Vielmehr werden die Ideen recht facettenlos sein und es wird insgesamt rein quantitativ nicht viel herauskommen

  Lösung: Schaffen Sie Abhilfe, indem Sie vorab den Teilnehmenden Zeit geben, sich kurz zu sammeln, sich Gedanken zu machen und erst auf Ihr Zeichen hin die Ideen mit den anderen zu teilen. Auf diese Weise haben Sie bereits zu Beginn einen größeren Fundus am Start und alle können in der Gruppe weiterspinnen.

- **Es gelingt der Gruppe nicht, die Ideen entstehen zu lassen.** Unterbrechen Sie das Brainstorming und machen Sie folgende Übung aus dem Impro-Theater: Wählen Sie eine unverfängliche Frage, die nichts mit dem Projekt zu tun hat, zum Beispiel: „Wohin soll der nächste Urlaub gehen?“ In einer ersten Runde macht ein Teilnehmer laufend Vorschläge wie: „Wir könnten im Sommer nach XY fahren.“ Alle anderen Teilnehmer widersprechen regelmäßig den Vorschlägen und finden Gründe, warum das nicht gut ist. Ideenergebnis dieser Runde: null. Dann beginnt eine neue Runde: Wieder macht der Teilnehmer Vorschläge, aber jetzt greifen alle anderen die Vorschläge auf: „Wir könnten Camping in Frankreich machen." „Ja, und dabei machen wir eine Rundreise durch das ganze Land."

  Ergebnis dieser Übungsrunde sind viele tolle Ideen, aus denen der Möchtegern-Urlauber nur noch eine auszuwählen braucht. Sie erreichen mit dieser Übung einen schönen Aha-

Effekt, es entsteht viel Energie und das Team verankert dadurch auch gleich die Brainstorming-Regeln durch deren unbewusste Anwendung.

- **Die anschließende Bewertung der Ideen wird stark davon beeinflusst, von wem eine Idee stammt.** Der Ideen von Personen, die als besonders klug oder kreativ gelten, werden vom Team oft besser bewertet als die anderer.

  Lösung: Achten Sie darauf, dass die Bewertung der Ideen gleichzeitig passiert. Bitten Sie das Team, sich zunächst alle Ideen durchzulesen und erst auf Ihr Zeichen hin Punkte auf die jeweilige Idee zu kleben.

- **Beeinflussung durch die Gruppe:** Brainstorming birgt die Gefahr, dass nur einseitige Ideen entstehen, die wenig facettenreich sind. Die Teammitglieder sind beeinflusst durch die ersten Ideen, die in den Raum gerufen werden.

  Lösung: Die ersten beiden Ideen schreibt jeder für sich auf. Sie werden laut vorgetragen und erst danach steigen alle ins Brainstorming ein. Es hilft auch, sich einfach vor dem Brainstorming noch einmal die gesammelten Insights und die Problemstellung anzusehen, um sich davon inspirieren zu lassen und Ideen zu entwickeln.

- **Schubladen-Leichen:** Am schlimmsten ist, wenn Brainstorming-Sessions zu einem Stapel Haftnotizen führen – die dann in der Schublade verschwinden. Das demotiviert die Personen, die sich Mühe gegeben und Zeit investiert haben, um ihren Input mit anderen zu teilen.

  Lösung: Wählen Sie also direkt im Anschluss an das Brainstorming die besten Ideen aus und gehen Sie direkt in die Umsetzung. Wenn das aus Zeitgründen nicht möglich ist, erklären Sie dem Team, was Sie mit den Ideen vorhaben und wie es weitergehen wird. Bieten Sie an, das Team auf dem Laufenden zu halten.

4.4.2 Kopfstand- und Umkehrtechnik

Was machen Inuit, damit ihre Lebensmittel nicht einfrieren? Sie legen sie in den Kühlschrank. Der Inhalt wird so bei einer konstanten Temperatur von 4° „warm" gehalten. Ein Tipp, nicht nur für Inuit: Wenn sonst nichts mehr funktioniert, probieren Sie es doch einfach mal mit dem Gegenteil.

Die Kopfstand- und Umkehrtechnik beruht auf der Frage: „Was steht im direkten Widerspruch zu den Zielsetzungen Ihrer Aufgabe?"

Das ist Unsinn? Mitnichten. „Anti-Lösungen" zu finden, ist eine fantastische Übung, um Themen aus einer anderen Perspektive zu betrachten. Das macht nicht nur Spaß, sondern befreit auch das Denken in eingefahrenen Gleisen und öffnet es für neue Denkweisen. Sie werden auch feststellen, dass das genaue Gegenteil erstaunlich häufig einer Lösung inhaltlich näher liegt, als das, was sich zwischen „perfekt" und „funktioniert überhaupt nicht" befindet.

Ein weiterer Vorteil des Umkehrens ist, dass dieser Schritt meistens wesentlich leichter von der Hand geht als das bewusste Nachdenken und Finden guter Lösungen. Denn wir wissen meist sehr genau, warum etwas nicht funktioniert. Wir sehen Fehler, Stolpersteine und Probleme meistens viel klarer als Lösungen.

Und last but not least ist diese Methode ein prima Gute-Laune-Macher in Gruppensitzungen.

Ziele	Gegenteilige Lösungen finden, um dadurch die Kreativität anzukurbeln
Teilnehmende	Das Design-Thinking-Team
Requisiten	Online-Whiteboard oder gemeinsames Dokumentationstool
Dauer	10 bis 20 Minuten
Vorteile und Chancen	▪ Wenn ein Problem gut in sein Gegenteil umformuliert ist, funktioniert die Kopfstandmethode immer – vor allem auch bei ungeübten Teams. ▪ Mit der Kopfstandtechnik erhalten Sie sehr schnell neue Ideen und Daten zu Ihrer aktuellen Herausforderung.
	▪ Dabei herrscht eine durchweg gute Stimmung in Ihrem Team. ▪ Die Ideen werden anders sein, als sie es bislang waren, und Ihre Meetings werden vor allem durch die Erhöhung der Ideenquantität absolut effizienter.
Nachteile und Risiken	▪ Die Lösung liegt nicht darin, dass Sie die Ideen einfach umdrehen. ▪ Der Fokus kann schnell verloren gehen.

So gehen Sie vor

Sie können die Umkehr- oder Kopfstandtechnik mit anderen Methoden kombinieren, die Sie hier kennenlernen, zum Beispiel dem Brainstorming.

- Stellen Sie die Design Challenge auf den Kopf.
  - Denken Sie an extreme bzw. ungewöhnliche Szenarien, die Sie dann umkehren können. Vermeiden Sie negative Begriffe wie „nicht“ und „kein“.
  - Nutzen Sie Verben.
  - Formulieren Sie klar und eindeutig.
- Verkehren Sie die so gewonnenen Ideen wieder in ihr Gegenteil oder lassen Sie sich durch die gefundenen „Anti-Lösungen“ zu neuen echten Lösungsideen inspirieren.

Mit diesen Fragen stellen Sie eine Aufgabe auf den Kopf bzw. verkehren eine Challenge in ihr Gegenteil:

- Was ist das Gegenteil?
- Wie soll das Ergebnis auf gar keinen Fall aussehen?
- Was sehe ich, wenn ich in die andere Richtung blicke?
- Was kommt heraus, wenn ich die Sache um 180 Grad drehe?
- Wie wäre es, wenn man mit dem Ende anfangen würde?
- Kann uns eine gegenteilige Eigenschaft weiterhelfen?
- Lassen sich Ursache und Wirkung umkehren?
- Wie verhalten wir uns antizyklisch?
- Was wäre das Schlimmste, was passieren kann, wenn ich etwas Falsches tue oder etwas Wichtiges unterlasse?

Übungs- und Praxisbeispiel

- Die Challenge lautet: Wie sieht die optimale Werbung für den Touristenort aus? Umkehrfrage: Wie muss die Werbung für den Touristenort aussehen, dass sie entweder nicht wahrgenommen wird oder niemand dorthin will?
- Beispiel aus der industriellen Fertigung: Will man Sirup in Schokopralinen füllen, müsste man die zähflüssige Zuckermasse eigentlich erwärmen, damit sie besser und schneller fließt. Dann würde jedoch auch die Schokohülle schmelzen. Was tun? Das Gegenteil: Man gefriert den in Form gebrachten Sirup, anschließend werden die Sirup-Festkörper in ein warmes Schokoladenbad getaucht. Auftauen lassen, Praline fertig.

4.4.3 Die 5-Warum-Fragen

Die 5-Warum-Fragen sind eine beliebte Technik, um Probleme zu lösen. Sie können sie alleine oder auch gut im Team anwenden und mögliche Ursachen eines bestimmten Problems besser verstehen. Diese Technik wurde vor Jahren von Toyota entwickelt. Der Geschichte nach konnten sie auf diese Weise komplexe mechanische Probleme lösen. Indem Sie Schritt für Schritt nach dem Warum fragen, können Sie ganz einfach die Ursache für einen Fehler oder eine Herausforderung herausfinden.

Ziele	▪ Ursachen für vorhandene Probleme aufdecken ▪ Vorhandene Lösungen optimieren
Teilnehmende	Das Design-Thinking-Team
Setup	Online-Whiteboard, 5-Warum-Vorlage
Dauer	20 bis 30 Minuten
Vorteile und Chancen	▪ Sie finden schnell die verschiedenen Ursachen. ▪ Sie können in verschiedene Richtungen denken.
Nachteile und Risiken	▪ Zu voreilige Rückschlüsse und Hypothesen aufstellen ▪ Man kann sich leicht verzetteln. ▪ Die Technik kann schnell zu Diskussionen führen, die nicht mehr zielführend sind.
Download-Tipps	▪ Unter *https://www.mural.co/templates/five-whys* können Sie das kostenlose Template herunterladen.

So gehen Sie vor

- *Schritt 1:* Fragen Sie zunächst Ihr Team, welches Problem es analysieren möchte. Schreiben Sie die Problemstellung auf, auf die sich jeder beziehen kann.
- *Schritt 2:* Beginnen Sie mit dem Warum. Warum passiert dieses oder jenes immer wieder? Sie können diese Frage auch ändern und fragen: „Warum glaubt ihr, haben wir eigentlich dieses Problem?“

- *Schritt 3:* Wiederholen Sie diesen Schritt fünf Mal. Das kann sich am Anfang ungewohnt anfühlen, aber nur so gelangen Sie zur Wurzel des eigentlichen Problems.
- *Schritt 4:* Notieren Sie die jeweiligen Antworten. Besprechen Sie die jeweiligen Notizen und stellen Sie sicher, dass alle einverstanden sind.
- *Schritt 5:* Nachdem Sie die Ursache gefunden haben, ist es an der Zeit, mögliche Lösungen zu suchen. Nutzen Sie dafür eine Technik aus der dritten Phase, dem Ideengenerieren.

Praxis-Beispiel

Im Rahmen eines Projekts bestand eine Lösung darin, eine App zu entwickeln. Das Problem war, dass die App an einer gewissen Stelle immer wieder abstürzte. Trotz zahlreicher Gespräche und Beobachtungen fand das Team den Fehler nicht. Die Fragestellung lautete: Was müssen wir ändern, damit wir mit gutem Gewissen unseren Kunden die App empfehlen können?

Wir haben danach die 5-Warums gestellt. Bei der zweiten Runde entdeckten wir, dass eine bestimmte Reihenfolge an Abläufen direkt zu einem Codefehler führte. Der wurde allerdings nie an die Entwickler weitergegeben, wodurch sie diesen nicht behoben haben. Warum haben die Entwickler das Feedback nicht erhalten? Weil sich niemand verantwortlich fühlte und jeder davon ausging, dass ein anderes Teammitglied sich darum kümmern würde. Wir konnten nun in zwei Richtungen weiterfragen: Einerseits: Warum fühlte sich niemand verantwortlich? Oder aber: Warum bekamen die Entwickler nicht direkt Nutzerfeedback? Die Antwort auf die zweite Frage lautete: Weil es keine Möglichkeit für die Kunden gab, direkt Feedback zu senden.

Nun hatten wir genug Informationen, um die Ursache aufzudecken. Das eigentliche Problem lag in der schlechten Kommunikation zwischen den einzelnen Gruppen und den Nutzern. Auf diesem Wissen basierend haben wir eine direkte Möglichkeit zum Nutzerfeedback in die App integriert und ein tägliches Stand-up-Meeting mit den Entwicklern einberufen, bis die App voll funktionsfähig war. Danach wurden wöchentliche Jour-Fixe mit dem Entwicklerteam einberufen.

Achtung:

Widerstehen Sie dem Drang, ein Problem zu schnell als gelöst zu betrachten. Sie müssen die Lösung in den kommenden Wochen immer neu überdenken und sich kontinuierlich bei allen Teammitgliedern erkundigen, wie der Stand der Dinge ist. Eventuell müssen Sie an einigen Stellen nachbessern oder sogar zu den 5-Warum-Fragen zurückkehren.

4.4.4 SCAMPER

Bei der SCAMPER-Methode werden Teile der Lösung genau betrachtet und verschiedene Möglichkeiten der Modifikation ermittelt.

Die SCAMPER-Technik arbeitet mit einer Checkliste, die sich aus sieben Fragen zusammensetzt. Dadurch werden Assoziationen ausgelöst, die wiederum für neue Perspektiven sorgen. Die SCAMPER-Technik eignet sich ausgezeichnet, um Verbesserungspotenziale bei bestehenden Produkten und Dienstleistungen zu entdecken.

Die gefundenen Antworten sind sicher nicht alle praktikabel, dienen auf jeden Fall aber als Ausgangspunkt für weitere Ideen.

Ziele	▪ Inspirationen für neue Ideen finden ▪ Vorhandene Lösungen optimieren
Teilnehmende	Das Design-Thinking-Team
Requisiten	Flipchart, Whiteboard
Dauer	20 bis 30 Minuten
Vorteile und Chancen	▪ Die vorgegebenen Fragen strukturieren den Prozess der Ideenfindung. ▪ Durch das Umstellen und Ändern von vorhandenen werden schnell neue Lösungen gefunden. ▪ Hilft dabei, Hürden und Grenzen im Unternehmen aufzudecken. ▪ Einfach und ohne große Vorbereitung anzuwenden
Nachteile und Risiken	▪ Kein Blick aufs große Ganze, sondern auf Teilaspekte des Produkts ▪ Man kann sich leicht verzetteln. ▪ Kann schnell unübersichtlich werden bei einer großen Gruppe.

So gehen Sie vor

Diese Checkliste können Sie zum Beispiel in einem Brainstorming verwenden.

Der Begriff SCAMPER ist ein Akronym, das sich aus folgenden englischen Begriffen zusammensetzt:

- **Substitute (Ersetzen):** Welche Komponenten, Teile, Materialien, Zubehör oder auch Personen lassen sich ersetzen?
- **Combine (Kombinieren):** Welche Dienstleistungen, Funktionen, Ideen überschneiden sich oder lassen sich kombinieren?
- **Adapt (Anpassen):** Welche zusätzlichen Elemente können sinnvoll ergänzt werden?
- **Modify – auch Maxify/Minify (Vergrößern/Verkleinern):** Lassen sich Farben, Größe, Materialien, Menüpunkte verändern/vergrößern/verkleinern? Welche Attribute (Farbe, Haptik, Akustik, ...) können abgeändert werden?
- **Put to other purposes (Finde weiteren Nutzen):** Wie kann das Produkt bzw. die Dienstleistung noch genutzt werden?

- **Eliminate (Löschen):** Welche Elemente, welche Komponenten lassen sich vereinfachen oder gleich ganz eliminieren?
- **Reverse (Umkehren):** Lässt sich bei den vorhandenen Elementen die Reihenfolge ändern? Gibt es eine entgegengesetzte Nutzungsmöglichkeit?

Praxisbeispiel Shopping-App

Challenge: Wie kann eine Shopping-App für Kunden attraktiver gestaltet werden?

Substitute: Was lässt sich ersetzen?

- Statt einer Produktsuche kann man ein Foto hochladen.
- Statt der Bezahlfunktion hält man seine Kreditkarte vor die Kamera.

Combine: Was lässt sich kombinieren?

- Social Media mit Shopping kombinieren: Welche Freunde haben das Produkt gekauft?
- Einkaufsliste mit Shop verbinden

Adapt: Was kann angepasst werden?

- Rezensionen von Produkten von Freunden

Modify: Was kann verändert werden: größer, kleiner...

- Weniger Fließtext, alles kann durch Bilder/Symbole dargestellt werden.
- Farbe von Produkten kann beliebig eingestellt und entsprechend bestellt werden.

Put: Wie kann eine Funktion noch genutzt werden?

- Bestellen von Produkten zum Testen, beispielsweise ein Getränk im nächsten Lokal

Eliminate: Was kann weggelassen werden?

- Bezahlfunktion weglassen: Alles läuft über eine Mitgliedschaft.
- Kategorien weglassen: nur mit Finger durch das Angebot „swipen“

Reverse: Was kann eine andere Reihenfolge erhalten?

- Einkaufsprozess umdrehen: Erst Budget festlegen, dann wird eine entsprechende Auswahl von Produkten angezeigt.
- Foto von jedem Produkt aus mehreren Perspektiven
- Verkauf von gebrauchten Produkten statt nur Neuware zu kaufen

4.4.5 Mindmapping

Als Mindmapping bezeichnet man einen Prozess, bei dem in der großen Datenmenge, die während der ersten Phase gesammelt wurde, nach Mustern und Clustern gesucht wird. Das Ziel ist, dass alle Beteiligten über die neu erhaltenen Einsichten (key insights) eine gemeinsame Sichtweise gewinnen. Daraus sollen Kriterien für die kommende Phase erstellt werden.

Gerade für den analytisch geschulten Menschen stellt Mindmapping eine Herausforderung dar. Glücklicherweise neigen wir von Natur aus dazu, ziemlich schnell gleiche Muster zu erkennen. Auch bei dieser Technik geht es aber in erster Linie darum, dass wie bei allen diesen Werkzeugen das kreative Denken unterstützt werden soll, und nicht darum, „die richtige" Antwort zu finden.

Mindmapping kann dabei helfen, solche Fallstricke zu vermeiden. Versuchen Sie mal einen Schritt von der „business as usual"-Einstellung wegzugehen und nicht über die „richtige" Antwort nachzudenken. Ersetzen Sie stattdessen diesen Dialog durch einen designorientierten Fokus auf Exploration, der ebenfalls mit Daten und Fakten untermauert wird.

Das Ergebnis dieser Methode ist eine Mindmap, also die grafische Darstellung der Ideen und Konzepte, eine Gedankenlandkarte.

Ziele	▪ Visuelle Darstellung von Ideen und Konzepten ▪ Hilft zu analysieren, Muster zu erkennen und Probleme leichter zu identifizieren
Teilnehmende	Das Design-Thinking-Team
Setup	Online-Whiteboard
Dauer	5 bis 10 Minuten
Vorteile und Chancen	▪ Eine Mindmap fördert die grafische Darstellung die Kreativität. ▪ Sie erhalten und behalten einen guten Überblick auch bei komplexen Zusammenhängen. ▪ Sie können jederzeit Informationen ergänzen, ohne dabei die Übersichtlichkeit einzuschränken.
Nachteile und Risiken	▪ Durch die hierarchische Struktur der Mindmap eignet sie sich nicht gut für die Darstellung von Informationen, deren Beziehungen zwischen den Zweigen komplex sind.
Vorlage	In den unterschiedlichen Online-Whiteboard-Tools gibt es Vorlagen. Diese sind in der Praxis allerdings wenig praktikabel. Zeichnen Sie lieber selber und nutzen Sie Elemente wie Linien und Kreise dafür.

So gehen Sie vor

- Definieren Sie das Thema der Mindmap und schreiben oder zeichnen Sie es eingekreist in die Mitte eines Online-Whiteboards.
- Halten Sie die Themenbeschriftungen so kurz wie möglich und verwenden Sie dafür verschiedene Farben, Zeichnungen und Symbole. Das regt die Kreativität an und erhöht die Merkfähigkeit der Aspekte.
- Entwickeln Sie die Unterthemen rings um das zentrale Thema auf den „Ästen“ der Mindmap und verbinden Sie sie jeweils mit einer Linie mit der Mitte.
- Sobald die Teilnehmenden fertig sind, werden die gewonnenen Ideen, Einsichten und Erkenntnisse geclustert. Danach suchen Sie nach gemeinsamen Mustern und Themen, die sie dann auf eigene Moderationskarten schreiben.

4.4.6 Hills oder wer? Was? Wow!

Bei komplexen Projekten laufen die Dinge nicht immer wie geplant, oft genug tauchen Fragezeichen, Unsicherheiten und Unstimmigkeiten auf. Mit Hills bekommen Sie Klarheit und Flexibilität, weil Sie die Probleme einrahmen und trotzdem das große Ganze im Fokus behalten.

Die Hills-Technik hilft Ihnen zu erkennen, wohin Sie gehen sollen. Diese Technik eignet sich nicht, den Weg zu entwickeln, sondern Sie haben damit die Möglichkeit, neue Ideen zu finden, ohne das Ziel aus den Augen zu verlieren.

Ziele	▪ Visuelle Darstellung des Ziels ▪ Hilft, mögliche Probleme aufzudecken, ohne das Ziel aus den Augen zu verlieren
Teilnehmende	Das Design-Thinking-Team, eventuell späterer Nutzer
Requisiten	Online-Whiteboard mit Vorlage oder gemeinsame Dokumentationssoftware, im Anschluss brauchen Sie eine Videosoftware, um gleich Feedback zu sammeln.
Dauer	5 bis 10 Minuten
Vorteile und Chancen	▪ Macht komplexe Probleme leichter fassbar. ▪ Sie erhalten trotzdem einen guten Überblick über mögliche Hindernisse. ▪ Sie lernen Ihren Kunden kennen.
Nachteile und Risiken	▪ Wir sind es gewohnt, in Lösungen zu denken. Das ist bei dieser Technik oft das Hauptproblem, weil wir uns nur schwer von den ersten Lösungen und Problemen trennen wollen.
Download-Tipp	▪ Unter *https://www.mural.co/templates/hills* können Sie eine kostenlose Vorlage herunterladen.

So gehen Sie vor

- *Schritt 1:* Bitten Sie die Teilnehmer, sich einen Hügel vorzustellen (WER). Dieser ist im Idealfall losgelöst von dem Wie (also wie Sie das Ziel erreichen wollen). Für wen wollen Sie eine Lösung generieren? Wer ist der Nutzer, dem Sie helfen wollen?
- *Schritt 2:* Überlegen Sie im Anschluss, was Sie eigentlich am Ende des Hügels erreicht haben wollen (WAS). Was ist das Ziel, zu dem Sie gelangen wollen? Welchen Bedarf wollen Sie decken?
- *Schritt 3:* Beschreiben Sie ein Unterscheidungsmerkmal, das angibt, warum sich diese Lösung auszahlt (WOW). Wie wird sich Ihre Lösung von denen der Wettbewerber unterscheiden? Wie können Sie den Erfolg messen?
- *Schritt 4:* Besprechen Sie im Team die Ergebnisse und beginnen Sie mit dem Sammeln von Feedback.

4.4.7 Wort-Assoziations-Technik

Indem Sie Begriffe und Wörter miteinander verbinden, die auf den ersten Blick nichts miteinander zu tun haben, generieren Sie neue Ideen oder Problemlösungen. Diese Technik beruht auf dem Wissen, dass das Gehirn die Fähigkeit besitzt, Verbindungen zu entfernten Begriffen herzustellen. Diese Methode ist auch als Random Input bzw. Reizworttechnik bekannt.

Ziele	Viele unterschiedliche Ideen entwickeln
Teilnehmende	Das Design-Thinking-Team
Requisiten	Online-Whiteboard
Dauer	Etwa 30 Minuten
Vorteile und Chancen	▪ Sehr einfach ▪ Neuartige Denkimpulse bei Stagnation der Ideenfindung ▪ Häufiger Perspektivenwechsel durch mehr und neuartigere Ideen ▪ Geringer Aufwand ▪ Großer Nutzen
Nachteile und Risiken	▪ Unklar durch unqualifizierte Anwendung und unscharfe Definition ▪ Unübersichtliche Vielfalt an einzelnen Variationen

So gehen Sie vor

- Um systematisch nach neuen Ideen zu suchen, schreiben Sie für alle sichtbar das Thema als einzelnes Wort in die Mitte eines Online-Whiteboards.
- Jeder Teilnehmende schreibt auf, was ihm zu dem Begriff einfällt. Alternativ können die Leute auch dem Moderator die Worte zurufen. Im Online-Bereich ist diese Variante allerdings weniger zielführend, weil es durch die Rückkopplungen schnell zu Verzögerungen der Technik kommt und daher alle lieber still sind.
- Diesen Vorgang können Sie mit den neuen Begriffen wiederholen.

Praxisbeispiel: Gestaltung einer Logo-Idee

Für die App eines Tierarztes sollte ein junges Software-Team u. a. auch ein Logo entwickeln. Teil des Auftrags war, dass weder Pfoten noch Schnurrbarthaare Teil des Logos sein durften.

Auf der Suche nach kreativen Einfällen haben wir auf gut Glück eine beliebige Seite im Wörterbuch aufgeschlagen. Das Wort war Staubsaugerbeutel. Wir haben daraufhin alle möglichen Assoziationen, die uns dazu eingefallen sind, aufgeschrieben. Das Ziel bei dieser Methode ist, eine Idee zu finden, auf die Sie sich fokussieren können. Es geht nicht darum, dass Sie auf Biegen und Brechen das Wort Staubsauger mit der App in Verbindung bringen. Sondern es geht vielmehr darum, das Wort als Anreiz zu nutzen, um über das Problem in einem neuen Kontext nachzudenken.

Staubsauger war für uns mit Tierhaaren verbunden, vor allem mit Katzenhaaren. Von den Katzenhaaren kamen wir zu Allergien und Arroganz, beides haben wir aber schnell verworfen, weil das dem Kunden wahrscheinlich nicht gefallen hätte. Aber durch Katze und arrogant entstand die Idee des Königs. Wie wäre es mit einem Logo, in dem ein Haustier als König dargestellt wird? Womöglich mit einem Diadem oder einer Krone?

Es ging darum, zu zeigen, wie wichtig Haustiere für Menschen sind, also haben wir weiter nachgedacht, um ein anderes Symbol zu finden, das die Bedeutung des Tiers für den Menschen aufgreift. Letztlich zeigte das Logo den Platz des Haustiers in einer Familie. Es war die Zeichnung eines Tiers im Zentrum einer Menschenmenge, mit einem Herz versehen.

Wir sind vom Wort Staubsauger über Allergie zur Katze und zur Königin gelangt und konnten auf diese Weise ein neues Logo kreieren. ■

4.4.8 Methoden zum Ideen auswählen

Sie haben durch all die Möglichkeiten, Ideen zu kreieren, am Ende eine riesige Auswahl an verschiedenen Ideen. Den meisten geht es so wie dem Spaziergänger, der vom Weg abgekommen ist: Sie sehen vor lauter Bäumen den Wald nicht mehr.

Galt bisher in der Ideenfindungsphase das Motto „Die Masse macht's", heißt es nun „Qualität vor Quantität". Sie begeben sich in die konvergente Phase, in der Ideen bewertet, verglichen, klassifiziert, gebündelt und zusammengeführt werden. Anders gesagt: Es geht ans Aussieben.

Auch dafür stellen wir Ihnen natürlich geeignete Techniken vor. Bei jedem Online-Whiteboard gibt es eine Funktion „Umfrage erstellen". Mit diesem Feature können Sie einerseits bestimmen, wie viele Punkte jedes Teammitglied zugewiesen bekommt, andererseits können Sie das Gesamtergebnis erst dann sichtbar machen, wenn alle Personen abgestimmt haben. Dadurch orientieren sich die Beteiligten nicht (unbewusst) an den anderen Stimmgebern.

4.4.8.1 Punkteabfrage

Die Punkteabfrage ist die einfachste und auch schnellste Art innerhalb eines Teams einen gemeinsamen Konsens zu finden bzw. eine Priorisierung innerhalb des Teams sichtbar zu machen.

So gehen Sie vor

- *Schritt 1*: Bestimmen Sie, wie viele Stimmabgaben pro Person möglich sind: Dürfen alle Teilnehmer jeweils eine Stimme abgeben? Dürfen sie mehrere Präferenzen bestimmen? Dürfen sie ihre eigenen Ideen wählen?
- *Schritt 2:* Damit es nicht zu einem gruppendynamischen Denken kommt, lassen Sie die Teilnehmenden im Vorfeld alle still für sich überlegen, welcher Idee, Entscheidung oder welchem Vorschlag sie ihre Stimme geben wollen. Lassen Sie dann alle gleichzeitig ihre Stimme abgeben. Verwenden Sie beispielsweise einen Chat, um die Abstimmungsergebnisse einzeln einzugeben. Drücken Sie jedoch erst die Eingabetaste, wenn alle Benutzer die Eingabe abgeschlossen haben.

Hinweis:

Viele Softwareprodukte und Online-Whiteboards haben bereits eine integrierte Abstimmungsfunktion.

- *Schritt 3:* Besprechen Sie das Ergebnis. Sehen Sie sich dabei auch die Ausreißer genauer an. Sie können auch die Personen fragen, warum sie bestimmte Elemente ausgewählt oder abgelehnt haben.

4.4.8.2 Schwierigkeitsmatrix

Mit dieser einfachen 2x2-Matrix können Sie schnell Prioritäten setzen und so mögliche Schwierigkeiten und Chancen der Ideen visualisieren. Indem Sie die einzelnen Elemente nach Wichtigkeit und Schwierigkeitsgrad einteilen, finden Sie eine leicht umsetzbare Lösung.

Ziele	Tiefes, kontextbezogenes Verständnis für Kunden, Mitarbeiter, Nutzer entwickeln
Teilnehmende	Das Design-Thinking-Team
Setup	Online-Whiteboard, Breakout-Räume
Dauer	Erklärung durch den Moderator: etwa 5 Minuten inklusive gemeinsames Erstellen der Matrix Übung selbst: mindestens 20 Minuten
Vorteile und Chancen	▪ Visualisierung der verschiedenen Ideen ▪ Sichtbarmachen der Umsetzungsmöglichkeiten ▪ Erkennen möglicher Schwierigkeiten

Nachteile und Risiken	▪ Viel Diskussionspotenzial ▪ Gute Ideen, die vielleicht viel Potenzial haben, fallen schnell durch
Download-Tipp	Unter *https://www.mural.co/templates/importance-difficulty-matrix* finden Sie die passende Vorlage.

So gehen Sie vor

Vorarbeit

- Diese Technik sollten Sie im Vorfeld gut erklären, damit jeder versteht, was zu tun ist.
  - Die Schwierigkeitsmatrix umfasst drei verschiedene Schritte, die der Reihe nach ausgeführt werden müssen.
    - Zuerst müssen Sie sechs bis zwölf Elemente auswählen, die priorisiert werden.
    - Diese werden dann horizontal der Wichtigkeit nach und vertikal der Schwierigkeit der Umsetzung nach sortiert.
    - Zuletzt werden Fragen beantwortet.
- Achten Sie auf die verschiedenen Standorte der Teilnehmer.
  - Gruppieren Sie diejenigen, die eventuell im selben Raum sind und führen Sie die anderen in weitere Kleingruppen zusammen.

So gehen Sie vor

- *Schritt 1:* Die Gruppen haben ab nun ca. 5 Minuten Zeit, um die Matrix zu füllen:
  - Oben links werden die Ideen angebracht, die toll, aber nicht wichtig sind,
  - unten links werden die Elemente mit einem hohen ROI angebracht,
  - oben rechts werden die strategisch sinnvollen Ideen platziert,
  - unten rechts sind die Dinge, die Sie als Erstes umsetzen sollten.
  - In dem mittleren Bereich, der von links unten nach rechts oben verläuft, landen die Ideen, die als Zweites erledigt werden sollen.
  - Der dritte Bereich oben links lautet „Mach das als Drittes".
- *Schritt 2:* Teilen Sie dann Ihren Bildschirm und zeigen Sie jeder Gruppe alle Ergebnisse der anderen Gruppen.
- *Schritt 3:* Bitten Sie jede Gruppe um eine kurze Erläuterung.
- *Schritt 4:* Erstellen Sie nun ein gemeinsames Bild und finden Sie so eine gemeinsame Priorisierung (durch ein einfaches Voting, in dem Punkte vergeben werden).

So gehen Sie vor

So verschaffen Sie Ihrem Team ein Meinungsbild, welche Ideen umgesetzt werden sollen:

- Tragen Sie im Team alle Ihre Ideen zusammen und notieren Sie jede einzelne auf einem Notizzettel in einem Online-Whiteboard.
- Jede Person bekommt nun eine bestimmte Anzahl - meistens drei bis vier - an Klebepunkten zugewiesen, die sie vergeben kann. Mit Hilfe dieser Klebepunkte kann sie nun ihren Favoriten kennzeichnen, indem sie diesen anklickt.

- Bevor aber nun alle gleich loslaufen, gilt es, sich gemeinsam die Ideen anzusehen, um dann in Ruhe und jeder für sich zu überlegen, welche Idee(n) seiner Meinung nach umgesetzt werden soll(en).
- Zum Abschluss wird ausgezählt und die Idee(n) mit den meisten Klebepunkten in die nächste Phase überführt.

4.4.8.3 Vier Kategorien

Bei dieser Technik unterteilen Sie alle Ideen in vier Kategorien:

- Die rationalste Idee
- Die am einfachsten umzusetzende Idee
- Die coolste Idee
- Die Idee mit dem größten Potenzial

Jedes Teammitglied wählt eine oder zwei Ideen der jeweiligen Kategorie als seine Favoriten aus.

4.5 Phase 4 – Experimentieren und Feedback sammeln

Wir sind bei der letzten Phase des Design-Thinking-Prozesses angelangt. Es gilt nun, dass Sie die besten Ideen umsetzen. Dazu machen Sie Ihre Ideen greif- und erlebbar, indem Sie sogenannte Prototypen entwickeln. Diese testen Sie dann wiederum direkt mit den Nutzern. Holen Sie deren Feedback ein und werten Sie die Rückmeldungen aus.

Diese Phase ist extrem iterativer Natur, Sie müssen sie immer wieder durchlaufen. Es gilt der Grundsatz, dass nach dem Feedback vor der Verbesserung ist. Sie stoppen den Prozess ja nicht nach den ersten Feedbacks, sondern greifen diese Rückmeldungen auf, um den Prozess zu verbessern. Die verbesserte Version wird wiederum auf Herz und Nieren getestet, um erneutes Feedback einzuholen.

Natürlich unterstützen Sie auch in dieser Phase unterschiedliche Techniken. Die von uns im Online-Bereich am meisten genutzten Techniken lernen Sie jetzt kennen.

4.5.1 Scribbeln

Sie nutzen ein einfaches Online-Whiteboard. Wenn Sie noch nicht im Vorfeld Ihres Workshops damit gearbeitet haben, ist es sinnvoll, wenn Sie mit Hilfe eines Icebreakers oder Energizers den Personen vorab die Angst vor dem Zeichnen nehmen.

Es gilt, in Kollagen oder kurzen Skizzen Ideen, Lösungen oder Interaktionen sehr schnell zu verdeutlichen und zu simulieren.

Ziele	Schnelle Simulation eines möglichen Endprodukts und Darstellung von Ideen
Teilnehmende	Das Design-Thinking-Team
Setup	Ein Online-Whiteboard
Dauer	Maximal fünf Minuten für die Entwicklung der Prototypen plus Diskussions- und Feedbackzeit
Vorteile und Chancen	▪ Schnell ▪ Sehr einfach ▪ Geringer Aufwand ▪ Großer Nutzen
Nachteile und Risiken	▪ Nutzer sehen oft nur bereits vorhandene Probleme, nicht solche, die bei der Umsetzung entstehen könnten. ▪ Eignet sich nicht für jede Lösung, denn manche sind nicht leicht und schnell simulierbar und müssen offline entwickelt werden.

So gehen Sie vor

- Zeichnen Sie die Ideen, die Sie entwickelt haben, als Prototyp. Sie können ein Storyboard zeichnen (also eine kurze Geschichte visuell darstellen) oder auch eine einfache Skizze erstellen. Alles, was Ihre Idee sichtbar und diskutierbar macht, ist erlaubt. Sie können auch Fotos dafür nutzen.
- In Kleingruppen diskutieren Sie die verschiedenen Prototypen innerhalb einer vorgegebenen Zeit. Reichen Sie dafür die Prototypen einfach reihum weiter.
- Kurz und knapp gibt jeder Teilnehmende sein Feedback zu jedem Prototyp ab. Der Moderator notiert die Insights.

4.5.2 Speedboat

Speedboat ist ein interaktiver, kollektiver und lustiger Weg, um Einschränkungen, Hindernisse, Probleme mit einem Prozess, Produkt oder Projekt zu identifizieren. Daraus werden dann Aktionen priorisiert, um deren Probleme schließlich aus dem Weg zu räumen.

Mit Speedboat lenken Sie Kritik in konstruktive Bahnen und Sie gewinnen wertvolle Insights.

Ziele	▪ Nutzer dazu motivieren, ihre Beschwerden in konstruktive Kritik und Verbesserungsvorschläge umzuwandeln
Teilnehmende	Das Design-Thinking-Team, Nutzer
Requisiten	Vorlage, Online-Whiteboard
Dauer	10 bis 30 Minuten

Vorteile und Chancen	▪ Verhindert durch sichere Umgebung Meinungsunterdrückung durch dominante Team-Mitglieder und Gruppendenken. ▪ Gibt allen Nutzern Raum, ihre Kritik anzubringen. ▪ Schriftliche Kritik ist oft durchdachter als mündlich vorgetragene und weniger authentisch. ▪ Kritiker erkennt beim Aufschreiben oft selbst die Trivialität seiner Kritik und argumentiert konstruktiver.
Nachteile und Risiken	▪ Wenn die Übung in der Gruppe durchgeführt wird, kann es zu verzerrten Insights kommen, weil einige Teilnehmende dominieren und andere sich vom Herdentrieb anstecken lassen.
Download-Tipp	Unter *https://www.mural.co/templates/ldj* können Sie eine kostenlose Vorlage runterladen.

So gehen Sie vor

- *Schritt 1*: Bereiten Sie ein Boot in einem Online-Whiteboard vor. Sie können die Vorlage dazu nutzen.
  - Das Boot steht stellvertretend für Ihren Prozess oder Ihr Unternehmen.
  - Die Schleppanker bremsen das Erfolgstempo Ihres Prozesses oder Unternehmens aus – sie repräsentieren die Kritikpunkte Ihrer Kunden und Nutzer.
- *Schritt 2:* Laden Sie Ihre Kunden und Nutzer ein, Kritikpunkte auf den Ankern zu notieren.
- *Schritt 3:* Dabei sollen sie gleichzeitig schätzen, wann ihr Schleppanker eingeholt werden kann. Die Schätzungen dieser „Geschwindigkeit" liefern exzellente Insights bezüglich des Schmerzlevels des Nutzers.
- *Schritt 4:* Sammeln Sie die Informationen und priorisieren Sie die verschiedenen Kritikpunkte nach ihrer Wichtigkeit.
- *Schritt 5:* Erstellen Sie einen Aktionsplan, in dem Sie die Schritte festhalten, um die wichtigsten Kritikpunkte zu eliminieren.

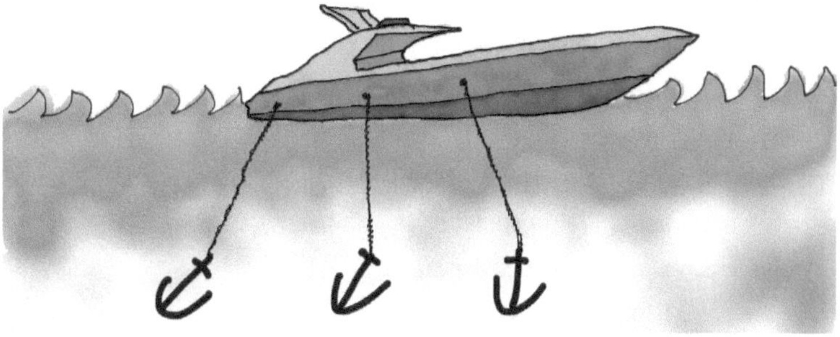

Bild 4.4 Unsere persönliche Vorlage für die Speedboat-Methode

4.5.3 Schlagzeile der Zukunft

Eine Schlagzeile der Zukunft hilft Ihnen dabei, neue Ideen für ein Produkt oder eine Strategie zu finden. Sie können so die Motivation, den Fokus und die Ausrichtung des Teams ändern. Überlegen Sie sich, wie die Dienstleistung, das Produkt oder auch die neue Struktur ihren potenziellen Benutzern vorgestellt wird? Welche Werte und Merkmale werden hervorgehoben? Wer wird darüber reden? Das Schreiben und Teilen dieser fiktiven Artikel helfen dabei, verschiedene Möglichkeiten zu erkunden und sich auf eine gemeinsame Vision auszurichten.

So gehen Sie vor

- *Schritt 1:* Stellen Sie Gruppen von drei bis vier Personen zusammen und bitten Sie sie, dass sie einen Artikel zu ihrer Fragestellung verfassen.
- *Schritt 2:* Zunächst sollen sie nur diese Fragen beantworten und erst im Anschluss daran einen Artikel verfassen.
  - Wie heißt ihr Produkt/Dienstleistung/Service/Unternehmen?
  - Für wen ist ihr Produkt?
  - Welches Problem wird es lösen?
  - Was ist die Motivation hinter diesem Produkt? Warum haben sie es entwickelt?
  - Wie sieht die Perspektive des Kunden aus?
  - Was macht dieses Produkt so außergewöhnlich und interessant?
  - Wie würde ihr Lieblingskunde die Erfahrung mit dem Produkt beschreiben?
- *Schritt 3:* Mit den Antworten auf diese Frage kann dann jedes Team beginnen, eine eigene Pressemitteilung zu schreiben.
  - Die Pressemitteilung sollte folgende Inhalte behandeln:
    - Problemstatus und Kundendefinition
    - Überblick der Lösung aus Kundensicht
    - Details der Lösung
    - Warum hat das Unternehmen eine Lösung gefunden, was war das Motiv dahinter?
    - Warum lieben es die Kunden?
  - Die Pressemitteilung sollte ein bestimmtes Format haben:
    - Vermeiden Sie blumige Ausschmückungen, bleiben Sie neutral und sachlich.
    - Verwenden Sie keine Fremdwörter oder Abkürzungen.
    - Verwenden Sie viele Zitate und Aussagen.
    - Schreiben Sie nicht länger als ca. eine halbe Seite, maximal eine ganze Seite.
    - Betonen Sie die positiven Dinge.
    - Machen Sie die Unterscheidungsmerkmale sichtbar, vermeiden Sie Vergleiche mit dem Mitwettbewerb.

4.5.4 Wireframes

Ein Wireframe ist eine stark vereinfachte Repräsentation des Designs einer Website oder einer anderen Anwendung. Er wird verwendet, um die Positionierung und Größe der Elemente einer Seite darzustellen (siehe Bild 4.5).

Ziel eines Wireframes ist es, die einzelnen Elemente der späteren Seite innerhalb des Layouts anzuordnen. Es soll also nur die Struktur veranschaulicht werden, nicht das Design, also das Aussehen.

Ein Wireframe bildet die folgenden Aspekte ab:

1. **Was:** die Hauptelemente der Inhalte
2. **Wo:** die Struktur der Informationen
3. **Wie:** eine Beschreibung und grundlegende Visualisierung der Benutzerschnittstelle

Unterschied zum Mockup

Mockups werden erst auf Basis eines Wireframes erstellt und sind viel detaillierter als diese.

Im Mockup werden bereits die verwendete Typografie und das Farbschema abgebildet. Das Ziel ist es, so genau wie möglich das spätere Erscheinungsbild der zu erstellenden Website abzubilden. Ein Mockup wird meist mit einem Grafikprogramm wie Adobe Photoshop erstellt und die Erstellung dauert deutlich länger als die eines Wireframes.

Es gibt verschiedene Tools, die sich auf die Erstellung von Wireframes spezialisiert haben. Die folgende Liste bietet Ihnen nur einen groben Überblick einiger weniger Tools, die wir in der Praxis verwenden. Je detaillierter ein Wireframe sein soll, desto eher sollten Sie sich professionelle Unterstützung in Form einer UX-Agentur holen.

Für einen ersten Prototypen und das Sammeln des Feedbacks sollten Sie aber unbedingt zunächst selbst Hand anlegen. Die meisten dieser Tools sind entweder kostenlos oder bieten eine Testphase an. In Kapitel 2 finden Sie die von uns empfohlenen Prototyping-Tools.

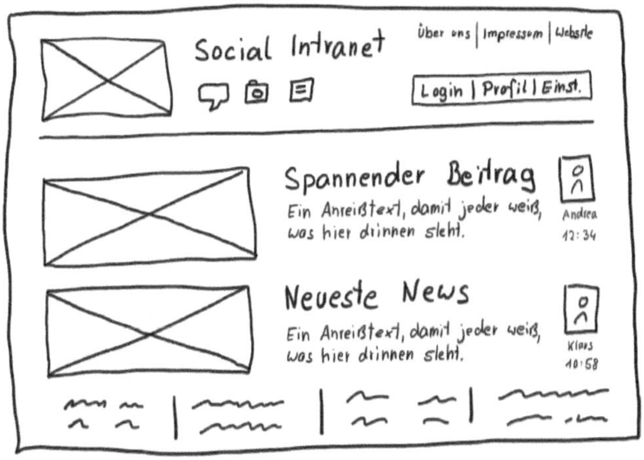

Bild 4.5
Beispiel eines handgezeichneten Wireframes

4.5.5 Interaktive Klickmodellierung

Im Laufe der Jahre wurden verschiedene Apps entwickelt, mit denen Sie digitale Klickmodelle aus einfachen Papierprototypen erstellen können.

In einem ersten Schritt erstellen Sie handskizzierte Versionen aller Screens, mit denen Ihre Nutzer während der Verwendung der Benutzeroberfläche arbeiten. Mit einer Prototyping-App machen Sie dann Fotos von all diesen Bildschirmen, definieren Schaltflächen und verknüpfen sie mit anderen Screens. Nachdem Sie alle Bildschirme verknüpft haben, verfügen Sie über ein interaktives Klickmodell Ihrer Benutzeroberfläche, das Sie zum Testen oder Feedback sammeln verwenden können.

Ziele	Ihre Lösung visualisieren, um so Feedback zu sammeln
Teilnehmende	Das Design-Thinking-Team, Nutzer
Requisiten	Dokumentationtools für Ihre Notizen, Breakout-Räume, spezielle Apps wie Omnigraffle (*https://www.omnigroup.com/omnigraffle/*) oder Axure (*https://www.axure.com/*)
Dauer	30 bis 50 Minuten
Vorteile und Chancen	▪ Verhindert durch sichere Umgebung Meinungsunterdrückung durch dominante Teammitglieder und Gruppendenken. ▪ Gibt allen Nutzern Raum, ihre Kritik anzubringen. ▪ Schriftliche Kritik ist oft durchdachter als mündlich vorgetragene und weniger authentisch. ▪ Kritiker erkennt beim Aufschreiben oft selbst die Trivialität seiner Kritik und argumentiert konstruktiver.
Nachteile und Risiken	▪ Wenn die Übung in der Gruppe durchgeführt wird, kann es zu verzerrten Insights kommen, weil einige Teilnehmende dominieren und andere sich vom Herdentrieb anstecken lassen.
Download-Tipp	Unter *https://www.mural.co/templates/ldj* können Sie eine kostenlose Vorlage herunterladen.

So gehen Sie vor

- *Schritt 1:* Bestimmen Sie den Nutzer, mit dem Sie den Prototyp nutzen wollen, und überlegen Sie sich den Umfang der Fragen. Was wollen Sie herausfinden? Was gilt es zu lernen? Wie detailliert sollen die Antworten sein?
- *Schritt 2:* Erstellen Sie eine Liste der Aufgaben, die Sie später testen möchten. Denken Sie auch darüber nach, wen Sie einbeziehen möchten oder müssen. Ist es nur für das Projektteam gedacht oder planen Sie, potenzielle Benutzer oder andere Stakeholder einzubeziehen.
- *Schritt 3:* Entwickeln Sie Skizzen von allem, was der Nutzer während der Verwendung der Benutzeroberfläche tun soll. Stellen Sie sicher, dass dies nicht nur Fenster, Menüs, Dialogfelder, Seiten, Popup-Fenster und dergleichen umfasst, sondern auch den tatsächlichen Inhalt.

- *Schritt 4:* Importieren Sie die Daten in die App und richten Sie die App ein. Nehmen Sie dazu die Fotos Ihrer Skizzen und definieren Sie in der App die Klickbereiche, die zwischen Skizzen verknüpfen, wodurch effektiv eine Arbeitsoberfläche erstellt wird.
- *Schritt 5:* Teilen Sie Ihr Team in Beobachter und Erklärer auf.
- *Schritt 6:* Testen Sie Ihren Prototyp, indem Sie zunächst den Kontext Ihres Prototyps vorstellen. Bitten Sie dann den Nutzer, Aufgaben durchzuführen. Erklären Sie dabei nur kurz, wie er oder sie mit dem Klickmodell interagieren kann.
- *Schritt 7:* Beobachten Sie, wie der Nutzer auf die Benutzeroberfläche reagiert. Iterieren Sie, bis der Benutzer die Aufgabe abgeschlossen hat oder gescheitert ist.
- *Schritt 8:* Notieren Sie die Fehler, Erkenntnisse und Ideen. Erstellen Sie auch eine Liste der entdeckten Probleme. Nehmen Sie sich nach jeder Testsitzung einen Moment Zeit, um darüber nachzudenken, was funktioniert hat und was nicht, und priorisieren Sie mögliche Änderungen.
- *Schritt 9:* Überarbeiten Sie Ihren Prototyp und wiederholen Sie die vorherigen Schritte.

4.5.6 Feedback-Gespräch

Im Feedback-Gespräch gibt es zwei Parteien: den Feedback-Geber, der jemandem sagt, wie er etwas empfindet, und konstruktiv kritisiert. Und den Feedback-Nehmer, der aus dieser Meinung lernt und die Aspekte des Gesprächsgegenstands verändert, die er für richtig und wichtig befindet.

Solch ein Austausch des Design-Thinking-Teams findet jeweils am Ende einer Prototyping-Präsentation mit den Testnutzern statt. So kann Ihr Team aus konkreten Erlebnissen lernen und den Prototyp verbessern.

Weil Kritik – vor allem für den Feedback-Nehmer – immer heikel ist, hilft es sehr, wenn beide Gesprächspartner bestimmte Regeln einhalten.

Regeln für den Feedback-Geber

Geben Sie ausschließlich zielorientiertes Feedback, sodass der Feedback-Nehmer daraus für die Zukunft lernen kann. Beachten Sie deshalb bitte folgende Regeln:

- Geben Sie konstruktives Feedback, also bieten Sie Perspektiven für Verbesserungen an.
- Beschreiben statt bewerten Sie. Lassen Sie Interpretationen oder Beurteilungen außen vor.
- Äußern Sie Kritik immer sachlich. Meckern, Schimpfen und persönliche Angriffe sind absolut tabu.
- Formulieren Sie Ihr Feedback so konkret wie möglich. Je genauer Ihr Feedback ist, desto besser kann der Feedback-Nehmer es nachvollziehen und weiß, wo er ansetzen muss, um das Problem zu beheben.
- Formulieren Sie subjektiv: Geben Sie Ihre Kritik ausdrücklich als Ihren persönlichen Eindruck, Ihre Beobachtung, nicht als Tatsache wieder. Sagen Sie zum Beispiel: „Mit gefällt das nicht, weil …“ statt „Das ist schlecht“.

Regeln für den Feedback-Nehmer

Zwar ist der Feedback-Nehmer in einer passiven Rolle, aber auch für diese Person gibt es einige nützliche Regeln, die allen helfen, die bestmöglichen Insights aus einem Feedback zu gewinnen:

- Unterbrechen Sie den Feedback-Geber nicht, lassen Sie ihn ausreden. Es ist nicht nur unhöflich, andere zu unterbrechen, es sorgt vielleicht sogar dafür, dass der Feedback-Geber seinen Faden verliert und Ihnen nützliches Feedback deshalb entgeht.
- Rechtfertigen, verteidigen und erklären Sie sich nicht. Kein „Ja, aber ...". Der Feedback-Geber beschreibt seine Wahrnehmung. Es geht nicht um einen Pitch oder dass Sie Ihre Idee jemandem verkaufen.
- Es gibt eine Ausnahme, bei der Sie aus der Rolle des Zuhörenden ausbrechen dürfen, ja sollen: wenn Sie inhaltlich etwas nicht verstanden haben, was der Feedback-Geber sagt. Dann gilt es, den anderen ausreden zu lassen und danach eine Verständnisfrage anzuhängen: „Das eben habe ich nicht verstanden. Kannst du das bitte noch einmal anders erklären?"
- Seien Sie dankbar für jedes Feedback. Auch, wenn es für Sie vielleicht schwer zu schlucken war oder etwas harsch vorgebracht wurde: Jedes Feedback hilft, den Prototyp und dessen Wirkung auf andere kennenzulernen und ihn dadurch zu verbessern.

4.5.7 Weitere Feedback-Methoden

Neben dem Feedback-Gespräch gibt es diverse andere Methoden, um Feedback zu bekommen. Einige davon stellen wir Ihnen hier kurz vor.

> Generell empfehle ich Ihnen, dass Sie die unten aufgeführten Methoden mit dem sogenannten Think-Aloud-Vorgehen kombinieren. Die Idee dieses Vorgehens ist, dass die Tester zeitgleich, also während sie testen, ihre Gedanken und Emotionen laut aussprechen. Alles ist erlaubt, es geht darum, authentisch das zu sagen, was einem in den Kopf kommt.

4.5.7.1 One-Minute-Paper

Die Teilnehmenden werden gebeten, unter Zeitdruck auf vordefinierte Fragen schriftlich ihre Antworten abzugeben. Dadurch bleiben die Antworten authentisch, weil die Feedbackgeber keine Zeit haben, über konkrete Formulierungen nachzudenken.

So gehen Sie vor

- *Schritt 1:* Bitten Sie die Kunden bzw. Nutzer, alle positiven Gedanken und Rückmeldungen zu einem Produkt, Service etc. aufzuschreiben:
  - Was hat mir gefallen?
  - Was habe ich verstanden?

Auf der Rückseite sollen dann alle kritischen Gedanken und Unklarheiten notiert werden:

  - Was hat mir nicht gefallen?
  - Was habe ich nicht ganz verstanden?
  - Was hat mich wenig berührt?

- *Schritt 2:* Geben Sie dem Feedback-Geber eine Minute dafür Zeit, damit er nicht zu sehr ins Grübeln verfällt.
- *Schritt 3:* Sie – als Projektleiter oder Team-Mitglied – können das Feedback entweder sofort auswerten oder zu Beginn des nächsten Treffens mitnehmen und mit den anderen besprechen.
- *Schritt 4:* Dann interpretieren Sie im Team das Feedback und erarbeiten Vorschläge für etwaige Konsequenzen: Was könnte man anders machen?

4.5.7.2 Rezension

Das Schreiben der Rezension bietet einen gewissen Unterhaltungswert, der es leichter macht, eine gewisse Distanz zum Gesehenen und Gehörten herzustellen.

So gehen Sie vor

Bitten Sie die Teilnehmenden um eine kritische Einschätzung des Ablaufs in Form einer Theater- oder Filmrezension. Sie sollten dabei vor allem eingehen auf

- die inhaltliche Darbietung,
- die Inszenierung,
- die Bühne,
- die Akteure und
- das Publikum

und diese kritisch, aber fair beurteilen.

Vorteile

- Den Teilnehmenden fällt es oft leichter, ihre Kritikpunkte in metaphorischer Form zu äußern.
- Sie können so auch Rückschlüsse auf das Gelingen des Projekts ziehen. Denn je größer die Beteiligung und das Engagement sind, mit der/dem die Teilnehmenden diese Rezensionen schreiben, desto begeisterter waren sie vom Projekt auch im Allgemeinen.

Nachteile

- Einigen Teilnehmenden kann es schwerfallen, die Aufgabe zu erfüllen. Nicht jeder fühlt sich als begnadeter Prosa-Schreiber und ist überfordert, zumal die Form als Theaterrezension sie zusätzlich einschränkt.
- Es kann schwierig sein, die Kritikpunkte herauszudestillieren, weil die Texte einen großen Interpretationsspielraum erlauben.

4.5.7.3 Blitzlicht

Beim Blitzlicht nehmen die Beteiligten der Reihe nach mit wenigen Worten zu einer konkreten Frage subjektiv Stellung. Fragen können sein:

- Wie gefällt Ihnen das Produkt?
- Wie funktioniert für Sie der Prozess?
- Was gefällt Ihnen besonders gut?
- Was funktioniert am besten im Vergleich zum vorherigen Prozess?
- Was fällt Ihnen spontan dazu ein?

Damit die Teilnehmenden kurz und knapp antworten können und die Antworten vergleichbar sind, braucht es eine möglichst konkrete Frage. Je konkreter die Frage ist, desto besser.

Niemand darf die Antworten kommentieren oder kritisieren.

Wenn ein Teilnehmender nichts sagen möchte, wird das von allen akzeptiert.

Die wichtigsten Äußerungen können Sie in einem Stichwortprotokoll festhalten.

Vorteile

- Das Blitzlicht kann jederzeit spontan eingesetzt werden, auch, um „mal eben“ ein Zwischen-Feedback einzuholen.
- Es dauert nicht lange, eben nur ein kurzes Blitzlicht.
- Alle Teilnehmenden sind in den Reflexionsprozess einbezogen.
- Blitzlichter bieten Ihnen einen guten Einblick in die momentane Stimmungslage innerhalb des Teams.

Variante schriftliches Blitzlicht

Ein schriftliches Blitzlicht besteht aus ein oder zwei Sätzen, die die Teilnehmenden zum Beispiel in eine vorgegebene Denkblase hineinschreiben.

Vorteile

Die Reflexion ist automatisch dokumentiert.

Die Teilnehmenden geben ihr Blitzlicht unbeeinflusst von den Vorrednern ab.

4.5.7.4 Design Studio

Nutzen Sie die Vorstellungskraft von Gruppen, um Feedback im Team selbst zu sammeln und auf diese Weise die Ideen schnell auszusuchen und gleich zu verbessern.

So gehen Sie vor

Vorbereitung

- *Schritt 1:* Laden Sie die Vorlage „Design Studio“[2] in einem Online-Whiteboard hoch.
- *Schritt 2:* Schreiben Sie die Fragestellung für alle sichtbar in einer Ecke auf.
- *Schritt 3:* Jeder Teilnehmer soll nun in einem eigenen zugewiesenen Bereich ein Foto von sich selbst platzieren und den Namen dazuschreiben.

---

[2] *https://www.mural.co/templates/design-studio*

- *Schritt 4:* Nun soll jede Person zur Fragestellung so viele Lösungen wie möglich finden. Diese werden dann in der ersten Spalte als Notiz aufgeschrieben. Arbeiten Sie an dieser Stelle mit einem Timer (zwei Minuten sollten reichen).
- *Schritt 5:* Bitten Sie nun jede Person, die Lieblingsidee auszuwählen und diese dann in der zweiten Spalte zu skizzieren. Wenn die Menschen lieber auf Papier zeichnen, können sie davon ein Bild machen und dieses dann hochladen. Stellen Sie auch hier den Timer auf zwei Minuten ein.
- *Schritt 6:* Lassen Sie nun jede Person die Skizze vorstellen und das Feedback der Gruppe in der dritten Spalte aufschreiben. Beachten Sie an dieser Stelle, dass alle Aspekte der Konzepte besprochen werden, die möglicherweise zu einer guten Lösung führen könnten.
- *Schritt 7:* Beschreiben Sie dann die Lösung, die die besten Ideen der gesamten Gruppe kombiniert.
- *Schritt 8:* Bitten Sie eine Person aus der Gruppe, diese Lösung zu skizzieren.
- *Schritt 9:* Entwickeln Sie einen Prototyp dieser Idee und testen Sie diese gleich direkt in den Kleingruppen.
- *Schritt 10:* Bitten Sie nun die Gruppe, andere Personen, die nicht Teil des Teams sind, zum Testen einzuladen.

Während des Tests

- *Schritt 11:* Den Testteilnehmern soll die Idee nur kurz vorgestellt werden. Wenn Fragen auftauchen, beantworten Sie diese gleich.
- *Schritt 12:* Bitten Sie nun die Teilnehmer, laut auszusprechen, was sie mit dem Prototyp tun und was sie sich dabei denken. Erinnern Sie sie dabei daran, dass es keine Fehler und keine falschen Antworten gibt.
- *Schritt 13:* Simulieren Sie die Verwendung der Idee mittels Ihres Prototyps. Beantworten Sie an dieser Stelle aber keine Fragen mehr und geben Sie keine Anleitungen. Beobachten Sie den Tester und dessen Handlung genau und machen Sie sich dazu Notizen.

Nach dem Testen

- *Schritt 14:* Basierend auf den ersten Testerfahrungen bauen Sie das Feedback in den Prototyp ein und optimieren Sie Ihre Idee. Schauen Sie sich dazu die Notizen Ihrer Tests an und identifizieren Sie die Elemente, die gut funktionieren, und die, die nicht so gut angekommen sind.
- *Schritt 15:* Teilen Sie Ihre Erfahrung mit dem gesamten Team.

4.5.7.5 Von Rosen, Stacheln und Knospen

Bei einem schwierigen Gespräch geht es darum, einen Anfang zu finden. Es hilft, wenn wir mit Assoziationen arbeiten. Bitten Sie Ihre Kollegen, über eine Rose, einen Dorn und eine Knospe nachzudenken, die sie erlebt haben. Helfen Sie ihnen, neue Ideen und Dinge zu beschreiben, die sie bei dem Projekt, Problem, Kunden gelernt haben. Diese Technik gibt dem Team auch die Möglichkeit, über die Dinge nachzudenken, die sie als herausfordernd empfanden.

So gehen Sie vor

- *Schritt 1:* Definieren Sie zunächst die verschiedenen Begriffe.
  - Rose = ein Highlight, ein Erfolg, ein kleiner Gewinn oder etwas Positives, das passiert ist
  - Dorne = eine Herausforderung, die Sie erlebt haben oder bei der Sie mehr Unterstützung gebrauchen können
  - Knospe = neue Ideen, die aufgeblüht sind oder auf die Sie sich freuen, mehr zu erfahren
- *Schritt 2:* Geben Sie dem Team 30 Sekunden bis einige Minuten Zeit, um still zu sitzen und über ihre Rose, Knospe und ihren Dorn nachzudenken. Danach bekommt jeder fünf bis zehn Minuten Zeit, um die Ideen aufzuschreiben.
- *Schritt 3:* Besprechen Sie die Ergebnisse.

Alternative

Eine mögliche Alternative für diese Technik ist, dass die drei Begriffe zur Umwandlung eines Problems verwendet werden. Was wird benötigt, damit die Dornen zu einer Rose werden, oder wie können wir die Rose unterstützen, dass sie zur Knospe wird?

5 Anhang

5.1 Unterschiede der verschiedenen Online-Formate

	Workshops	Meetings	Webinar
Ziele	Lösungserarbeitung Entscheidungsfindung	Informationsaustausch Entscheidungsvorbereitung Problembesprechungen	Wissensvermittlung
Umfang	Spezielle Fragestellung vertiefend bearbeiten	Verschiedene Fragestellungen besprechen	Spezifischen Inhalt vorstellen
Dauer	Meist halbtags oder ganztags	Zwischen halber Stunde bis hin zu mehreren Stunden	Meistens nur 60 bis 90 Minuten
Struktur und Format	Interaktiv, Moderator führt durch den Prozess und gibt Impulse	Aktive Beteiligung der Teilnehmenden, Moderator führt durch die Diskussion	Einseitige Kommunikation, manches Mal Interaktionen wie Umfragen, Fragen- und Antwort-Sessions

5.2 Checkliste Vorbereitung

	Workshop	Meeting
Zweck	▪ Überlegen Sie, ob das jeweilige Szenario für einen Workshop wirklich geeignet ist.	▪ Identifizieren Sie den Grund, warum Sie ein Meeting einberufen möchten. ▪ Unterscheiden Sie zwischen Informationsvermittlung, Entscheidungsfindung und Problembesprechung.
Teilnehmende	▪ Überlegen Sie, welche Personen die benötigten Informationen und Impulse liefern können. ▪ Stellen Sie sicher, dass sowohl Wissensinhaber als auch Entscheidungsträger anwesend sind. ▪ Besprechen Sie den Grund des Workshops und die Relevanz der Teilnahme mit jeder Person vorab, bevor Sie die Einladung ausschicken.	▪ Identifizieren und laden Sie die relevanten Teilnehmer per E-Mail ein. ▪ Bitten Sie um eine Bestätigung der Einladung und des Termins.
Struktur	▪ Überlegen Sie die Übungen, Methoden und Aktivitäten, die auf Ihre Workshop-Ziele abgestimmt sind. ▪ Überlegen Sie, wie viel Zeit für die Einführung, Durchführung und Nachbesprechung jeder Methode zur Verfügung steht. ▪ Schicken Sie eine formale Agenda an die Teilnehmenden aus. ▪ Planen Sie eine Vorabbesprechung mit wichtigen Stakeholdern und Helfern, um die Agenda zu detaillieren und die notwendige Unterstützung sicherzustellen. ▪ Erstellen Sie eine detaillierte Agenda für sich, in der Sie zusätzliche Details aufführen wie z. B. benötigte Materialien und Zeit bzw. idealer Zeitpunkt für jede Aktivität.	▪ Erstellen Sie eine Agenda mit den Themen oder der Besprechungsübersicht, die Sie den Teilnehmern zur Verfügung stellen. ▪ Je länger das Meeting dauern soll, desto detaillierter sollte diese Liste sein.
Vorbereitung der Materialien	▪ Richten Sie vorab die Breakout-Räume ein. ▪ Laden Sie Vorlagen in das Online-Whiteboard hoch. ▪ Erstellen Sie Anleitungen und Handouts für die Methoden, die Sie verwenden wollen und die Sie dann aussenden. ▪ Denken Sie an ein Dashboard, auf dem alle wichtigen Links angeführt werden.	▪ Überlegen Sie, ob Sie Präsentationen brauchen, die Sie visuell unterstützen. ▪ Fragen Sie nach, ob andere Sprecher mit Präsentationen arbeiten wollen, um eventuell die Bildschirmfreigabe vorab auszuprobieren.

	Workshop	Meeting
Follow-Up	▪ Zuordnung von Aufgaben mit Fristen und Zuteilung zu verschiedenen Personen. ▪ Besprechung der wichtigsten Erkenntnisse, erreichten Ziele und getroffenen Entscheidungen. ▪ Speichern der Screenshots, Chat-Protokolle und Ergebnisse der Aktivitäten.	▪ Aussendung einer Zusammenfassung im Anschluss an das Meeting per E-Mail an alle Anwesenden.

5.3 Beispiel für Aussendung einer Teilnehmeretikette

Bitte beachte bei unserem Online-Treffen die folgende Etikette. Das erspart uns viel Zeit und Nerven und sorgt von Beginn an für eine angenehme und lockere Atmosphäre.

1. **Sei pünktlich:** Damit wir direkt mit den wichtigen Inhalten beginnen und fokussiert arbeiten können, sei bitte pünktlich und habe deine Vorarbeiten gleich griffbereit.
2. **Sei vorbereitet:** Wir werden Tools nutzen, die du vielleicht nicht kennst. Damit wir wertvolle Zeit sparen, mache dich bitte wirklich vorab mit den Tools bekannt und richte die notwendigen Konten ein.
3. **Sei präsent:** Schalte deine Webcam ein und nutze die Tastatur nur für unsere gemeinsamen Aktivitäten. Setze dich am besten gerade hin und schau direkt in die Kamera. Wenn der Postbote läutet oder du aus anderen Gründen kurz den Workshop verlassen musst, gib mir bitte ein kurzes Zeichen, damit ich Bescheid weiß. Danke.
4. **Sei dir deiner Umgebung bewusst:** Von Zuhause aus zu arbeiten, ist verlockend. Allerdings befinden wir uns in einem gemeinsamen Raum, der virtuell auch deine physische Umgebung widerspiegelt. Achte also darauf, was bei dir herumliegt und ob du willst, dass das wirklich jeder sieht. ;)
5. **Sei höflich**: Es ist online wie offline unhöflich, andere nicht aussprechen zu lassen. Online kommt erschwerend dazu, dass die Technik zu Zeitverzögerungen führen kann. Das heißt, dass du dich manches Mal in ein wenig Geduld üben musst. Aber jeder will gehört, gesehen und respektiert werden.
6. **Sei voll dabei:** Die Ergebnisse unseres Treffens hängen von deinem Engagement ab. Wir brauchen dich und deine Ideen. Bring dich bitte deswegen aktiv ein.
7. **Sei satt**: Viel zu trinken, ist immer gut und gerade in einem anstrengenden (online) Treffen wichtig. Aber nutze bitte die Pausen, um zu essen. Mit vollem Mund spricht es sich auch virtuell nicht gut. Auch deine Tastatur wird es dir danken.
8. **Sei passend gekleidet**: Es ist verlockend, gleich im Pyjama zu bleiben oder das neue neongrüne T-Shirt zu tragen. Das kann aber von deinen Ideen und Kommentaren schnell ablenken und schließlich willst *du* glänzen und nicht dein Schmuck, oder? Bitte verzichte auch auf viel Klimperschmuck, das kann schnell sehr laut und ablenkend werden.

5.4 Checkliste Troubleshooting

In der Online-Welt ist es nicht anders als in der „normalen“ Welt: Manche Dinge lassen sich nicht planen und das Unerwartete passiert. Dann lohnt es sich, einen Plan zu haben, um schnell und passend zu reagieren.

Problem	Diagnosen & Lösungsvorschläge
Die TeilnehmerInnen langweilen sich.	Hören Sie auf zu reden und stellen Sie eine Frage, um alle wieder zu aktivieren. ▪ Was könnte die TeilnehmerInnen daran hindern, dass sie sich einbringen? Ist es das Thema? Oder sind es die „falschen“ Leute für Ihre Fragestellung? Ist das Timing unpassend?
Die TeilnehmerInnen sind abgelenkt.	Ablenkungen passieren. ▪ Aber: Ist es vorübergehend oder chronisch? ▪ Brauchen die Leute eine kurze Pause oder ist ein Energizer eine gute Idee?
Das Timing passt nicht.	Fehleinschätzungen bei der Zeit sind sehr häufig. ▪ Können Sie eine Methode weglassen? ▪ Ist es sinnvoll, den Workshop an dieser Stelle abzubrechen und einen neuen Termin anzusetzen?
Die Technik funktioniert nicht.	Finden Sie zunächst heraus, wie viele Personen direkt davon betroffen sind. ▪ Kann jemand die Fehlerbehebung übernehmen, damit Sie für den Inhalt freigespielt sind? ▪ Können Sie die Agenda anpassen?
Manche TeilnehmerInnen sind verwirrt und verstehen die Methoden nicht.	Manchmal ist die Erklärung nicht gut, ein anderes Mal ist einfach ein Knoten im Hirn. ▪ Wie viele sind verwirrt? ▪ Kann jemand helfen, eine kleine Gruppe zu coachen? ▪ Müssen Sie neu beginnen? ▪ Können Sie die Erklärung vereinfachen?
Jemand oder viele erscheinen unpünktlich.	Unpünktlich zu sein, kann passieren und verschiedene Ursachen haben. ▪ Können Sie die Zeit aufholen, indem Sie eine Methode oder eine Pause streichen? ▪ Gibt es Dinge, die im Nachgang oder asynchron erledigt werden können?

5.5 Checkliste Wahl der Tools

Vorab zu klären	▪ Was wird Ihr primäres Kommunikationsmittel sein? ▪ Wie werden Sie Besprechungen durchführen? Telefonisch? Video? ▪ Welchen Internetzugang benötigen Ihre Teammitglieder für die Kommunikation? ▪ Welche Hardware (wie Headsets oder Webcams) benötigen die Teammitglieder für die Kommunikation? ▪ Wie sicher müssen die verschiedenen Kanäle sein?
Wie werden Inhalte erstellt?	▪ Welche Dateitypen werden Sie verwenden? ▪ Welche Softwarekompatibilität wird benötigt? ▪ Brauchen alle Zugriff auf Datenbanken? ▪ Welchen Zugang benötigt Ihr Team, wenn dessen Mitglieder dann selbst mit den Tools arbeiten? ▪ Welche Sicherheitsfunktionen benötigt das Team?
Wie werden Inhalte geteilt und gespeichert?	▪ Wo speichern Sie Inhalte ab? Auf der Festplatte, am Unternehmensserver oder in der Cloud (z. B. Dropbox oder Google Drive)? ▪ Werden die Inhalte automatisch abgespeichert und aktualisiert? ▪ Ist es notwendig, dass die Teilnehmer die Möglichkeit haben zu verfolgen, wer welche Änderungen vorgenommen hat? ▪ Benötigen Sie schreibgeschützte Dateien? Benötigen Sie unterschiedliche Zugriffsebenen und Berechtigungen? ▪ Welche Qualität des Internetzugangs benötigen Ihre Teammitglieder für die gemeinsame Nutzung und Speicherung von Inhalten? ▪ Gibt es Sicherheitsvorgaben, die die Gruppe beachten muss?

Glossar

A

A-B-Test

Der A-B-Test ist im Design Thinking ein Testverfahren, bei dem einem vorher definierten Prozentsatz der Nutzer/Kunden eine alternative Version eines Prototyps zum Testen gezeigt wird. Die Wirksamkeit der beiden Entwürfe wird dann verglichen.

Asynchrone Kommunikation

Bei der asynchronen Kommunikation werden Nachrichten in Form von Daten gesendet, bei denen der Absender keine sofortige Antwort erwartet.

B

Bedürfnis

Ein Bedürfnis ist der Wunsch oder ein starkes Verlangen, einen tatsächlichen oder subjektiv empfundenen Mangel zu beseitigen.

Bedürfnisse sind abhängig von der individuellen Lebenssituation, in der sich ein Mensch befindet, und werden beeinflusst vom Umfeld (Herkunft, Erziehung, Beruf, Kultur etc.).

Da wir im Design Thinking die Handlungen von Menschen besser verstehen wollen, ist der Blick auf die tatsächlichen Bedürfnisse unentbehrlich, die Grundlage für jedes Handeln sind.

Bedürfnispyramide nach Maslow

In der Motivationstheorie von Maslow werden die Bedürfnisse des Einzelnen als Hierarchie beschrieben. Die verschiedenen Schichten werden oft in einer Pyramide dargestellt, da die Anforderungen auf der einen Ebene erst erfüllt sein müssen, bevor eine Person die nächste Ebene erreichen kann. Maslows Theorie beschreibt fünf Ebenen: Grund- oder Existenzbedürfnisse, Sicherheit, Sozialbedürfnis, Anerkennung und Wertschätzung und Selbstverwirklichung. Diese Einteilung der Bedürfnisse hilft dabei, die Geschichten, die das Design-Thinking-Team aufgrund der empathischen Gespräche erhält, zu analysieren und den Nutzer bzw. dessen Verhalten besser zu verstehen.

Beobachtung

Die Beobachtung ist eine Methode, um Informationen zu erheben. Dafür werden die Personen, Nutzer oder Kunden in ihrem direkten Umfeld beobachtet und deren Verhalten analysiert.

Big Five

Persönlichkeiten lassen sich aufgrund von Sprache erkennen. Aus dem Big-Five-Konzept hat sich das NEO-Konzept entwickelt, das ebenfalls von fünf Faktoren ausgeht. Im Englischen wird das Konzept auch das OCEAN-Konzept genannt (basierend auf den Anfangsbuchstaben der verschiedenen Faktoren). In einer fünfwertigen Skala werden verschiedene Eigenschaften abgefragt und diese aufgrund der Aussage mit den Normwerten verglichen.

N: Neurozentrismus: Zeigt Unterschiede im Erleben von negativen Gefühlen, wird als emotionale Labilität bezeichnet (Ich-Stärke ist instabil): häufiger Angst, Nervosität, Anspannung, Trauer, Unsicherheit, Verlegenheit, tendieren mehr zu Sorge um Gesundheit, neigen zu unrealistischen Ideen, haben Probleme in Stresssituationen. Personen mit niedrigem Wert sind meist stabiler, ruhiger, zufriedener, entspannter, sicherer.

E: Extraversion Zeigt die Aktivität und zwischenmenschliches Verhalten, wird deswegen auch Begeisterungsfähigkeit genannt (Gegenstück zur Introversion): hoher Wert: gesellig, aktiv, gesprächig, personenorientiert, herzlich, optimistisch, heiter. Niedrigerer Wert: zurückhaltend, gerne alleine, unabhängig, Aktivität nur außerhalb von Gesellschaft.

O: Offenheit Zeigt das Interesse und die Beschäftigung mit neuen Erfahrungen, Erlebnissen. Hoher Wert: haben ein reges Fantasieleben, nehmen ihre Gefühle deutlich wahr, wissbegierig, experimentierfreudig, künstlerisch interessiert, hinterfragen Normen und neuartige Wertvorstellungen, erproben gerne neue Handlungsweisen und bevorzugen Abwechslungen. Niedrigerer Wert: neigen zu konventionellem Verhalten, ziehen Bekanntes Neuem vor, nehmen emotionale Reaktionen eher gedämpft wahr.

A: Agreeableness (Verträglichkeit) Altruismus, wollen anderen helfen, neigen zu zwischenmenschlichem Vertrauen, Kooperativität, Nachgiebigkeit. Niedrigerer Wert: egozentrisch, misstrauisch anderen gegenüber;

C: Conscientiouness (Gewissenhaftigkeit) Hoher Wert: Handelt organisiert, sorgfältig, planend, effektiv, verantwortlich, zuverlässig, überlegt. *Niedriger Wert:* unsorgfältig, unachtsam, ungenau.

Brainstorming

Brainstorming ist eine Kreativmethode, bei der Ideen und Lösungen von Teammitgliedern in einer gemeinsamen Sitzung entwickelt werden. Es wird der freie Gedankenaustausch eines Einzelnen oder einer Gruppe von Menschen angeregt. Dabei gibt es verschiedene Regeln, die eingehalten werden sollen, wie keine Kritik zu äußern oder auf den Ideen anderer aufzubauen.

C

Change

Ein Change ist ein Veränderungsvorhaben. Dabei werden verschiedene Maßnahmen beschlossen, die ergriffen werden müssen, um von einem erkannten Bedarf zu einem Ergebnis zu kommen.

Change-Management

Das Change-Management betrifft alle Aktivitäten, Methoden und Vorgehensweisen, die dabei helfen, die Bedürfnisse der von einem Veränderungsprozess betroffenen Menschen zu erkennen und zu berücksichtigen.

Co-Moderation

Bei der Co-Moderation leiten zwei Personen ein Team. Wichtig ist, dass Sie vor einer Co-Moderation die Rollen und die Art der Zusammenarbeit besprechen sollten. Die Co-Moderation übernimmt die Rolle des Assistenten, ein Sonderfall ist die gemeinsame Moderation in einem Moderatoren-Team oder wenn Sie einen Moderator, der Expertise in einem Thema besitzt, miteinbeziehen.

Coworking-Space

In Coworking-Spaces teilen sich Menschen, die unabhängig voneinander arbeiten, eine gemeinsame Infrastruktur. Vor allem Freelancer und Remote-Arbeiter finden in einem solchen Raum eine soziale Nähe zu einer Community, die gemeinsame Werte teilt. Sie können so auch die Infrastruktur und Annehmlichkeiten eines Büros in Anspruch nehmen. Da nur das gemietet werden muss, was wirklich gebraucht wird - vom Teilen eines Schreibtischs bis hin zu Sekretariatsarbeiten -, sind die Preismodelle meist sehr günstig. Die Mitgliedschaftsmodelle reichen von Stunden- über Tages- bis hin zur Jahresmiete und bieten dadurch größtmögliche Flexibilität.

Customer Journey Map

Die Customer Journey ist die grafische Darstellung, wie ein Kunde oder Nutzer das Produkt, den Service oder den Prozess im Zeitverlauf wahrnimmt und erlebt. Das Ergebnis ist die Customer Journey Map, die durch Visualisierung dem Design-Thinking-Team dabei hilft, bessere Erkenntnisse zu bekommen, zu verstehen und die Nutzererfahrung letztlich zu verbessern.

D

Design Challenge

Die Design Challenge ist das Ergebnis der zweiten Phase, dem Definieren des Problems. Dabei wird das Problem, das aufgrund der Sammlung von Informationen in der ersten Phase als solches definiert wurde, beschrieben.

Wichtig ist zu beachten, dass es immer mehr als eine Perspektive auf ein Problem gibt.

Design Thinking

Design Thinking beschreibt einen Innovationsprozess und Denkansatz zur Schaffung von Produkten, Dienstleistungen, Lösungen und Erfahrungen, bei dem immer der Mensch (Kunde oder Nutzer) und seine Bedürfnisse im Mittelpunkt stehen.

Mit unterschiedlichen kreativen Methoden und Werkzeugen wird in interdisziplinären Teams gearbeitet, um eine persönliche Verbindung zu den Personen herzustellen, für die eine Lösung entwickelt wird.

Mit Design Thinking können zum Beispiel Geschäftsmodelle neu gedacht, bestehende Prozesse optimiert, aus der Perspektive der Nutzer Produkt- oder Service-Ideen entwickelt und die tatsächlichen Probleme der Nutzer gelöst werden.

Design-Thinking-Prozess

Der Design-Thinking-Prozess besteht aus vier Phasen, wobei die ersten zwei Phasen dem Verstehen und die letzten zwei Phasen dem Lösen des Problems gewidmet sind.

1. Die erste Phase ist die Einfühlen-Phase, bei der durch Beobachtung und Befragung die Welt der Nutzer erkundet wird.
2. In der zweiten Phase, dem Definieren, werden die Informationen, die in der ersten Phase gesammelt wurden, synthetisiert und analysiert. Das Ergebnis der zweiten Phase ist die sogenannte Design Challenge, die Fragestellung.
3. Diese dient als „Sprungbrett" zur Lösungsfindung, der Generierung von Ideen, der dritten Phase.
4. In der vierten Phase werden die erarbeiteten Lösungen und Ideen in Feedbackgesprächen validiert und weiter optimiert.

Der Design-Thinking-Prozess ist iterativer Natur. Sie können die einzelnen Prozessphasen wiederholen oder auch den gesamten Prozess.

Divergentes Denken

Der Persönlichkeits- und Intelligenzforscher Joy Paul Guilford definierte mit dem Begriff des „divergenten Denkens" einen Ansatz, der sich offen, unsystematisch und experimentierfreudig mit einem Thema oder einem Problem beschäftigt. Dem gegenüber steht das konvergente Denken. Dieses beschreibt das rationale, lineare und logische Denken.

E

Einfühlen-Phase

Die Einfühlen-Phase ist der Beginn eines Design-Thinking-Prozesses. Sie umfasst u.a. Methoden zum Verstehen und Beobachten. Im Fokus dieser Phase steht die Erkenntnis, dass immer die menschliche Erfahrung echter Menschen bei der Entwicklung einer Lösung berücksichtigt werden muss. Es geht dabei vor allem darum, zu verstehen, wie sich jemand bei der bestehenden Lösung fühlt und was diese Lösung für sie/ihn bedeutet.

Empathie

Ist das Herzstück im Design Thinking. Es geht dabei darum, die Perspektive des Nutzers zu verstehen, zu begreifen und vor allem nachvollziehen zu können.

Empathie-Workshop

Ziel eines Empathie-Workshops ist es, dem Team zu helfen, die Bedürfnisse der Menschen innerhalb eines Projekts zu verstehen und deren Sichtweise nachvollziehbar zu machen. In einem solchen Workshop wird ein Verständnis rund um die relevanten Stakeholder aufgebaut, Klarheit und Konsens über die diversen Anforderungen werden getroffen und vor allem wird Empathie für alle Beteiligten aufgebaut. Empathie-Workshops finden normalerweise zu Beginn eines Projekts oder nach Abschluss einiger Benutzerrecherchen statt.

Empathisches Gespräch

Die für uns wichtigste Methode im gesamten Design-Thinking-Prozess ist das empathische Gespräch. Dabei wird in einem natürlichen Umfeld ein Gespräch mit dem Nutzer, Kunden oder anderen Stakeholdern und betroffenen Personen geführt. Es wird explizit nach Geschichten, Erfahrungen, Bedürfnissen und Gefühlen gefragt.

Empathy Map

Eine Empathy Map ist eine Methode, mit deren Hilfe Teams gemeinsam einen tieferen Einblick in ihre Nutzer oder Kunden gewinnen können.

Energizer

Ein Energizer eignet sich hervorragend zur Steigerung der Interaktion. Energizer setzen vor allem auf Schnelligkeit und Dynamik, die für eine positive Energie sorgt.

Ethnographie

Die Ethnographie ist der Prozess, bei dem Informationen über den Nutzer in seiner normalen Umgebung - Zuhause, bei der Arbeit oder in der Freizeit - gesammelt und analysiert werden.

Experiment

Ein Experiment ist eine kontrollierte Erhebung von Informationen. Dabei sollen neue Informationen entdeckt, eine Hypothese überprüft oder neue Erkenntnisse gesammelt werden.

F

Facilitator

Ein Facilitator ist eine Person, die im Businessbereich moderiert. Im Englischen wird zwischen der Moderation im Unterhaltungsbereich, der Moderation im Journalismus und der Moderation im Business unterscheiden.

G

Geschlossene Fragen

Fragen, die mit Ja bzw. Nein beantwortet werden können.

Gruppendenken

Das Gruppendenken ist ein psychologischer Effekt, bei dem es zu einem Konsens der Meinungen kommt, ohne dass diese vorher kritisch begründet oder bewertet werden. Oft kommt es dazu aus Angst, den Status quo zu stören oder negativ aufzufallen.

H

Heterogenität

Heterogenität bezeichnet eine Mischung aus verschiedenen Kulturen, aber auch Fähigkeiten und Erfahrungen in unterschiedlichen Bereichen. Das führt zu starker Dynamik innerhalb einer Gruppe. In dieser Gruppe können durchaus Experten für verschiedene Rollen sitzen, aber die gesamte Gruppe sollte aus verschiedenen Einzelpersonen mit unterschiedlichem Expertenwissen bestehen. Durch diesen Mix aus verschiedenen Sichtweisen und Erfahrungen sorgen Sie für die im Design Thinking notwendige Perspektivenvielfalt und fördern so auch die Kreativität innerhalb der Gruppe.

High-Fidelity-Prototyp

Der High-Fidelity-Prototyp ist dem Endprodukt schon sehr nahe und entsprechend teuer und aufwendig in der Entstehung. Er hat bereits viele Details und zeigt die endgültig vorgeschlagene Ästhetik und Funktionalität.

How-Might-We-Frage

Die How-Might-We-Frage ist eine Frage, die so formuliert ist, dass sie die Herausforderung umrahmt, aber nicht auf eine Lösung hinweist. Sie beginnt mit „Wie können wir …“.

Hybride Teams

Hybride Teams setzen sich aus einer Mischung von Mitarbeitern zusammen, die sowohl in einem gemeinsamen Büro als auch remote von Zuhause oder unterwegs aus arbeiten. Die Schwierigkeit beim Online-Arbeiten mit einem hybriden Team ist, dass die Mitarbeitenden, die per Videokonferenztool dazugeschaltet werden, von den Anwesenden vergessen werden können, da sie eben nicht vor Ort sind.

I

Icebreaker

Icebreaker sind keine reinen Kennenlernspiele, sondern es ist eine spielerische Art des psychologischen Aufwärmens, bei dem der Spaß im Vordergrund steht. Icebreaker-Spiele helfen dabei, einander besser kennenzulernen, Hierarchien- und Rollendenken hintenanzustellen und eine Basis für eine erfolgreiche Zusammenarbeit zu schaffen.

Innovation

Der Begriff der Innovation wurde vom Ökonom Joseph Schumpeter eingeführt und bedeutet wörtlich „Neuerung“ bzw. „Erneuerung“ (aus dem Lateinischen „innovare“). Umgangssprachlich wird Innovation als Begriff im Sinne von neuen Ideen und Erfindungen verwendet.

Insights

Erkenntnisse oder Einsichten, die innerhalb der Gespräche mit den Nutzern oder Stakeholdern auftauchen. Im Design Thinking wird nach Mustern gesucht, die Insights interpretieren, um so ein neues Verständnis oder eine neue Perspektive auf das Thema zu bekommen.

Interview

Das Interview ist eine Erhebungstechnik, bei der einzelne oder mehrere Personen gleichzeitig mündlich oder schriftlich zu bestimmten Themen befragt werden.

Iteration

Das Wiederholen eines Design-Thinking-Prozesses oder einer einzelnen Phase, um noch mehr oder andere Informationen zu sammeln. Jede Wiederholung des Prozesses wird als Iteration bezeichnet.

J

Jour fixe

Ein Jour fixe ist eine Besprechung, die regelmäßig an einem fest vereinbarten Tag und zum selben Zeitpunkt mit derselben Gruppe von Menschen stattfindet. Das Wort kommt aus dem Französischen und bedeutet so viel wie „fester Tag“.

K

Kontext

Ein Kontext ist ein Rahmen, der eine Veränderung beeinflusst oder einen Einfluss auf Dritte hat. Der Kontext hilft dem Team dabei, die nötige Veränderung oder einen Bedarf besser zu verstehen.

Konvergentes Denken

Beim konvergenten Denken werden die Ideen eingegrenzt und reduziert. Das Gegenteil von konvergentem Denken ist divergentes Denken.

Kunde

Der Kunde im Design Thinking ist eine von mehreren Stakeholder-Gruppen, die bestehende Produkte oder Services eines Unternehmens bereits nutzen oder nutzen könnten.

L

Low-Fidelity-Prototyp

Eine schnelle und einfache Umsetzung einer Lösung in greifbare und überprüfbare Artefakte, die einen Hinweis auf die Richtung geben, in die sich die Lösung bewegt. Diese Prototypen sind immer sehr einfach auf Papier und mit Bleistift gezeichnet und konzentrieren sich oft auf nur ein oder zwei Merkmale. Dieses Vorgehen ermöglicht es dem Design-Thinking-Team, eine Idee greifbar zu machen und Feedback zu sammeln.

Low-Hanging-Fruits

Low-Hanging-Fruits, also „tiefhängende Früchte“, sind Lösungen, die sehr einfach umzusetzen sind, aber keinen großen Nutzen bieten.

M

Medium-Fidelity-Prototyp

Ist ein etwas detaillierterer, aber immer noch sehr einfacher Prototyp, der näher an der Lösung ist als der Low-Fidelity-Prototyp und bereits mindestens eine Iteration bzw. Feedbackschleife durchlaufen hat.

Meeting

Meetings oder Besprechungen sind kollaborative Zusammentreffen verschiedener Teilnehmender. Dabei können verschiedene Sachverhalte oder Meinungen besprochen, Entscheidungen vorbereitet oder getroffen, Informationen ausgetauscht und Probleme gelöst werden. Im allgemeinen Sprachgebrauch wird ein Zusammentreffen von zwei Personen und mehr, die sich zu Themen formell austauschen, als Meeting bezeichnet.

Millennials

Millennials werden auch als Generation Y (oder Gen Y) bezeichnet und sind die Generation, die zwischen den frühen 1980er-Jahren bis Mitte der 1990er-Jahre geboren wurden. Sie sind die demografische Gruppe nach der Generation X und der vorangegangenen Generation Z. Die Millennials sind im Allgemeinen durch ihr Aufwachsen im Informationszeitalter definiert, dank dessen sie mit digitaler Technologie und sozialen Medien problemlos umgehen können.

Moderator

Ein Moderator ist eine Person, die mit einer Gruppe in Workshops oder Meetings zusammenarbeitet, bei der sie eine Diskussion leitet. Ein Moderator mischt sich nicht in die Diskussion ein, sondern achtet darauf, dass die Regeln eingehalten werden. Der Moderator hört zu und greift nur ein, wenn es erforderlich ist (z. B. um die Diskussion anzuregen oder um Klarheit für andere Teilnehmende zu schaffen).

N

Native App

Eine native Applikation ist ein Programm, das speziell für die Verwendung auf einer bestimmten Plattform oder auf einem bestimmten Gerät entwickelt wurde.

P

Papier-Prototyp

Beim Papier-Prototyp handelt es sich um die einfachste Version eines Prototyps, der per Hand gezeichnet wird. Das Ziel ist, mittels dieses Prototyps erstes Feedback vom Nutzer zu erhalten. Die Tester werden durch die Lösung/Idee geführt, indem ihnen erzählt wird, was passieren würde, wenn sie auf eine bestimmte Stelle klicken. Die Bildschirme werden dem Nutzer basierend auf den von ihnen angegebenen Interaktionen manuell angezeigt.

Persona

Eine Persona ist eine fiktive Identität, die eine Gruppe an Nutzern widerspiegelt. Sie können mittels der Darstellung eines Benutzersegments gemeinsame Anforderungen und Merkmale sichtbar machen.

Point of View (PoV)

Im Design Thinking bedeutet ein PoV, den Standpunkt einer ganz bestimmten Person einzunehmen. Das Erstellen eines Standpunkts umfasst das Zusammenfassen der Informationen in der Phase des Einfühlens. Darauf basierend bekommt das Design-Thinking-Team bereits erste Ideen und Inspirationen für spätere Lösungen und Prototypen. Die Idee ist, sich auf eine reale Person zu konzentrieren, mit vielen konkreten Details, die während der Einfühlen-Phase gefunden wurden. Ein Ansatz besteht darin, ein oder zwei prägnante Sätze zu entwickeln, die so aussehen: „Der Nutzer hat Bedarf. Daraus folgt die Erkenntnis."

Priorisierung

Mit der Priorisierung von Aufgaben wird ein Vorgehen bezeichnet, das bestimmt, in welcher Reihenfolgen Aufgaben bearbeitet werden sollen.

Prototyp

Ein Prototyp ist ein Modell, das erstellt wurde, um eine Idee, eine Lösung oder ein Konzept mit Nutzern, Kunden oder Stakeholdern zu testen und daraus zu lernen. Der Prototyp hilft dabei, die tatsächlichen Bedingungen und Herausforderungen zu verstehen und nicht in der Theorie zu bleiben.

Psychologische Sicherheit

Die Psychologin Amy Edmondson beschreibt Merkmale wie Gesprächswechsel und durchschnittliche soziale Sensibilität als Aspekte der sogenannten „psychologischen Sicherheit". Damit meint sie eine Gruppenkultur, die ein Gefühl des Vertrauens als Basis hat. Das Team bringt dabei niemanden in Verlegenheit, Ideen oder Gedanken werden niemals abgelehnt und keiner wird für etwas, was er oder sie sagt, in irgendeiner Form bestraft. Das Unternehmensklima ist von zwischenmenschlichem Vertrauen und gegenseitigem Respekt geprägt und die Menschen fühlen sich sichtlich wohl.

R

Remote

Remote bezeichnet den Zugriff eines Mitarbeiters auf IT-Komponenten wie Server, Netzwerke oder andere Geräte, die entfernt von dem Ort, an dem aktuell gearbeitet wird, sind.

S

Scrum

Ist ein Framework, das in der IT genutzt wird und bei einer komplexen Produktentwicklung unterstützen soll. Es besteht aus den Scrum-Teams und den ihnen zugeordneten Rollen, Ereignissen, Artefakten und Regeln, wie sie im Scrum Guide™ definiert sind.

Sprint

Der Sprint ist im Scrum der Entwicklungszyklus, der ca. zwei bis vier Wochen umfasst. Es können mehrere Sprints nacheinander ohne Pausen dazwischen durchgeführt werden.

Im Design Thinking werden manches Mal aufeinanderfolgende Workshops (meistens innerhalb einer Woche) als Sprint zusammengefasst.

Stack

Das Wort Stack kommt aus der IT und bedeutet so viel wie Kategorisierung. Ich unterscheide vier verschiedene Funktionsgruppen innerhalb der Kollaborationssoftware:

1. Nachrichtenaustausch und zwar für die synchrone und die asynchrone Kommunikation
2. Dokumentenmanagement, um auf Dateien zuzugreifen, die im Laufe eines Projekts entstehen
3. Dokumenterstellung, bei der Dokumente gemeinsam erstellt und bearbeitet werden
4. Aufgaben- bzw. Projektmanagement, um gemeinsam an Projekten zu arbeiten und Aufgaben im Team zu verteilen

Stakeholder

Eine oder mehrere Personen, die ihre persönlichen Interessen in ein Vorhaben einbringen oder anders auf eine Lösung Einfluss nehmen, werden Stakeholder genannt. Zu den Stakeholdern zählen alle Personen, die von einer Lösung, einem Produkt oder einem Prozess beeinflusst werden. Insbesondere sind das in Unternehmen das Projektteam, die Endbenutzer, strategische Partner, Kunden, Lieferanten und andere Projektbeteiligte.

Stand-up-Meeting

Ein Stand-up-Meeting ist eine nicht länger als 15 Minuten dauernde, formlose Besprechung von aktuellen Themen. Diese Besprechung wird im Stehen durchgeführt, um schnell zum Thema zu kommen und konkrete Probleme zu besprechen. Das Stand-up-Meeting folgt festen Regeln, wie dass alle Teilnehmenden vorbereitet sind und jeder zu Wort kommt.

Storyboard

Ein Storyboard ist eine grafische Folge von Abbildungen oder Bildern, um eine Benutzererfahrung abzubilden. Diese Methode wurde Anfang 1930 von Walt Disney entwickelt. Ein Storyboard ist ein Werkzeug, bei dem eine visuelle Abfolge von Ereignissen verwendet wird, um die Interaktionen eines Benutzers zu erfassen. Je nach Prototypstadium (Low-, Medium- oder High-Fidelity) kann es sich um eine äußerst grobe Skizze handeln, die nur dazu dient, Ihre eigenen Ideen zu kristallisieren.

Synchrone Kommunikation

Das Gegenteil der asynchronen Kommunikation, bei der der Absender keine sofortige Antwort erwartet, ist die synchrone Kommunikation. Dabei wird direkt nach dem Versenden einer Nachricht vom Empfänger die Informationen verarbeitet und sofort beantwortet. Ein Beispiel für synchrone Kommunikation ist die persönliche Kommunikation in Form von Besprechungen.

Auch digitale Kommunikationsformen wie Chat-Nachrichten in Echtzeit können synchron sein. Wenn Sie eine Nachricht senden, erhält der Empfänger meist eine Benachrichtigung und öffnet den jeweiligen Dienst, um die Nachricht zu lesen und nahezu in Echtzeit zu antworten. Auch E-Mails werden weitgehend als synchrone Kommunikationsform behandelt.

T

Think-Aloud-Technik

Die Think-Aloud-Technik ist eine Methode der direkten Beobachtung beim Feedbackgeben. Dabei werden die Nutzer aufgefordert, bei der Ausführung einer Aufgabe auszusprechen, was sie denken. Die Nutzer werden gebeten, zu sagen, was sie gerade betrachten, denken, tun und fühlen. Diese Methode ist besonders hilfreich, um die Erwartungen der Nutzer zu ermitteln und festzustellen, welche Aspekte eines Systems verwirrend sind.

Timeboxing

Beim Timeboxing wird streng auf einen vorher festgelegten Zeitraum geachtet wird, innerhalb dessen eine Aufgabe ausgeführt werden muss. Durch die Festlegung und Durchsetzung nicht verhandelbarer Fristen soll Perfektionismus und Aufschieberitis vermieden werden.

W

Webinar

Webinare sind Seminare im Web, wobei bei einem Webinar die Zuseher meistens passive Zuschauer sind. Der Moderator bzw. Host eines Webinars kann die Teilnehmenden über Fragen und Antworten, Chats und Umfragen zur Interaktion animieren.

Wireframes

Wireframes sind eine grobe Darstellung des Layouts einer Website oder App, entweder mit Stift und Papier oder mit Software. Das Wireframe zeigt das Seitenlayout und die Funktionsweise der Elemente. Es konzentriert sich darauf, was ein Webinterface macht, und nicht darauf, wie es aussieht.

Workshop

Ein Workshop ist ein strukturiertes und vorab gut geplantes Treffen, bei dem oft unterschiedliche Experten zusammentreffen, um ihr jeweiliges Wissen einfließen zu lassen. In einem Workshop werden Ziele bzw. deren Erreichung besprochen, wobei die Themen von der Entscheidungsfindung über die Erstellung eines Konzepts bis hin zur Problemlösung variieren können. Neben der Vorbereitung und Organisation dieses Zusammentreffens ist die Aufgabe der moderierenden Person durch den Prozess zu führen, auf die Einhaltung der Zeit zu achten und das Ziel im Auge zu behalten. Wenn Konflikte zwischen den Teilnehmenden auftreten, agiert der Moderator als Schlichter.

Der Unterschied zu einem Seminar ist, dass bei einem Workshop neues Wissen nicht vermittelt, sondern erarbeitet wird.

Wrap-up

Ein Wrap-up(-Meeting) beschreibt die zumeist schriftliche Zusammenfassung einer Besprechung oder eines Workshops. Darin werden die Themen und Meilensteine, die besprochen wurden, zusammengefasst und die nächsten Schritte festgelegt.

Index

A

Ablenkung 32
Absorption 58
Abstand 56, 64
A-B-Test 245
Affinitätsdiagramm 206
Agenda 33, 43 f., 145, 149
Aktivitäten 148
Akustik 57
Alle an Bord? 179
Analog-Digital-Wandler 62, 70
Anforderungsliste 115
Ansteckmikrofon 72
Asynchron 103, 143, 245
Atmosphäre 125
Audioqualität 51
Aufgaben- und Projektmanagement 106
Aufmerksamkeit 145
Aufzeichnung 96
Aufzeigen 91
Authentizität 128, 160

B

Bandbreite 82
Bedienungsfreundlichkeit 92
Bedürfnis 23, 113, 132, 245
Bedürfnispyramide nach Maslow 245
Begeisterung 127
Beobachtung 246
Berührung 180
Big Five 36, 38 f., 246
Bildausschnitt 78
Bildschirmfreigabe 89, 96
Blinder Fleck 21, 38
Blitzlicht 236
Bluetooth 72
Brainstorming 211 f., 246
Breakout-Gruppen 91
Breakout-Räume 84, 96

C

Change 247
Change-Management 247
Chat 90, 96, 136
Checkliste 240
Commitment 127
Co-Moderation 4, 84, 247
Co-Moderator 136
Coworking-Space XIII, 247
Customer Journey Map 247

D

Definieren 202
Denkfehler 10
Design Challenge 209, 248
Design Studio 236
Design Thinking 22, 43, 90, 110, 127, 177, 248
Design-Thinking-Prozess 248
Directly Responsible Individual 167
Distanz-Tendenz 10
Divergentes Denken 248
Dokumentations-Tool 86
Dokumenten-Erstellung 105
Dokumenten-Management 104

Dynamik 136
Dynamisches Mikrofon 53

E

Echo 59
Einfühlen 192, 249
Einladung 149
Ein Wort 181
Einzigartig 188
Elektretmikrofon 54, 66
Emoji 176
Emoji-Check-In 181
Emoji-Scharade 182
Emotionale Stabilität 36f.
Empathie 40f., 43, 170, 249
Empathie-Workshop 23, 249
Empathisches Gespräch 192, 249
Empathy Map 197, 249
Energizer 169, 178
Engagement 3, 26
Entscheidung 132, 152
Entscheidungsfindungsprozess 20
Entscheidungsfindungsworkshops 24
Erfolg 144
Erwartung 41, 121
Es war einmal ... 188
Ethnographie 249
Etikette 152, 241
Experiment 249
Experimentieren 151, 227
Extraversion 36f., 246
Extrovertiert 155

F

Facilitator 250
Feature 141
Feedback 21, 176
Feedbackgespräch 233
Firmen-Quiz 189
Fischgräten-Diagramm 207
Flitterwochenperiode 13
Follow-up 164
Full HD 80
Funkmikrofon 73

G

Geduld 130
Geschlossene Fragen 250
Gewissenhaftigkeit 36, 38, 246
Gewohnheit XIII
Glaubwürdigkeit 13
Goldener Schnitt 78
Grundregeln 152, 175
Gruppe 133, 136
Gruppendenken 48, 250
Gruppendynamik 3, 161
Gruppengröße 27

H

Hall 58
HDMI 79
Headset 52, 64f.
Heterogenität 250
High-Fidelity-Prototyp 111 *siehe* Prototyp
Hills 222
Hintergrund 89
Hör-Sprech-Kombination 64, 67
Host 97
How-Might-We-Frage 250
Hybride Teams 34, 251

I

Icebreaker 13, 49, 150, 160, 169, 178, 251
Ideen auswählen 224
Ideen generieren 211
Ideengenerierungs-Workshop 23
Informationsaustausch 19
Informationsüberflutung 20
Inklusivität 5
Innovation 5, 8, 251
Insight-Karten 202
Insights 202, 251
Interaktion 4, 132, 175
Interaktive Klickmodellierung 232
Internes Mikrofon 72
Internetverbindung 80
Interview 251
Introvertiert 155
Isolation 30
Iteration 251

J

Jour-Fixe 137, 252

K

Kamera-Phobie 15
Keulencharakteristik 55, 60, 65, 71
Kleingruppenarbeit 4
Klinkenstecker 62, 66, 68f.
Know-how 139
Kollaborations-Features 90
Kollaborations-Tool 86
Kollegen zeichnen 183, 185
Kommunikation 174
Kommunikations-Features 101
Kommunikationskanal 155
Kondensatormikrofon 54, 60, 67
Kontext 15, 252
Konvergentes Denken 252
Konzeptions-Workshops 23
Kopfhöreranschluss 71
Kopfstand- und Umkehrtechnik 215
Körpersprache 37
Korrelation 12
Kreative Ausrede 16
Kritik-Workshop 24
Kugelcharakteristik 55, 66
Kulturen 174
Kunde 252

L

Latenz 73, 80, 82
Lautsprecher 59f., 73
Licht 76
Lichtquelle 76
Low-Fidelity-Prototyp 110 *siehe* Prototyp
Low-Hanging-Fruits 252
Lügenbaron 185

M

Medium-Fidelity-Prototyp 111 *siehe* Prototyp
Meeting 253
Mehrabian 15
Meme-Tournament 186
Microsoft Teams 107
Mikrofon 53
Mikrofon-Arm 64
Mikrofonkapsel 64
Mikrofonwandler 53
Millennials 2, 253
Mind Mapping 221
Mission 146
Moderations-Features 91, 102
Moderations-Methoden 177ff.
Moderator 18, 47, 122, 126, 137, 145, 153, 253
Monitoring 71
Monostecker 63
Multitasking 42, 45, 156, 165
Musik 92

N

Nachhallzeit 57, 60
Nachrichtenaustausch 103
Nahbesprechungs-Effekt 65
native App 92, 253
Neurozentrismus 246
Neutralität 139
Nierencharakteristik 55, 60f., 65, 67
nonverbale Kommunikation 15
Notebook 66

O

Offenheit 246
Offenheit für Erfahrungen 36, 38
One-Minute-Paper 234
Online-Ethnographie 201
Online experimentieren 110
Online-Meetings 18
Online-Whiteboard 84, 86, 90, 99
Online-Workshops 3, 18

P

Papier-Prototyp *siehe* Prototyp
Parkplatz 164
Persona 194, 254
Planung 132, 140
Plattform 142
Plosivlaut 64

Point of View (PoV) 254
Präsentation 26
Priorisierung 254
Problemlösung 19
Produktivität 12, 36
Projekt-Kick-off 21
Protokollist 136
Prototyp 110, 254
Prototyping- und Feedback-Tools 109
Psychologische Sicherheit 254
Puls-Check 125, 128
Punkteabfrage 225

R

Raumhall 65
Reichweite 27
Reisekosten 5
Reiseleiter 186
Remote 255
Remote-Arbeit 1
Respekt 153, 164
Rezension 235
Richtcharakteristik 55, 60
Richtmikrofon 65, 71
Rolle 33, 35, 136, 157, 162
Rückkopplung 59, 67, 71

S

SCAMPER 219
Schalldruckpegel 56
Schallquelle 56, 64
Schallreflexion 58
Schwierigkeitsmatrix 225
Scribbeln 227
Scrum 20, 255
Sechs-Wörter-Memoiren 190
Sensor 75
Sicherheitsanforderung 115
Sinne 50
Smalltalk 158
Softbox 78
Software 83
Speedboat 228
Spiel 169
Sprint 255
Stack 85, 255
Stakeholder 255
Stand-up-Meeting 20, 137, 256
Statusaktualisierung 20
Stereostecker 63
Stille Post 190
Stopp-Wort 156
Storyboard 256
Storytelling 34
Stress 6
Stummschalten 91
Stummschalte-Taste 25, 69, 154
Synchron 103, 173, 256
Systemkarte 199

T

Tastaturkürzel 92
Team 4, 133
Technik 4
Technische Probleme 3
Think-Aloud-Technik 256
Timeboxing 123, 126, 256
Timer 91, 136
Tischmikrofon 64, 70
Tools 4, 140
Transformation 8
TRRS 62f., 66, 68
TRS 62f.
TS 63

U

Umfrage 143
Umgebungsgeräusche 57
Usability-Test 112
USB-Audio-Interface 62, 67
USB-C 68, 79
USB-Stecker 62

V

Verantwortungsdiffusion 163
Verhalten 14, 164
Verhaltenskodex 121
Verlustangst 11
Verstehen 192
Verträglichkeit 36, 38, 246

Vertrauen 11, 30, 42, 47, 124, 173
Vertrauenswürdigkeit 13
Video-Features 89
Videokonferenz-Tool 86 f.
Vorbereitungsaufgabe 149
Voting 226

W

Wandler 53
Warteraum 88, 94
Webcam 75, 79
Webinar 26, 257
Wireframes 231, 257
Workshop 257
Wort-Assoziations-Technik 223
Wrap-up 257

X

XLR-Stecker 61

Z

Zeitplan 130
Ziel 162
Zusammenarbeit 34
Zuverlässigkeit 13